全国高等院校**海洋专业**规划教材

上海市教委交叉学科研究生拔尖创新人才培养平台项目"远洋渔业遥感与GIS技术"系列教材

YUYE DILI XINXI XITONG

渔业地理信息系统

高 峰 主编

海洋出版社

2018年·北京

图书在版编目（CIP）数据

渔业地理信息系统/高峰主编. —北京：海洋出版社，2018.12
ISBN 978-7-5210-0252-2

Ⅰ.①渔…　Ⅱ.①高…　Ⅲ.①地理信息系统-应用-渔业　Ⅳ.①S951. 4

中国版本图书馆 CIP 数据核字（2018）第 262946 号

责任编辑：赵　武　黄新峰
责任印制：赵麟苏

海洋出版社　出版发行

http：//www.oceanpress.com.cn
北京市海淀区大慧寺路 8 号　邮编：100081
北京朝阳印刷厂有限责任公司印刷　新华书店北京发行所经销
2018 年 12 月第 1 版　2018 年 12 月北京第 1 次印刷
开本：787 mm×1092 mm　1/16　印张：18.25
字数：380 千字　定价：48.00 元
发行部：62132549　邮购部：68038093　总编室：62114335
海洋版图书印、装错误可随时退换

上海市教委交叉学科研究生拔尖创新人才培养平台项目
"远洋渔业遥感与 GIS 技术"系列教材
编写领导小组

组　长：陈新军　上海海洋大学教授

副组长：高郭平　上海海洋大学教授

　　　　唐建业　上海海洋大学副教授

成　员：官文江　上海海洋大学副教授

　　　　高　峰　上海海洋大学讲师

　　　　雷　林　上海海洋大学讲师

　　　　杨晓明　上海海洋大学副教授

　　　　沈　蔚　上海海洋大学副教授

　　　　汪金涛　上海海洋大学博士生

《渔业地理信息系统》

主　编：高　峰

参　编：沈　蔚　杨晓明　官文江

　　　　雷　林　汪金涛　李阳东

主　审：陈新军

前　言

地理信息系统是管理和分析空间数据、提供空间决策支持的技术。近二十年来，地理信息系统在渔业中已经得到了广泛的应用，为我们应对渔业中日益严峻的挑战提供了理论和技术上的支持，成为渔业企业、渔业管理组织和政府渔业管理部门重要的管理、决策和信息展示工具。随着国家渔业"十三五"规划的提出，进一步强调提升渔业信息化和信息服务水平，也为渔业地理信息系统的发展带来了新的机遇。

本书在参考周成虎老师主编的《海洋渔业地理信息系统原理与实践》、苏奋振老师主编的《海洋地理信息系统——原理、技术与应用》、邵全琴老师主编的《海洋渔业地理信息系统研究与应用》、陈新军老师主编的《渔业资源与渔场学》、联合国粮农组织（FAO）报告《渔业和水产养殖中的 GIS 和遥感应用进展》以及国内外众多关于地理信息系统、遥感、渔业资源等相关书籍和文献的基础上编写而成。全书共分 10 章，第 1 章主要介绍地理信息系统的概念、功能和发展阶段，渔业地理信息系统的发展及现状，以及渔业地理信息系统的应用情况；第 2 章介绍地理坐标系和坐标投影的理论基础知识，同时介绍了投影地理信息系统的概念和应用；第 3 章介绍空间数据结构和空间数据库；第 4 章主要介绍空间数据的获取、处理以及质量控制，并特别介绍了渔业数据的获取；第 5 章主要介绍空间分析，包括矢量数据分析和栅格数据分析；第 6 章主要介绍空间数据查询，包括基于属性的查询和基于位置的查询以及栅格数据查询等；第 7 章详细介绍了空间统计分析和空间插值，并详细介绍了空间自相关分析以及在渔业中的应用；第 8 章主要介绍空间信息可视化，包括地图符号、电子地图等内容，并详细介绍了渔业制图和渔业虚拟现实技术；第 9 章主要介绍了地理信息系统模型和建模，包括地理信息系统建模的基本元素、渔情和渔场预报模型、栖息地适应性指数模型和元胞自动机等；第 10 章则介绍了渔业地理信息系统的应用案例，包括渔业 GIS 和遥感的结合应用、内陆渔业应用以及渔业管理应用。

　　本书第1、2、6、7、8、10章由高峰、沈蔚、雷林编写，第3、4章由李阳东编写，第5、9章由冯永玖编写，全书由高峰和陈新军统稿。本书的编写得到了上海市教委交叉学科研究生拔尖创新人才培养平台项目"远洋渔业遥感与GIS技术"项目的资助，同时，也得到国家发展改革委产业化专项（编号2159999）、上海市科技创新行动计划（编号12231203900）等项目，以及国家远洋渔业工程技术研究中心、农业部科研杰出人才及其创新团队——大洋性鱿鱼资源可持续开发的资助。在此表示感谢。也感谢中国远洋渔业数据中心对本书编写提供的帮助。

　　需要说明的是，由于笔者水平有限，本书仅从地理信息系统在渔业中应用的角度介绍了地理信息系统、空间分析和GIS建模的基本概念，以及在渔业上的应用，并未上升到书名"渔业地理信息系统"的高度。此外，由于编者水平有限，时间仓促，因此错误与不妥之处在所难免，敬请读者批评指正。同时由于参考文献较多，不能全部一一列出，在此表示抱歉，敬请见谅！

作　者

目　录

第1章　地理信息系统概述

21世纪是信息时代，地理空间信息技术和纳米技术、生物技术并列，被认为是最具有发展前景的三大高新技术，受到各个国家和行业的普遍重视。地理空间信息技术涵盖了很多领域，如遥感、地图制图、全球卫星导航定位系统以及数字摄影测量等，而要将这些不同领域的数据整合起来，则需要依靠地理信息系统。

地理信息系统是管理和分析空间数据、提供空间决策支持的技术。近二十年来，人类社会在土地、环境、人口、自然灾害、规划建设等方面面临着前所未有的挑战。对于不同来源的多尺度、多时态、多类型的地理信息的整合和分析能力使得地理信息系统为人类研究和解决这些问题提供了理论和技术上的支持，成为各级政府和相关行业重要的管理、决策和信息展示工具。此外，随着互联网社交网络的兴起，基于位置的服务成为地理信息系统的一个新的领域。几乎是在人们未察觉的情况下，地理信息系统已经广泛而深刻地改变了人们的生活。

1.1　地理信息系统的基本概念

1.1.1　地理数据和地理信息

1. 数据和信息

数据（Data）是对客观事物和环境的符号表示，它是具有某种目标性的、定性或定量描述的原始记录。数据可以是不同的形式，如数字、文字、图形、图像等；也可以依靠不同的存储介质而存在，如记录本、地图、胶片、磁盘等；数据可以在不同的形式和不同的存储介质间相互转换。在信息科学中，数据是指能输入到计算机中并能被计算机程序所处理的符号的总称，一般可以组织成各种数据结构。此时，数据的格式与不同的计算机系统有关，并随存储它的物理设备的形式改变。

信息（Information）是关于现实世界新的事实的有用的知识。信息的"有用"和使用者及使用目的有关，它可以描述事物和现象等内容、数量和特征，为生产、建设、经营、管理、分析和决策提供依据。信息具有客观性、适用性、可传输性和共享性等特征。信息通常采用数据进行描述和表达，以便进行交流、传递和共享。

数据和信息是不可分离的。信息来源于数据，是经过加工的数据。数据中包含的有用知识就是信息。要从数据中得到信息，必须经过数据处理和解读。例如，从遥感图像数据中可以通过遥感解译和分类的方法提取出土地利用的信息，从渔捞日志数据中可以通过空间自相关分析提取出渔业资源的空间分布信息。数据中所包含信息是一种客观存在，但从数据中提取出信息的过程则具有主观性：一方面，虽然数据具有多种多样的形式和存储介质，其中包含的信息是不会改变的；另一方面，对数据的处理和解读过程却因人而异，即使是相同的数据，不同的人因为应用目的、知识背景和文化背景的不同，对于数据的处理过程和解读结果往往并不完全一致。

2. 地理数据

地理数据是表征地理圈和地理环境固有要素或物质的数量、质量、分布特征、联系和规律的数字、文字、符号、图像和图形等的总称。地理数据是各种地理实体和现象本身及其关系的数字化表示，它主要描述了地理对象的空间位置、属性及时间这三部分的特征。

（1）空间位置特征（定位数据）。

空间位置特征表示对象的空间位置或现在所处的位置。空间位置可以根据地理坐标系定义，例如对象的经纬度，也可以定义为对象间的相对位置关系，如空间上的距离、相邻、包含等。空间位置特征也称为几何特征或定位特征。对于地理对象来说，都是先定位后定性，空间位置特征是地理对象最本质的内容。

（2）属性特征（非定位数据）。

属性特征即属性数据，也称非定位数据或非空间数据，表示地理对象的实际特征。这种特征可以是定性的，如城市的名称、公路的等级，也可以是定量的，如海表面的高度、公路的宽度等。对于地理实体和地理现象来说，属性特征和空间特征一样，是不可或缺的，它和空间特征相互对应，共同描述了地理实体和地理现象。

（3）时间特征。

时间特征是指地理数据采集或地理现象发生的时刻或时段。这种时刻和时段与地理对象的变化周期有关，因此千差万别，可以有超短期的、短期的、中期的和长期的等。超短期的如地震现象，短期的如夏季的洪水、冬季的低温，长期的如土地利用的变化、水土流失，超长期的如地壳变化、气候变化等。不同的研究内容对时间特征的把握是不同的，以海水表面温度的变化为例，就有日平均、周平均、月平均、年平均、多年平均等不同的采集方式，不同周期的水温数据在渔业上的应用也不尽相同，如日平均水温数据可以用来分析实时的渔场分布，月平均水温可以用来分析鱼类的洄游情况等。时间特征对环境模拟分析非常重要，正受到地理信息系统学界越来越多的重视。时态数据的管理和表达比较困难，有待进一步的研究。

地理数据在数量上具有海量的特性。地理数据既包括位置数据，又包括属性数据，同一空间位置的地理对象还可能具有多种属性数据，例如对某个渔区的海洋环境，属性数据可能包括海表面温度、海面高度、水深等。此外，对于同一地理现象，可能包含不同时间序列上的信息，这些都增加了地理信息的数据量。在海洋和渔业应用中，由于海洋本身的广阔性和变动性，地理信息的海量性特征表现得更为明显。例如，全球对地观测系统（Global Earth Observation System of Systems，GEOSS）发展至今，已有七十多个观测计划正在实施，遥感卫星、探空气球、地面观测站、海洋浮标、区域和全球卫星导航定位设备以及大型计算机上运行着的各类模拟和预测模型，每天能提供上万亿兆关于地球资源和环境特征的数据。海量的地理数据在给数据分析和处理带来了巨大压力的同时，也为地理信息系统的发展和应用奠定了良好的基础。

3. 地理信息及其主要特征

地理信息是有关地理实体和地理现象的性质、特征和运动状态的表征以及一切有用的知识，它是地理数据中所隐含的内容，是对地理数据的解释。

作为信息的一种，地理信息除了具备信息的基本特征（客观性、适用性、可传输性和共享性等）之外，还具有如下一些独特的特征。

（1）空间相关性。

任何地理事物都是具有相关性的，而且距离越近相关性越大，距离越远则相关性越小，这是空间插值、地统计分析等很多空间分析操作的理论基础。

（2）空间和时间尺度性。

尺度是指与地理现象格局及过程相关的范围、单元大小、边界划分等。所有的地理现象都表现于某些空间和时间尺度，例如海洋中的中尺度涡漩的直径一般为 $100 \sim 300$ 千米，持续时间为 $2 \sim 10$ 个月，相同的地理现象在不同的空间和时间尺度上还可能表现出不同的特征，因此在进行地理数据分析的时候选择合适的尺度是非常重要的。

（3）区域性和空间多样性。

区域性和空间多样性是地理信息的天然特性。在不同的区域，地理数据的变化趋势可能并不相同，因此对地理数据的分析结果需要结合其位置才能进行合理的解释。此外，不同区域对地理信息的需求可能并不相同。这要求地理信息系统的数据组织和应用目标都是面向所管理或服务的区域的，需要考虑不同区域对地理信息的不同需求。

（4）动态性和时序性。

地理实体和现象不仅具有空间分布性，而且随时间而变化，这一特性在海洋和渔业中表现更为显著。例如鱼类的洄游和觅食等活动使其空间分布无时无刻不在变化之中。在实际应用中，为了对地理事件和现象做出合理的解释和预测，不但需要及时采集和更新地理信息以保证信息的现势性，而且也要重视收集相关的历史性信息，以求全面地了解相关的自然历史进程。

1.1.2 地理信息系统的概念

地理信息系统（Geographical Information System，GIS）有时又称为"地学信息系统"或"资源与环境信息系统"，虽然全称各不相同，但最常用的简称是 GIS。GIS 是在计算机硬件和软件系统的支持下，对地理数据进行采集、储存、管理、运算、分析、显示和描述的计算机信息系统。地理信息系统中的"地理"并非指地理学，而是广义地指地理坐标数据、属性数据以及以此为基础演绎出来的知识。

GIS 处理和管理的是现实世界中的地理实体和地理现象及其关系，具体表现为空间定位数据、图形数据、遥感图像数据、属性数据等。GIS 将地理实体和地理现象根据其特性抽象为不同的图层，每一个图层表示一类对象，如居民地、道路、河流、气温、水温等。地理实体和地理现象有多种表示方式，如点、线、面、面片和栅格图像等。GIS 可以对多个图层进行集成分析，借助强大的空间数据集成和分析能力，实现地理现象发展和演化的模拟和预测，以获取空间关系、空间分布模式和空间发展趋势等传统地理学方法或常规信息系统难以获取的重要信息，帮助人们进行地理学研究和规划、管理、决策。

GIS 重视对地理实体间拓扑关系的处理，重视拓扑关系的自动生成，特别强调与空间相关的空间分析能力。与普通的信息系统相比，地理信息系统具有如下的特点：

（1）GIS 处理的是空间数据。地理数据既包含空间位置数据，也包含属性数据，而且具有文本、地图、遥感图像等多种形式，因此数据的处理相比普通信息要复杂。GIS 具有采集、处理、分析和显示地理数据的能力，这是 GIS 与其他信息系统最根本的区别，也是其最关键的技术。

（2）GIS 的主要目的在于地理研究和地理决策。人类社会生存和社会活动所需的大多数信息与地理位置有关，专门用于地理数据处理和分析的 GIS 不但是地理学研究的重要工具，也可为解决人口、资源、城市、环境和灾难等重大问题提供决策支持，这也是 GIS 的社会和经济价值所在。

从学科上来说，GIS 是一门集计算机科学、地理学、测绘、遥感、环境科学、城市、信息科学和管理科学于一身的新兴边缘学科。尽管 GIS 涉及众多学科，但与之联系最为紧密的还是计算机科学、测绘、遥感以及地理学。计算机硬件和软件技术是 GIS 运行和进行地理数据分析和处理的基础。各类测量工作和遥感是 GIS 重要的数据源。而地理学则是 GIS 的理论依托，为 GIS 提供有关空间分析的基本观点和方法，其理论和算法可以直接用于地理数据的处理。GIS 的出现，也为传统地理学带来了研究方法上的变革，被誉为是地理学的第三代语言。

1.1.3　GIS 中 "S" 含义的演变

地理信息系统本身是一个发展的概念,在其简称 "GIS" 中,"S" 的含义随着时代的发展而变化(图 1-1)。

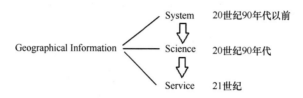

图 1-1　GIS 中 "S" 的演变

在 20 世纪 90 年代之前,"S" 多以 "系统"(System)来解释。主要是从技术和方法的层面来论述地理信息系统,将其视为面向资源、环境、区域等领域对地理数据进行采集、处理、管理、分析和输出的计算机信息系统,强调地理信息系统作为特殊的信息系统所具有的对地理数据的管理和分析能力。

20 世纪 90 年代,通过对地理信息系统的研究,认为地理信息系统不仅仅有技术,同时也是一个具有理论的科学体系,同时还有很多理论需要探索和研究,因此运用 "科学"(Science)来解释 GIS 更为贴切。地理信息科学(Geographical Information Science)这一术语最早由 Goodchild 于 1992 年提出,之后得到了学术界的广泛承认。很多早期以地理信息系统为名的学术杂志更名为地理信息科学,如国际地理信息系统杂志(International Journal of Geographical Information System)改名为国际地理信息科学杂志(International Journal of Geographical Information Science)。

随着互联网技术的发展以及互联网硬件、移动设备的应用和不断普及,数字地球、智慧地球、智慧城市逐渐从理念转变为应用,地理信息系统已经从单纯的技术型和研究型逐步向地理信息服务层面转移。2005 年,Google 公司推出了划时代的 Google Earth,第一次让 GIS 服务走向公众。到现在,互联网公共地理信息服务 GIS 已经成为不少人们日常生活中不可分割的一部分,特别是移动设备上地理标签照片(图 1-2)、查找附近用户等功能幕后支撑基于位置的服务,几乎已经成为人们日常生活不可分割的一部分。在这种情况下,GIS 中 "S" 的含义也顺理成章地演变为 "服务"(Service)。

在 Google Earth、百度地图、腾讯 QQ、微信等应用中,GIS 所提供的服务对于用户来说是透明的(图 1-3),这常常使一般的网络用户忽视了 GIS 的存在。然而作为一个产业,GIS 中 "S" 的含义向 "服务" 的转变,却使得 GIS 市场以惊人的广度和深度增长,仅在国内,年产值就已经达到数千亿。

图 1-2　Google Earth 中的地理标签照片

图 1-3　腾讯 QQ 软件中查找附近用户的功能

1.2　地理信息系统的主要功能

1.2.1　地理信息系统要解决的主要问题

GIS 将现实世界抽象到计算机环境中，不仅仅是现实世界的重现，更重要的是 GIS 能够利用空间分析为使用者提供各种决策支持。基于这个目的，GIS 必须能从地理空间数据中获取有用的地理信息和知识。这些"有用的地理信息和知识"一般可以归纳为位置、条件、趋势、模式和模型这五个基本的问题。GIS 的作用就是通过对地理对象的重建和对空间数据的分析，实现对这五个问题的求解。

1. 位置

位置问题是指"某个地方有什么？"即根据地理位置对地理对象进行定位，然后利用查询获取它的属性数据，如河流的名称、长度、流量等。这里的地理位置可以是经纬度坐标，也可以是街道编码等实际地址。位置问题是地学领域最基本的问题，在 GIS 中位置问题常包含于其他问题之中。图 1-4 是一个典型的位置问题，查询结果包括建筑物的业主、楼层、面积等属性信息。

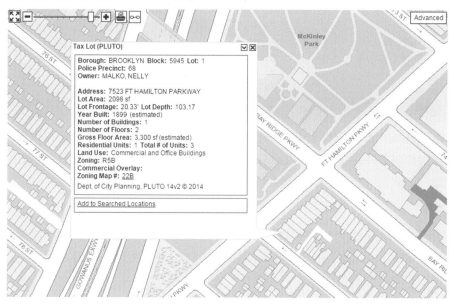

图 1-4　对地图中建筑物的查询结果（来自 NYC DoITT）

2. 条件

条件问题是指"符合某些条件的地理对象在哪里"，即根据人们感兴趣的条件建立条件表达式，进而查找满足该条件的地理对象的空间分布位置。在 GIS 中，条件问题是数据查询的一种，可以通过基于属性的查询和基于空间的查询两种方式来实现。图 1-5 是一个典型的条件问题，图中列出了以"位于中国境内的高速公路收费站"为条件的查询结果。

图 1-5　高速公路收费站查询结果（来自百度地图。图标数字代表所在地级市的收费站总数）

3. 趋势

趋势问题是指地理事件随时间的变化过程，即根据已有的数据（现状数据和历史数据等）对地理事件的变化过程做出分析判断，并对未来做出预测和对过去做出回溯。图 1-6 是一个典型的趋势问题，图中是对欧洲热浪事件的预测结果。

4. 模式

模式问题是指地理实体和现象的空间分布之间的空间关系，以及空间对象的分布所存在的空间模式。例如，渔业资源的分布由于空间自相关性，会呈现出一定的高值聚集（热点）和低值聚集（冷点）的模式（图 1-7）。

5. 模型

模型是指地理现象和相关的因素之间的关系，这种关系具有一定的普遍性，可以根据这些关系来进行决策。即如果已经知道某个地方具备某种条件，则很可能会发生某些特定的问题，就可以提前采取相应的措施。例如，很多海洋鱼类都喜欢聚集在暖水团和冷水团交汇的区域，因此一般可以根据锋面的位置预测渔场的存在。图 1-8 是

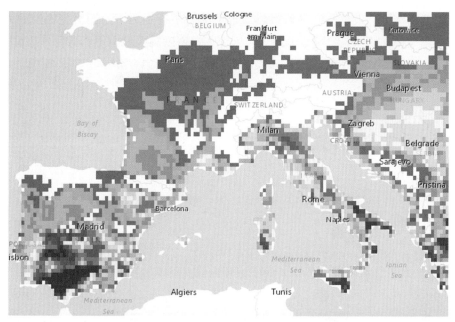

图 1-6　欧洲 2021—2050 年热浪预测地图（来自 EEA。图标颜色表示热天天数）

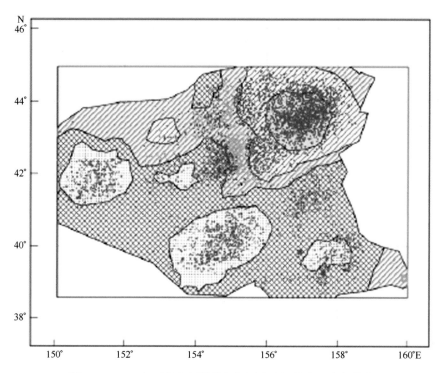

图 1-7　2010 年西北太平洋柔鱼资源的空间热点和冷点分布
（来自冯永玖，2014。图中红色部分为热点区域，蓝色部分为冷点区域）

另一个模型的例子：人口密度是城市热岛现象的一个指示因子，因为高密度的人口往往也意味着高密度的建筑、更少的绿地，因此人口密度高的城市更容易发生热浪事件。

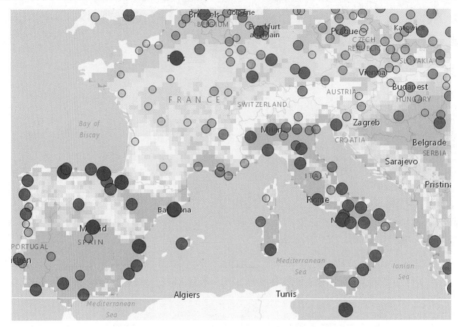

图 1-8　欧洲热天天数与城市人口密度叠加图

（来自 EEA。图标颜色表示人口密度，背景颜色为热天天数）

1.2.2　地理信息系统的主要功能

为了对上述基本问题的求解，GIS 必须能够获取各类空间数据，并对这些空间数据进行编辑和处理，然后按一定的结构进行组织和管理。在此基础上，GIS 还必须能够实现对空间数据的分析，以及对分析结果进行显示或输出。这些是一个实用的 GIS 所必需的功能，代表 GIS 具体能做什么操作。

1. 数据采集

数据采集和输入主要是实现空间数据的获取。数据采集是 GIS 的第一步，新的数据可以通过纸质地图、遥感影像、GPS 定位数据、野外实测、文本表格资料等得到。GIS 需要提供数字化仪、扫描仪等硬件和软件接口来采集数据。

2. 数据编辑与处理

通过数据采集获取的数据称之为原始数据，原始数据不可避免的含有误差。GIS 新采集的数据必须保证在内容和空间上的完整性和逻辑上的一致性，才能在质量上满足实际应用的要求。因此 GIS 必须提供强大的交互式数据编辑和处理功能，包括图形编辑、拓扑编辑、格式转换、几何变换、拼接、数据概括等一系列内容。

3. 数据存储、组织与管理

数据存储、组织和管理是一个数据集成的过程，是建立 GIS 数据库的关键。GIS 所处理的空间数据必须按照一定的结构进行组织和管理，才能高效地描述地理实体和地理现象，并在此基础上进行各种空间分析。由于空间数据本身的特点，其存储、组织和管理涉及空间数据和属性数据两部分。GIS 有自己特有的数据存储、组织和管理功能。常用的空间数据组织方法有矢量数据模型、栅格数据模型和栅格与矢量混合数据模型等。而数据的管理则有文件-关系数据库混合管理模拟模式、全关系型数据管理模式、面向对象数据管理模式等。

4. 空间查询与空间分析功能

空间查询是 GIS 最基本的分析功能。空间查询有属性查询、图形查询、关系查询和逻辑查询等多种方式。虽然一般的数据库管理系统都提供了 SQL 等数据库查询语言，但对于 GIS 而言，需要对通用数据库的查询语言进行补充或重新设计，使之支持空间查询。

空间分析是比空间查询更深层次的应用，其目的在于提取和传输空间信息。通过空间分析，可以揭示空间数据中所包含的有用知识。空间分析是 GIS 最核心的功能，主要包括如下一些内容：

（1）缓冲区分析。缓冲区分析是研究根据空间数据库中的点、线、面实体，自动建立其周围一定宽度范围的缓冲区多边形实体，以在水平方向上扩展空间数据的信息分析方法，是 GIS 的基本分析功能之一。

（2）叠置分析。叠置分析是将同一地区、同一比例尺的多个数据层进行叠置产生一个新的数据层，其结果综合了原数据层中要素的属性。叠置分析是 GIS 中最常用的提取空间隐含信息的方法之一，包括矢量数据叠置分析和栅格数据叠置分析等。

（3）地形分析。地形分析包括利用数字高程模型数据来描述地表状态，提取地形参数，如坡度、坡向，进行视域和流域分析等操作。

（4）网络分析。GIS 中的网络是对现实世界网络，如地下管线网络、交通网络等的一种抽象。网络分析是通过模拟、分析网络的状态以及资源在网络上的流动和分配等，研究网络结构、流动效率和网络资源优化的分析方法。网络分析可以实现最佳路径分析、服务网点布设等。

（5）空间插值。空间插值是利用已有的数据点的数值来估算其他点的数值的分析过程。空间插值是将点数据转换为面数据的一种方法。

（6）地理编码和动态分段。地理编码是将空间位置和数据对应的过程，最常见的形式是地址匹配。动态分段则是计算沿路径发生的事件的位置的过程。

5. 数据输出

GIS 提供了很多用于显示空间数据和空间分析结果的工具,可以将数据以图形、表格和统计图表的形式显示出来。地图是空间信息传递最有效的工具,GIS 由计算机制图发展而来,地图编制也是 GIS 的一种常规功能,包括地图符号的设计、配置与符号化、地图注记、图幅整饰、统计图表制作、图例与布局等项内容。

GIS 的数据输出结果可能需要显示在显示器、打印机、绘图仪或数据文件中,因此 GIS 也必须具有驱动这些设备的能力。

1.3　地理信息系统的组成

GIS 主要由五部分组成:计算机硬件系统、计算机软件系统、专业人员、地理空间数据以及应用模型(图 1-9)。计算机硬件和软件系统是 GIS 的核心,专业人员决定了 GIS 的工作方式,地理空间数据反映了 GIS 处理的信息内容。

图 1-9　GIS 的组成

1.3.1　计算机硬件系统

计算机硬件是计算机系统中的实际物理装置的总称,操作 GIS 所需的一切计算机硬件资源可以包含进去。硬件系统是 GIS 的物理外壳,也是开发和应用 GIS 的基础。这里硬件首先是指 GIS 运行的计算机系统。目前 GIS 可以在很多类型的硬件设备上运行,包括个人电脑、工作站、服务器,也包括手机、掌上电脑、平板电脑、笔记本电脑等。除计算机外,一个典型的 GIS 还包括很多数据采集设备和数据输出设备,还可能包括一些网络传输设备。GIS 的数据采集设备有数字化仪、扫描仪、全球定位系统(Global Position System, GPS)接收机等,数据输出设备有打印机、绘图仪、显示器等,网络传输设备有网卡、路由器、交换机等。GIS 的规模、精度、速度、功能、形式、使用方法甚至软件都与硬件有极大的关系，受硬件指标的支持或制约。

1.3.2　计算机软件系统

软件系统是指 GIS 系统运行所必需的各种程序。对于 GIS 应用而言，软件系统通常包括 GIS 系统支撑软件、GIS 系统软件和应用分析程序三类。其中 GIS 支撑软件是 GIS 系统运行所必需的各种软件环境，例如操作系统、数据库管理系统、图形处理系统等；GIS 系统软件包括实现 GIS 系统功能所必需的各种处理软件，通常包括空间数据的采集和处理、空间数据编辑、空间数据管理、空间查询和空间分析、制图与输出这五个部分；应用分析程序建立在 GIS 系统软件的基础上，是通过二次开发所形成的具体的应用软件，一般是面向具体应用部门的。

1.3.3　专业人员

专业人员是 GIS 中的重要构成因素。GIS 从其设计、建立、运行到维护的整个生命周期，处处都离不开专业人员的作用。GIS 的专业人员既包括从事设计、开发和维护 GIS 的技术专家、也包括那些使用 GIS 解决专业领域任务的领域专家。前者进行系统的开发、组织、管理、维护、数据更新和系统功能的扩充完善，是 GIS 运行的保障。后者则确定了使用 GIS 的目的和目标，提供了使用 GIS 的动机和理由，并能灵活采用地理分析模型提取多种信息，为研究和决策服务。

1.3.4　地理空间数据

数据是 GIS 应用系统最基础和最主要的组成部分。地理空间数据是指具有地理空间参照的自然、社会和人文景观数据。数据的来源包括室内数字化和野外采集，或从其他数据进行转换。地理空间数据是 GIS 系统程序操作的对象，是由现实世界经过模型抽象的实质性内容。不同用途的 GIS 中地理空间数据的种类、精度都是不同的，但基本上都包括三种互相联系的数据类型，即位置数据（或几何数据）、属性数据以及表示地理实体间相互关系的拓扑关系数据。GIS 采用空间数据库来管理地理空间数据，空间数据库的精度和质量直接决定了 GIS 的用途和质量。

1.3.5　应用模型

GIS 应用模型主要是指空间信息的综合分析方法，它是在对不同专业领域的具体对象和过程进行研究的基础上总结出来的。GIS 正是利用这些模型来对空间数据进行分析、综合，来解决专业领域的实际问题的。例如基于 GIS 的鱼类栖息地适应性指数模型、海水养殖灾害损失评估模型等。GIS 应用模型是 GIS 满足各行业应用需求的关键部分，也是 GIS 系统理论的重要组成部分。

1.4 地理信息系统的发展

1.4.1 地理信息系统的发展简介

1. 20 世纪 60 年代（开拓期）

20 世纪 60 年代，计算机技术开始应用于地图量算、分析和制作，最初的系统主要是关于城市和土地利用。在这一时期，由于计算机硬件系统的功能限制，GIS 软件的研制主要是针对具体的 GIS 应用进行的。

1963 年，英国地理学家 R. F. Tomlinson 首先提出了"地理信息系统"的概念，并于 1966 年建立了世界上的第一个地理信息系统——加拿大地理信息系统（Canada Geographical Information System，CGIS）。CGIS 是第一次大规模的 GIS 应用实践，被加拿大政府用于存储、分析和处理土地利用数据，并确定最佳的土地利用方式。CGIS 系统一直发展和工作到 20 世纪 80 年代末期，20 世纪 90 年代初部分志愿者将系统中的所有数据转换到 GeoGratis 网站（图 1-10）。

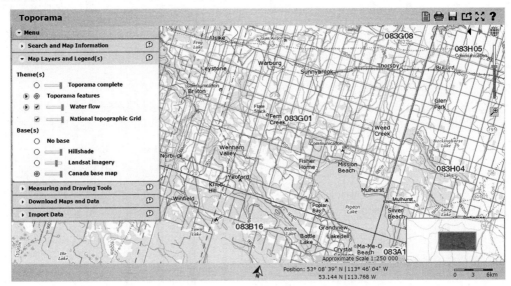

图 1-10　GeoGratis 网站上的 GIS 数据

1964 年，哈佛大学计算机图形与空间分析实验室（Laboratory for Computer Graphics and Spatial Analysis）创立，该实验室在空间数据处理和空间分析领域进行了很多探索，并在之后发布了很多 GIS 代码软件如 SYMAP、GRID、ODYSSEY，这些软件和代码成为众多商业 GIS 软件的源头，产生了世界范围的影响。

1965 年，美国人口调查局（United States Census Bureau）建立了以城市街道为主体的双重独立编码（Dual Independent Map Encoding，DIME），DIME 是出现较早的一种可以描述地理实体间拓扑关系的拓扑编码结构，被应用于人口普查。该编码到 20 世纪 90 年代被拓扑统一地理编码格式（Topologically Integrated Geographic Encoding and Referencing，TIGER）所取代，以支持美国每十年一次的人口普查。值得一提的是，根据美国法律，基于 TIGER 编码的道路、水域、行政区划和人口数据无偿向公众发布，这极大地推动了 GIS 在很多领域的发展和普及。

20 世纪 60 年代是 GIS 的开拓期，相关的组织和机构纷纷成立，如国际地理联合会（International Geographical Union，IGU）便于 1968 年成立。这些组织和机构相继组织了一系列 GIS 的国际研讨会，为 GIS 的发展奠定了良好的基础。这一时期，商业 GIS 公司也开始出现。如 1969 年 Jack Dangermond 创立的环境系统研究所（Environmental Systems Research Institute，ESRI）。此后 ESRI 于 1982 年发布了影响巨大的 GIS 软件 ARC/INFO。到 2015 年，ESRI 的市值达到 31 亿美元，在全球 GIS 软件市场的占有率超过 40%。

2. 20 世纪 70 年代（发展巩固期）

20 世纪 70 年代是地理信息系统的巩固发展阶段，在这一时期，由于计算机硬件技术和软件技术的飞速发展，为空间数据的采集、存储、查询和输出提供了强有力的支持。图形、图像设备的发展增强了人机对话和图形显示功能，为基于图形的人机交互提供了良好的基础，促使 GIS 朝着实用方向迅速发展。

20 世纪 70 年代，一些国家建立了许多不同规模、不同类型和不同专题的各具特色的专业地理信息系统，两款重要的开源地理信息系统 MOSS（Map Overlay and Statistical System）和 GRASS（Geographic Resources Analysis Support System）GIS 也开始开发。其中，MOSS 于 1979 年正式投入使用。此外，以 1972 年陆地卫星 1 号（Landsat-1）的正式投入使用为标志，遥感影像逐渐成为 GIS 重要的数据源，以遥感数据为基础的 GIS 也开始受到重视。如美国喷气推动实验室（Jet Propulsion Laboratory，JPL）于 1976 年研制了具有地理信息系统和遥感影像处理功能的影像信息系统（Image Based Information System，IBIS）。

3. 20 世纪 80 年代（大发展期）

20 世纪 80 年代，随着计算机硬件技术的发展和普及，GIS 逐渐走向成熟。这一时期，个人电脑和远程通信传输设备的出现以及计算机价格的大幅度下降为计算机的普及应用创造了条件，加上计算机网络的建立，使地理信息的传输时效得到极大的提高。相应地，GIS 软件技术在很多方面都取得了突破，如在数据存储和运算方面，软件所处理的数据量和复杂程度得到大大提高，很多软件技术固化到专用的处理器中；在空间数据管理方面，适合 GIS 空间关系表达和分析的空间数据库管理系统也有了较大的发展等。这些技术上的突破使得地理信息系统的应用领域迅速扩大，涉及相当多的学科和领域。

这一时期，许多国家制定了本国的地理信息系统发展规划，建立了一些政府性和学术性的机构，如美国于 1988 年成立了国家地理信息与分析中心（National Center for Geographic Information and Analysis，NCGIA）。同时，商业性的 GIS 咨询和软件公司大量涌现。如在 GIS 行业影响较大的 MapInfo、Intergraph 等公司均出现在这一时期。

4. 20 世纪 90 年代至今（应用普及期）

20 世纪 90 年代至今是地理信息系统的应用普及阶段，随着地理信息产业的建立和数字化信息产品在全世界的普及，GIS 不但成为许多政府机构必备的工作系统，也深入到各个行业。随着各个领域对 GIS 认识和认可程度的提高，地理信息系统逐渐向地理信息服务发展。这一时期，网络 GIS、互操作 GIS、地理信息共享和标准化、时态 GIS、3S 集成、虚拟 GIS、移动 GIS 都得到了蓬勃的发展。20 世纪 90 年代成立的开放地理空间联盟（Open Geospatial Consortium，OGC）和地理信息科学大学联盟（University Consortium for Geographic Information Science，UCGIS）是 GIS 学科发展的引领者。随着移动 GIS 和无线定位服务的发展，个人位置信息服务、车辆导航定位、个人安全与紧急救助等与人们日常生活息息相关的服务日渐普及，GIS 开始真正走向大众化和社会化，甚至成为人们工作和生活中不可缺少的工具。

20 世纪 90 年代至今也是我国 GIS 行业快速发展的时期，在理论和技术研究、成果应用、人才培养、软件开发方面进展迅速，应用也日益广泛。1994 年，中国 GIS 协会成立，标志着我国 GIS 行业已经形成规模。从 1998 年开始，国产 GIS 软件已在国内市场占有率超过四分之一。到目前为止，我国的地理信息行业每年的产值已经达到 2 000 亿元左右。

1.4.2　渔业地理信息系统的发展

渔业 GIS 起始于 20 世纪 80 年代中期。显著的标志就是 1986 年 Caddy 和 Garcia 发表了 GIS 渔业相关研究工作的文章，以及由联合国粮农组织（FAO）1985 年在罗马召开的遥感工作会议，但多数是应用在制图和遥感等方面。GIS 应用到渔业学科领域的过程存在着三个标志性的阶段。

（1）早期（1984—1990 年）阶段，GIS 在渔业上的应用相对较少，几乎所有的文章都是关于水产养殖选址方面或者是利用遥感或者图像分析技术解决一个简单的问题。水产养殖选址为 GIS 应用提供了一个非常方便的机会，因为它的输入（生产数据变量）基本上是静态的和基于陆地的，GIS 的功能大多是限定在基本的叠加分析、缓冲区分析、重新分类和布尔运算上。

（2）1991—1997 年为 GIS 在渔业领域应用的中期阶段，GIS 在渔业科学上的应用范围得到了巨大的扩展。在这一阶段，渔业相关的制图发展较快。同时，利用 GIS 来研究渔业管理工作也是相当普遍的。20 世纪 90 年代 GIS 应用到渔业领域发展迅速。其原因是人们对 GIS 兴趣的提升，同时发展的原因可能和这一阶段召开的两次会议有关。Meaden 和 Kapetsky（1991）所做的第一个工作就是推动渔业 GIS 的发展，利用遥感和 GIS 在内陆渔业和水产养殖业的应用，主要为发展中国家利用。第二是 Simpson（1992）利用遥感作为工具来改进渔业活动，同时提出利用 GIS 来设计，并强调开发 GIS 以满足不同管理要求的重要性。

（3）直到 20 世纪 90 年代末期，GIS 才成为许多渔业科学的有效工具。除了渔业制图、渔业管理和水产养殖选址之外，渔业 GIS 也开拓了一些新的研究领域。比如利用 GIS 研究鱼类分布和基本环境或者栖息地参数的匹配指数、利用 GIS 来描述水生生物的生活史等。

与国外相比，国内的渔业 GIS 发展则相对较慢，相关研究从 20 世纪 90 年代初期才开始。经过二十多年的发展，已经有了长足的进步，出版了《海洋地理信息系统——原理、技术与应用》《海洋地理信息系统原理与实践》等一系列专著。总之，渔业 GIS 的发展相对于陆地 GIS 来说要落后一些。而我国在渔用领域的 GIS 应用与其他发达国家相比也有一定差距。随着我国渔业"十三五"规划的提出，渔业"走出去"的步伐加快，渔业信息服务能力的概念得到进一步重视和加强，使渔业 GIS 的研究又迎来了一个新的发展起点。

1.5　渔业 GIS 软件的发展及现状

从应用功能上看，一般可以将 GIS 软件分为工具型 GIS 和应用型 GIS 两大类。其中工具型 GIS 也称为通用（General purpose）GIS，它具有 GIS 的基本功能，可供其他系统调用或者进行二次开发。而应用型 GIS 则是根据专业需求和特殊应用目的而设计的专门型 GIS，它一般是在工具型 GIS 的平台上，通过二次开发完成。渔业 GIS 具有特别的专业需求，是一种应用型 GIS。从应用功能上看，渔业 GIS 是一种典型的专题 GIS。就目前来看，应用于渔业的 GIS 软件主要还是通用 GIS 软件或者在通用 GIS 软件基础上开发的扩展包，专门为渔业而开发的渔业 GIS 软件并不多见。这其中可能有下面两个原因。

首先，从海岛渔业（捕捞渔业和水产养殖渔业）的观点来看，其活动或多或少都是基于陆地的，因此通用 GIS 软件所提供的空间分析工具已经可以满足行业内绝大多数的分析要求了，因而没有必要专门开发专题 GIS 软件。

其次，对于海水养殖渔业和海洋捕捞渔业来说，情况则更为复杂。一方面，涉及海洋的空间数据都是三维和四维的，传统的 GIS 在这类数据的采集、处理和制图方面均有些欠缺。另一方面，海洋渔业本身是一种个体化的、零散的活动，在传统的海洋渔业中，这些活动是相互孤立的，规模较小，因此对于复杂的管理和决策工具并无需求。因此，海洋和渔业 GIS 的开发很显然是一项极其复杂的工作，因为不但需要处理海量和高维的空间数据，而且需要新的理论来支持海洋现象的模糊性。也就是说渔业 GIS 很难有非常明确的市场定位，但开发成本又极其高昂，因此数量自然也就不多了。

20 世纪 90 年代，专业的 GIS 软件开始出现，海洋和渔业的 GIS 部分功能，生态位模型软件被用于海洋问题，例如鱼群的三维制图、海底地形制图。小的应用软件面向特殊的 GIS 工作，很多软件都是基于开源 GIS 的。尽管这些专业软件很多，但几乎没有综合性的渔业 GIS。最近一个多功能的商业 GIS 软件是 Fishery Analyst 开发者是 Mappamondo GIS。主要功能是数值估计和可视化，针对捕捞和渔获量以及其在时空上的变动、分析渔船的效率、数据质量控制和从重要经济鱼类和濒危物种的位置中提取信息。这个软件有一个网络版本，称为 Fishery Analyst Online。目前，唯一一个专注于渔业 GIS 软件的是日本环境系统研究所开发的 Marine Explorer，其功能虽然与传统的基于陆地的 GIS 功能无异，但其制图功能主要面向海洋领域问题，适合海洋领域用户的口味，已经被十多个国家所使用。

从 GIS 在渔业中的应用上来看，则应用案例较多。起初，GIS 只是作为一种制图工具为海洋渔业领域所认识。如利用 GIS 产生标准的海洋渔业图，来确定和发现地中海生物群落的分布和变化；利用遥感影像数据，并结合地面调查和土地利用图来制作专题图；更新航海图、寻找海草资源、选择水产养殖点等。

随着研究和应用工作的深入，海洋渔业与 GIS 的结合愈来愈密切。Pollit（1994）综合利用 GIS、数据库技术和专家系统，建成渔业保护信息系统（FPIS），为爱尔兰海域渔业巡逻服务，并对在该水域作业船只进行管理。加拿大 Newfoundland 及 Labrador 的水产部门建立了网上的 AquaGIS，系统负责收集、管理和分发水产信息，为政府管理部门、规划部门、渔业商业团体及个人提供信息服务。

英国综合运用 GIS、DBMS 和 GPS 开发了渔业生产动态管理系统 FISH CAM2000（简称 FC），该系统分为船载模块和管理模块，其船载模块与全球定位系统相连，并可记录固定时间间隔的船位数据、投网地点位置、起网地点位置等；管理模块收集并管理所有船只的每一航次数据，通过与 GIS 相连，经过分析处理，以报表或图形方式输出。FishCAM2000 也能够用于研究或资源评估目的。

美国国家海洋大气局（NOAA）的海岸研究中心建立了"海洋规划与管理地理信息系统"，这个系统具有数据获取、显示、分析等功能。NOAA 还建立了"地理规则信息系统"（Georegulation GIS），使开发人员能够在国家领海及国际海洋法允许的范围内选择开发空间，充分利用海洋资源，同时使该系统能够帮助解决海事争端。美国蒙特瑞湾生物研究协会（MBARI）建立了基于 Arc/Info 平台的"蒙特瑞湾海洋地理信息系统"，该系统拥有航线数据、PRV 数据、NOAA/AVHRR 数据、海洋生物、海洋物理、海洋化学和部分实验室采样数据，具有输入、输出、图形显示和分析功能。美国的夏威夷大学的太平洋制图中心，为开发、管理和发展美国太平洋岛屿的专属经济区（EEZ），而设计和开发了一个集成的海洋信息系统。该系统以 ARC/INFO V7.0 为平台，着重开发了空间海洋数据的处理、GIS 和制图系统的集成、三维数据结构、海洋数据的模拟和动态显示等功能。

法国的 IFREMER 在利用 GIS 对渔船进行监督方面一直处于领先水平，系统能够绘制拖网渔船的活动地图，并将这些拖网的拖曳所用之绳和其他参数相匹配，例如：模拟的管理区域，水深或者海底沉积物类型等。

俄罗斯政府于 20 世纪 90 年代中期就建立"俄罗斯渔业资源 GIS 系统"，其目的是为国家海洋渔业资源的合理开发和利用提供监测支持。其主要内容包括了俄罗斯商业和娱乐性捕捞种类的基本生物学描述，湖泊、河流、水库的水文及其环境条件，重要开发种类的生物、渔业及其环境资料。生物和渔业数据按种类、海区、统计作业海区和有关信息分析进行空间分析。目前其 GIS 数据库包括了所有鱼类、海洋哺乳动物、无脊椎动物和藻类等资料。

丹麦水力研究所建立了 MIKE INFO Coast 软件，用以处理海洋测深数据、海岸轮廓数据、图像数据、水文地理数据和水质测量数据，以处理和管理海岸带数据。爱尔兰于 1992 年就开发了基于 GIS 技术的专属经济区渔业信息系统，该系统可评估捕鱼活动与渔业资源的关系，研究水文特征与渔场、资源之间的关系，评估海域的初级生产力及其分布。1987 年挪威科学家就开发了挪威大陆架水域内的重要海洋生物资源的 GIS 系统，建立渔业资源的空间数据库，将海洋生物资源和海洋环境有机的结合起来。

一些国际渔业组织和研究机构也利用 GIS 技术开展在渔业资源和渔业管理方面的应用与研究。如由南极生物资源保护委员会为主开发了南极海域头足类资源的 GIS 系统，该系统描述了分布在南极海域的主要头足类的有关资料，包括海洋锋、海冰、等深线与头足类分布的关系等。

1.6 地理信息系统的应用

GIS 的应用领域非常广泛，在与空间信息有关的应用中，GIS 不仅充当着空间数据库的角色，而且是重要的决策支持工具。GIS 在空间分析和空间决策支持上的巨大优势使之成为国家宏观决策和区域多目标开发的重要技术工具，也成为与空间信息有关的各类行业的基本工具，同时也是人们日常生活的重要辅助工具。

1.6.1 地理信息系统的行业应用

1. 自然资源管理领域

自然资源管理是 GIS 最早的应用，世界上第一个地理信息系统 CGIS 就是用于土地资源调查和管理。GIS 在自然资源管理领域的主要内容包括：

（1）测绘和制图。包括数字地图、网络地图、电子地图、数字测绘等。

（2）资源管理。包括水资源、土地资源、森林资源、矿产资源、石油资源、草场资源等的调查、评价和规划。

2. 社会及公共事业管理领域

（1）环境保护。包括水环境、土地环境、生态环境、海洋环境、城市环境等的监测、评价与规划，动植物的管理。

（2）灾害监测。包括农业病虫害、土壤墒情、土地沙化、石漠化、干旱、洪水、山体滑坡、森林火灾、地震等的监测、评估和救灾。

（3）应急响应。包括在发生洪水、战争、核事故等重大自然灾害或人为灾害时，安排最佳的人员撤离路线并配备相应的运输和保障设施。

（4）交通运输。具体包括道路设计、车辆监控、调度、定位导航等。

（5）宏观决策。GIS 辅助决策。

（6）人口管理。具体包括人口统计分析、计划生育、流动人口管理等。

（7）精细农业。农业生产过程中对农作物、土地、土壤从宏观到微观的实时监控。

（8）城乡规划与管理。具体包括三维城市、虚拟城市、城市规划、区划调整、管线管理、房产管理等。

（9）医疗、卫生。具体包括疾病的分布与防治。

（10）公安、急救。具体包括 110 报警、119 消防、犯罪分子追踪、恐怖事件。

（11）军事、国防。具体包括战场模拟训练、目标识别、数字化战场、数字化士兵等。

3. 互联网地理信息服务领域

（1）电子政务。空间信息和非空间信息的关联，非空间信息的定位与可视化。

（2）电子商务。提供电子商务的基础平台，对各种信息进行加工、处理、融合和应用，为各种用户提供信息服务和管理决策依据等。

（3）互联网地图服务。

（4）基于位置的服务。

（5）公共地理信息服务。

1.6.2　地理信息系统在渔业中的应用

1. 鱼类栖息地评价

鱼类栖息地的评价，对于渔场的确定、鱼类保护区的划定等都极为重要。Long 等（1994）在澳大利亚的 Torres 海峡建立了 Torres Strait GIS，系统可为许多目的提供图件，如按 TIN 插值对海草顶枯面积的变化进行计算，对儒艮（Dugong）保护区的划定，利用底质、水温、溶解氧等评价指标找出最佳栖息地，然后将最适栖息地与当前栖息地进行叠加分析，从其差别中判断人类捕杀的影响。Collins 和 Hurlbut（1993）则对渔场进行风险评价，他们将溢油扩散的路线与捕捞场地进行叠加，分析上层、中上层、底层渔场的危险性。Eastwood 和 Meaden（2000）则按不同季节对英吉利海峡舌鳎（Solea solea）的栖息地进行评价。

2. 渔业资源分布及其与环境的关系

研究鱼类的分布对于建立鱼类种群的迁移模型和管理海洋渔业资源非常重要。GIS 可用于检测环境分布模式及其变化，可用于标识不同的地理种群并描述其主要分布，可用于提高采样方案的科学性，选择最佳捕捞地，划定海洋保护区等。在这方面已有一些研究，比如澳大利亚的 CSIRO 渔业部为研究鱼类分布与水文气象及底质的关系（Somers and Long，1994），收集了 Carpentarion 湾四个站台的气象数据，用 GPS 定位，对海区按 30 海里×30 海里间隔进行采样获取底质数据，用模型计算获取海区温盐数据，在对非生物环境进行深入分析的基础上，发现生物量高低与底质的粗糙程度密切相关。更进一步地，FAO（1995）建立了西非海域底层鱼类的管理 GIS，将水深、底温、沉积进行叠加生成栖息地适宜图，由捕捞点图生成生物密切指数图，然后将两图进行叠加，可以找出不同种群在不同季节的分布与栖息地的关系。而 Brown 等（2000）则对捕捞数据进行主成分变换，发现不同的主成分可以反映不同鱼种的空间分布。

苏奋振等（2000，2001）对东海区 11 年的捕捞数据进行时空分析，探求东海渔业资源的时空动态变化及其与环境的关系，利用 Geary 指数和半变异函数分析了东海渔业资源分布的空间相关性及异质性，针对东海各主要渔场计算了每年的渔场重心，发现东海渔场 11 年来存在空间漂移规律。杜云艳等（2001）则利用这 11 年的捕捞数据和遥感反演的海表温及其梯度数据探求其相互关系。仉天宇等（2001）则在 GIS 的支持下探索了卫星测高数据在渔情分析中的应用。

由研究分布进而保护渔业种群，美国国家海洋渔业服务 NMFS（1999）作了很好的示范。为了避免缅因湾（Gulf of Maine）鳕鱼（Gadus morhua）种群的衰退，NMFS 建议严格限制捕捞，然而在 Massachusetts 湾的渔民们却报告说鳕鱼的产量在上升，不需要有限制措施，NMFS 经过 GIS 分析发现，鳕鱼集中在 Massachusetts 湾，而在 Maine 湾的其他地方却更为稀少，若不采取措施，鱼类的集中将加剧过度捕捞，可见 NMFS 的 GIS 分析极为及时和有效。

3. 养殖选点

水产养殖点选取对于水产养殖的成功与否至关重要，选取不当会带来许多严重问题，比如疾病、污染等。因此在养殖前，需要用可靠的数据和方法去分析水生环境，并对其进行科学的评估，这方面已有一些成功范例。比如 Kapetsky（1989）等考虑基础设施、土地利用（价格成本）、养殖安全和土壤类型等，评价了贝、鱼、虾三类养殖适宜地，部分数据从遥感中获取。又比如 Ross（1993）等用 GIS 进行选址，评估鱼放箱养殖地，研究区选在苏格兰 Argyll 的 Camas Bruaich Ruaidhe，采用的数据有：① 地形图 1 : 2 000；② 水深图 1 : 2 000，等高距 2 m；③ 海流图，包括不同潮位的方向、速度；④ 波高图，波高由风速、风向持续时间计算；⑤ 水质，垂直剖面的溶解氧、盐度、温度。将这些数据栅格化，各指标按不同等级赋值，进行叠加运算，生成养殖适宜性图，用于指导养殖规划。

加拿大 Newfoundland 及 Labrador 的水产部门建立了网上的 AquaGIS，系统收集、管理和分发水产信息，可以为政府管理部门、规划部门、渔业商业团体及个人提供信息服务，包括水产地理信息和政府报告等，用户可以方便地查询区域养殖点的分布和土地利用情况。

4. 建立基础数据库

对于任何 GIS 的开发和应用都需要有基础数据的支持，海洋渔业研究的基础数据不仅仅是海洋渔业资源数据本身，还包括许多物理环境、社会经济特征数据等。因此全球许多渔业区域，渔业管理机构，研究机构，企业生产者都很重视数据库的建设，投入了许多资金和人力去建设数据库，包括建立区域数据中心，行业数据中心，生产管理数据库等。如 FAO 开发了全球渔业地理信息系统 FIGIS；政府间海洋委员会 IOC 管理着全球 57 个海洋数据中心，这些中心可提供各区域的海洋数据；ACZISC（Atlantic Coastal Zone Information Steering Committee）通过网站（http：//is. dal. ca/ ac21sc/aceisc/）提供数据；FAO 委托 SIFAR（Support Unit for International Fisheries and Aquatic Research），正在开发"onefish"站点（www. onefish. org 和 www. sifar. org）；Lalwani 和 Stojanovic（1999）提供了一系列 Internet 海洋信息站点，美国的 NOPP（National Ocean Partnership Program）建立虚拟海洋数据中心 VMDC（Virtual Marine Data Center），这一虚拟机构由许多海洋机构通过 Internet 相连组成，并通过它访问所有主要的数据集和数据产品。

在建立基础数据库方面，国内也开展了不少的工作。邵全琴等（1998）提出了海洋渔业数据建模的 E - R 方法，杜云艳等（2001）对海洋数据库设计方法及海洋渔业数据质量控制展开了研究。而在国家或部门的项目中也建立了不少的基础数据库，比如"我国专属经济区和大陆架生物资源地理信息系统""渤海生物资源管理和环境保护环境信息地理信息系统"和"南海海洋渔业 GIS 管理系统",另外还有由国家海洋局组织设计的国家海洋信息系统(NMIS)。但作为基础数据库来说,我国已经成立了远洋渔业数据中心,着手建设全国性的海洋渔业基础数据支撑库。

第2章 坐标系统

地理信息系统所处理的地理空间数据具有多种独特的特性，如空间特性、时间特性和专题特性等，其中空间特性是地理空间数据所独有的特性。在地理信息系统中，空间特性表现为地球表面特定的位置，这些位置又表现为数字化的坐标。表示坐标的数字本身没有意义，只有将其放在既定的地理坐标系中，才能表示位置和空间特性。地理坐标系是以参考椭球体为基础建立起来的空间参照系统，用以解决地球表面信息的定位和表达的问题。

地球表面是一个极不规则的球面，地球表面的空间要素的位置是基于用经纬度表示的地理坐标系，而 GIS 用户通常需要在平面上对地图空间要素进行处理和分析，平面上的地图空间要素的位置是基于用 X 坐标和 Y 坐标的平面直角坐标系。地图投影就是将地理坐标系转换到平面直角坐标系的转换过程，转换后的坐标系称为投影坐标系，也就是通常情况下 GIS 用户进行空间分析和制图所采用的坐标系。

地理信息系统的一个基本原则是，叠加在一起的图层必须在空间上相互匹配，即必须具有相同的坐标系，否则就会发生明显的错误。图 2-1（a）显示了不同来源的具有不同坐标系的安徽省和江苏省的地图，在进行叠加的时候两个省的边界无法正确匹配。因此，当 GIS 项目中所获取的数据集的坐标系不相同的时候，就必须先对这些数据集进行投影和重投影处理，将它们转换到相同的坐标系［图 2-1（b）］。这里，投

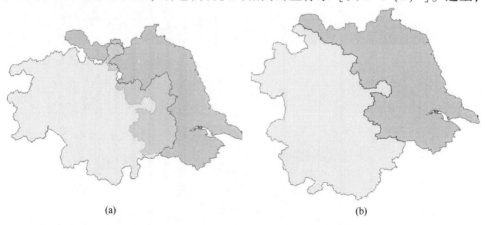

(a)   (b)

图 2-1　基于不同坐标系的安徽省和江苏省地图

影是指将数据集的坐标系由地理坐标系转换为投影坐标系，而重投影是指将数据集从一种投影坐标系转换为另一种投影坐标系。地图投影和重投影是 GIS 软件的基础功能。

　　本章共分 5 节，2.1 节介绍了地球椭球体和地理坐标系的定义；2.2 节介绍了地图投影的基础概念和地图投影的分类；2.3 节介绍了常用的地图投影；2.4 节介绍了投影坐标系统；2.5 节介绍了在 GIS 软件中如何使用坐标系统。

2.1　地理坐标系

　　地理坐标系是地球表面空间要素的定位参照系统，它是真实世界的坐标系，用于确定地物在地球表面的位置的坐标。广义的地理坐标系是指可以用来表示真实地理位置的坐标系，它可以是用经度和纬度表示的经纬度坐标系，也可以是经过地图投影得到的用 X、Y 坐标表示的平面直角坐标系。但在 GIS 软件中，地理坐标系一般特指经纬度坐标系，而通过地图投影得到的平面直角坐标系则相应地被称为投影坐标系。

2.1.1　水准面和大地基准

　　我们已经知道，地球是一个近似的球体（图 2-2）。但地球的自然表面是一个起伏不平，十分不规则的曲面，包括海洋、高山、高原、平原、盆地等。陆地上的最高点珠穆朗玛峰高达 8 844 米，而海洋的最深处马里亚纳海沟则深达 11 034 米。这两者的高程相差将近 20 000 米，但这一差距与地球的平均半径（约 6 371 千米）相比是微不足道的。此外，由于地球表面约 71% 的区域被海水覆盖，陆地面积只占 29%，因此可以将地球看成是一个被海水所包围的近似球体，也就是假设海水表面完全静止并延伸到大陆内部，从而形成一个封闭的曲面，这个静止的海水表面称为水准面。很显然，水

图 2-2　地球的自然形状

准面有无穷多个，其中与静止的平均海平面重合的那个水准面称为大地水准面（Geoid，图2-3），大地水准面所包围的形体称为大地体（图2-4）。

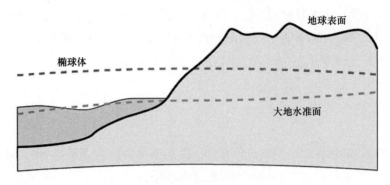

图 2-3　大地水准面

图 2-4　大地体（大地水准面为 EGM2008）

　　大地水准面是海水仅受重力的影响而形成的静止曲面，因此是一个重力等位面。大地水准面处处与铅锤（重力）方向垂直，是光滑、连续的闭合曲面。由于构成地层的物质分布不均和地表起伏的影响，地球表面的重力场并不规则，所以大地水准面也是一个具有起伏的不规则曲面。但相对整个地球而言，大地水准面的起伏影响并不大，因此大地体的形状非常接近一个扁率很小的椭圆绕其短半轴旋转而形成的旋转椭球体。图2-4中的颜色表示了大地体与椭球体的差异，其尺度在-110米～+90米之间，这种差异相对于整个地球而言是非常小的。因此在大地测量和GIS应用中，一般都选择一个中心位于地球质心、表面与大地水准面整体重合得最好的旋转椭球体作为地球的数学模型，称为地球椭球体（Earth ellipsoid），通常也简称为椭球体（Ellipsoid）。

　　地球椭球体是一个数学曲面，其几何参数包括长半轴 a、短半轴 b 和扁率 α，其中扁率即长短半轴之差与长半轴的比值（图 2-5）。这些参数在早期主要通过弧度测量方法来测定，随着现代大地测量学的发展，椭球体形状参数的测量精度越来越高。表 2-1 列出了各国常用的地球椭球体参数值。

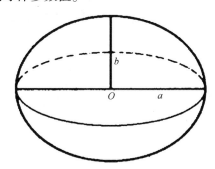

图 2-5　大地球椭球体几何参数

表 2-1　地球椭球体几何参数

椭球体名称	年份	长半轴 a/m	短半轴 b/m	扁率
白塞尔（Bessel）	1841	6377 397	6356 079	1：299.15
克拉克（Clarke）1866	1866	6378 206	6356 584	1：294.98
海福特（Hayford）	1909	6378 388	6356 912	1：297.00
克拉索夫斯基（Красовский）	1940	6378 245	6356 863	1：298.30
IUGG 1975 年推荐值	1975	6378 140	6356 755	1：298.257
1980 年大地参考坐标系	1980	6378 137	6356 752	1：298.257
WGS-84 椭球体	1984	6378 137	6356 752	1：198.257

注：IUGG 为国际大地测量与地球物理联合会（International Union of Geodesy and Geophysics）。

　　这些几何参数仅仅确定了地球椭球体的几何形状，并未定义椭球体与大地水准面之间的位置关系。为建立合理的大地坐标系，不少国家在本地大地测量的基础上，将地球椭球体的位置进行调整，使其与本地的局部大地水准面密合得最好。经过调整过之后的地球椭球体也称参考椭球体（reference ellipsoid），参考椭球体的形状参数及其与大地水准面的位置关系的数学模型即为大地基准（Geodetic datum）。大地基准是计算地面点的地理坐标的参考和基准，不同的国家和地区通常都会根据本地测量确立适合自身的大地基准，如欧洲基准、印度基准、东京基准等。

　　大地基准是与局部大地水准面密合得最好的地球椭球体的数学模型（图 2-6），它不但包括了地球椭球的形状参数，也描述了地球椭球体的位置调整。对于同一个椭球体来说，不同的位置调整适合于不同的国家和地区，即构成不同的大地基准。例如苏联的 Pulkovo 1942 和索马里的 Afgooye 基准选用的地球椭球体都是克拉索夫斯基椭球，菲律宾的 Luzon 和巴哈马的 Cape Canaveral 基准面采用的都是克拉克 1866 年椭球，但很显然它们都是不同的大地基准。当然更常见的情况是不同的大地基准选用不同的地球椭球体，如美国的 NAD27（北美 1927 年基准面）采用的是克拉克 1866 年椭球，NAD83（北美 1983 年基准面）则选择的是 GRS80（1980 年大地参考坐标系）椭球。

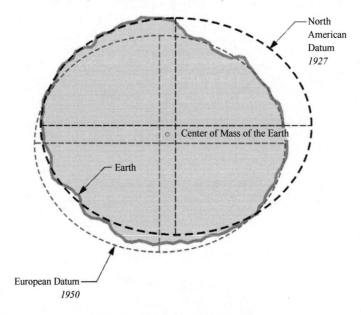

图 2-6　参考椭球体和大地基准

从传统的意义上看，大地基准的概念和参考椭球体关系密切，其重点在于参考椭球体的定位和定向。但随着空间大地测量学的发展，传统大地基准已逐渐被现代大地基准和卫星大地基准所取代，它们都是适用于全球的地心大地基准，其定义在国际上也逐渐趋于一致。

2.1.2　地面点位的表示

地理坐标系（Geographic Coordinate System，GCS），或地理参考坐标系（Geographic Reference Coordinate System，GRS），是地球表面空间要素的定位参照系统。在地理坐标系中，地面点的平面位置用经度（Longitude）和纬度（Latitude）来表示，它们都以角度来进行度量。

经度以本初子午线作为起算基准，向东为东经，向西为西经，其取值范围均为 0°~180°，一般在数字后加字母 W 或 E 表示西经或东经。纬度以赤道作为起算基准，向南为南纬，向北为北纬，其取值范围均为 0°~90°，一般在数字后加字母 S 或 N 表示南纬或北纬。

　　子午线或经线（meridian）是指经度相同的点的连线，本初子午线（prime meridian）是经过英国格林尼治（Greenwich）天文台旧址的经线，其经度为 0°。纬线（parallel）是指纬度相同的点的连线，赤道（equator）即为 0° 纬线（图 2-7）。在地理坐标系中，地面点的经度表示该点从本初子午线开始向东或向西的位置角度，地面点的纬度表示该点从赤道开始向南或向北的位置角度。这样，地面上的任一点的平面位置均可以用经度和纬度来表示。

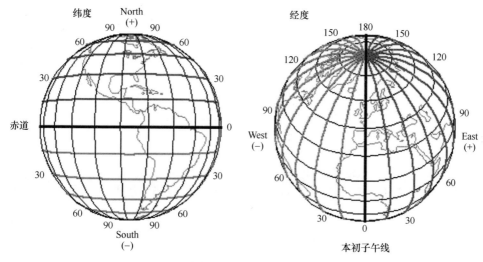

图 2-7　纬度和经度

　　在进行实际记录的时候，经度和纬度通常记录为度－分－秒（DMS）或十进制度（DD）的形式，而在目前比较常用的 GPS 定位设备中，经纬度则以度加十进制分的形式表示。例如，上海市人民广场约位于东经 121 度 28 分 12 秒、北纬 31 度 13 分 48 秒，则其坐标可以写成（121°28′12″E，31°13′48″N）或者（121.47°E，31.23°N），而在 GPS 设备中这个坐标一般显示为（121°28.2′E，31°13.8′N）。当然，经纬度也可以转换为弧度（rad）的形式，但这种弧度形式的坐标在记录点的位置时并不常用。

　　地理坐标系建立在特定的大地基准之上。大地基准提供了一个空间坐标参考框架，包括相当数量、高精度、持续更新的地面控制点或连续运行基站。正是基于这些框架坐标点，地面点的地理坐标才能精确地测定。因此，经纬度（或地理坐标系）的定义是与特定的大地基准相关的。对于地面上的同一个点来说，在不同的大地基准下，其经纬度是不一样的。同样地，在不同的大地基准下，相同经纬度的点所对应的实际位置也不一样，其差距可能有几十米到几百米（图 2-8）。

　　由于经纬度坐标都是基于特定的大地基准的，因此在 GIS 中也经常用"坐标系"或"地理坐标系"来指代相应的大地基准。例如，某个数据集的地理坐标系是"西安 1980 坐标系"，实际上是指该数据集的经纬度是基于西安 1980 大地基准定义和测算出

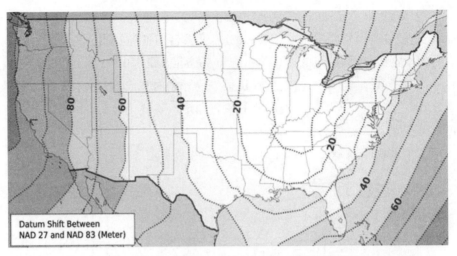

图 2-8　美国大陆 NAD27 基准面和 NAD83 基准面下相同经纬度的点的位移

（单位为米，from Wikipedia）

来的；两个数据集的地理坐标系不同，即两个数据集的经纬度基于不同的大地基准，因此也无法直接叠加在一起使用。

随着测量学的发展，不同的国家和地区都在不断更新其大地基准。我国于 1954 年建立 1954 北京坐标系（Beijing 1954），于 1982 年建立 1980 西安坐标系（Xi'an 1980），从 2008 年开始启用 2000 国家大地坐标系（CGCS2000）。美国于 1901 年开始使用美国标准大地基准（USSD），随后将其发展为北美 1927 大地基准（NAD27），之后从 1986 年开始引入北美 1983 大地基准（NAD83）。此外，随着全球卫星导航定位系统的发展，作为卫星定位导航起算基准的卫星大地基准的应用也越来越多，如 GPS 所使用的 WGS84 基准、GLONASS 所使用的 PZ-90 等。

随着大地基准的转换，不同时期的数据资料往往基于不同的基准或坐标系。由于 GPS 的广泛应用，越来越多的数据资料源于 GPS 测量，采用的是 WGS84 坐标系。而很多数据资料则由于要遵循国家的标准，采用的是 CGCS2000 或 NAD83 等坐标系，因此即使是较新的数据资料，往往也属于不同的坐标系。这种情况为 GIS 应用带来了很大的困难，因为正如前面所述，不同基准（或坐标系）下相同经纬度代表的实际点位并不相同，因此基于不同基准的数据集必须先转换到同一基准下才能正确使用。数据集的基准转换（Datum transformation）在 GIS 中也被称为坐标转换（coordinate transformation），即将一个地理坐标系（大地基准）下的数据集转换到另一个地理坐标系（大地基准）下。坐标转换是一项较为烦琐的工作，因为不同地理坐标系之间很难确定适合全部区域且精度较好的参数。一般的 GIS 软件都提供三参数法、七参数法、Molodensky 法等转换工具来进行这项工作，这些方法一般都需要根据数据集所在区域内的已知点来求解适合该区域的转换参数。此外，也有一些软件工具专门用于数据集坐标基准的转换，如美国国家地理空间情报局（NGS）发布的 Nadcon（http：//www. ngs. noaa. gov/tools/nadcon/nadcon. shtml）可用于 NAD27 和 NAD83 之间的转换。

2.1.3　高程和深度基准

1. 高程

高程（elevation）是地球上一点沿铅锤线方向到高程起算面之间的距离。对于地球表面的一点而言，经纬度代表了它的水平位置，而高程则代表了它到高程起算面之间的距离。对于标定地面点的位置而言，高程和经纬度一样必不可少。

高程起算面也称高程参考面，一般采用大地水准面或似大地水准面（quasi-geoid），相应的高程称为正高（orthometric height）或正常高（normal height）。相对不同性质的高程参考面所定义的高程体系称为高程系统，我国的高程系统采用的是正常高系。似大地水准面是一个计算的辅助面，和大地水准面接近但不吻合。一般情况下，人们俗称的"海拔"指的是正高，但如果不是精密的科学研究，也可以将正常高称为海拔高度。另外，在小范围内，也可以以某个假定水准面作为高程的起算面，相应的高程称为相对高程或假定高程（图 2-9）。

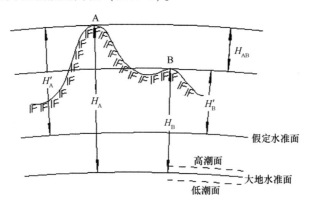

图 2-9　高程的定义

根据测量学理论，大地水准面和似大地水准面在海洋上和平均海平面重合，因此在实际的测量工作中，高程是以平均海平面作为起算基准面的。平均海平面是根据验潮站长期的观测资料计算出来的。一个国家和地区的高程基准，一般确定之后不会轻易改变。

除大地水准面和似大地水准面以外，参考椭球体表面也可以作为高程基准面，相应的高程被称为大地高，即地面点沿法线方向到参考椭球体表面的距离。大地高系统常用于卫星大地测量上，GPS 系统所测出的高程即为大地高（图 2-10），渔业上常用的海表面高度（Sea Surface Height，SSH）数据也是以参考椭球体面为起算面的。

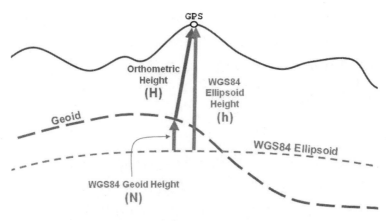

图 2-10　GPS 高程（大地高）和正高的差异

正高和正常高的定义都与重力有关，在这两种高程系统下，水会从"高"处流向"低"处，这和人们的常识相符。而大地高则描述的是地面点与参考椭球体表面的位置关系，它可以用于点的垂直定位，但其高程不具备物理意义，即在大地高系统下，水有可能从"低"处流向"高"处。大地高和正高的精确转换需要精确地确定大地水准面和参考椭球体的差异（即水准面高），如 NGS 的 GRAV-D 项目从事的就是这项工作。

2. 我国的高程基准

（1）1956 年黄海高程基准。

新中国成立之后，我国根据青岛港验潮站 1950—1956 年的观测资料，确定了黄海平均海平面，作为全国高程测量和计算的依据，并在青岛观象山建立了我国的水准原点。用精密水准测量测定的水准原点相对于黄海平均海面的高差，也就是水准原点的高程，是全国高程控制网的起算高程。根据 1956 年黄海高程基准，我国水准原点的高程是 72.289 米。

（2）1985 年国家高程基准。

我国于 1985 年根据青岛验潮站 1952—1979 年的验潮资料重新确定了黄海平均海面作为高程起算面，也称 1985 年国家高程基准。根据 1985 年国家高程基准，我国的水准原点高程为 72.260 米（图 2-11），与 1956 年黄海高程基准相差 29 毫米。我国于 1987 年正式启用 1985 年国家高程基准。

除此之外，我国在 1949 年以前曾经使用过多个高程基准，如大连高程基准、大沽高程基准、废黄河高程基准、坎门高程基准、罗星塔高程基准等，这其中的某些高程基准仍然在我国的一些地区和系统中使用。例如，在长江流域中常使用吴淞高程基准，三峡大坝对外通报的高程 185 米，便是指吴淞高程，其数字比 1985 年国家高程基准下的高程要高出 1.7 米左右。

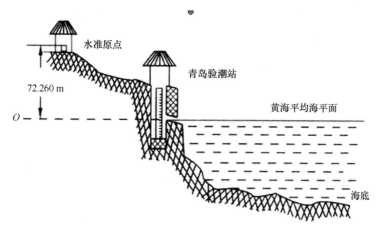

图 2-11　水准原点

3. 深度基准面

水深测量所获得的深度，是从测量时的瞬时海面到海底的距离。由于潮汐的影响，瞬时海面的位置在不断变化，因此同一个地点上在不同时间所测得的深度并不一样。故而必须确定一个固定的标准水面作为深度起算的基准，将不同时间所测得的深度换算到这个标准水面上去，这个标准水面即为深度基准。深度基准是海图数据集中深度的起算面。

由于海水的深度可能在平均海面以上，也可能在平均海面以下，深度基准通常取在当地平均海面以下深度为 L 的位置，海图上的水深是该深度基准面到海底的距离（图 2-12）。

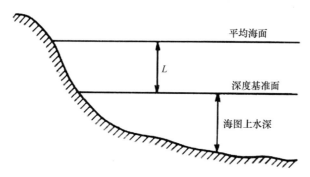

图 2-12　深度基准和海图水深

深度基准的选择和潮汐有关，在确定深度基准面时，首先需要保证使用航海图航行时的安全，也就是要保证实际的海水低潮面在深度基准面以下的比例较低。以平均低潮面为例，实际的海水低潮面有 50% 降到深度基准面以下，此时实际水深小于海图上的水深，很显然对航行安全非常不利。其次，深度基准面也不能过低。若深度基准太低，则海图上的水深就很浅，可能会导致本可以航行的航道不能通航，影响航道的利用率。最后，相邻海域的深度基准面应该尽可能一致。

综合考虑上述原因，通常使用接近最低低潮面的水面作为深度基准。在具体选择时，根据各海区潮汐性质的不同，深度基准的选择有一定的区别，如在波罗的海、黑海等无潮海可选择平均海面，在大小潮低潮差极小的海区可选择平均低潮面，此外还有印度大潮低潮面、最低低潮面、理论最低潮面等。但无论是哪种深度基准面，都不是实际的最低低潮面，在某些情况下海面都有可能降到深度基准面以下，只是出现的比例大小不同而已。

我国在 1956 年以前主要使用略最低低潮面作为深度基准面，1956 年以后采用弗拉基米尔理论最低潮面作为深度基准面，简称理论最低潮面。从各地的验潮站资料来看，90% 以上的低潮潮面在理论最低潮面以上。

在海图上，各要素的高度和深度主要从高程基准面和深度基准面起算（图 2-13）。各种陆地地形和地物的高程、明礁的高度从国家规定的高程基准面向上起算；水深、干出礁高、暗礁高则从深度基准面向下起算；航标灯塔则从平均大潮高潮面起算，以便航海者在船上直接测定灯塔的高度。

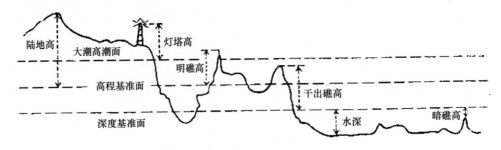

图 2-13　海图上的各种高程基准

2.2　地图投影概述

在 GIS 应用中，很多数据都是基于地理坐标（即经纬度）的，例如记录渔船作业信息的渔捞日志数据中，其船位信息就是经纬度的形式。地理坐标能够直观地体现地理实体在地球表面的位置，但使用地理坐标也具有一个明显的缺点，那就是在利用经纬度数据计算长度和面积时算法复杂，精度也有所欠缺。因此在实际应用中，常常需要将椭球面上的经纬度数据转换到平面上，这个转换过程就是地图投影（图 2-14）。

图 2-14　地图投影

　　从数学上讲，椭球面是一种不可展开的曲面，因此将椭球面到平面的投影总是具有变形，没有一种投影是完美的。在掌握地图投影的变形规律之后，就可以选择合适的投影方法来满足制图或 GIS 空间分析的需要。目前，大多数商业化的数据生产商都以地理坐标来记录空间数据，使得数据的终端用户可以根据自己的需要选用合适的投影来使用这些数据。

2.2.1　地图投影的概念和基本方法

　　投影是指建立两个点集间一一对应的数学关系。在地图学中，地图投影是指按照一定的数学方法，将地球椭球体面上的经纬网转换到平面上，建立地面点位的地理坐标（B，L）和平面直角坐标（X，Y）之间的一一对应的函数关系，并研究其变形的问题。

　　地图投影所依据的是地球表面，因此将地球椭球面称为地图投影的原面，而将地图投影的承受面叫做投影面。由于地图是显示在平面上的，因此投影面必须为平面或者可以展开成平面的曲面。在可展开成平面的曲面中，只有圆柱面和圆锥面可以作为投影面。将圆柱面和圆锥面沿其母线剪开，即可铺平为平面（图 2-15）。

　　从实现上看，地图投影主要有两类基本方法，即几何透视法和数学分析法。

1. 几何透视法

　　几何透视法是使用透视线的关系将地球表面上的点投影到投影面上。如图 2-16 所示，假设投影圆柱面与地球相切于赤道，并在地球的球心设置一个光源。对于地球表面上的任何一个点，将射向该点的光线延长并与圆柱面相交。采用这种方法便可将地面上的点与圆柱面上的点一一对应起来，并将地球表面上的经纬网投影成圆柱面上的

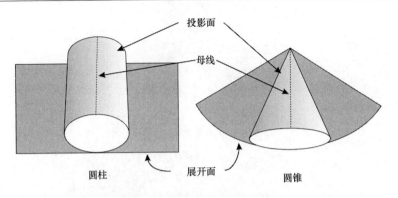

图 2-15　圆柱面和圆锥面的展开

经纬网并展开成平面。图 2-16 是透视圆柱投影，此外还有透视圆锥投影和透视方位投影。在透视投影中，光源点的位置可以是地球的球心、地球表面或地球表面之外等。

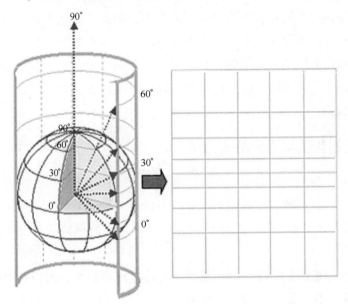

图 2-16　透视圆柱投影

当使用几何透视法来进行地图投影时通常会将地球看成球体，因此几何透视法一般只用来绘制小比例尺的地图，如一般书籍中作为示意图的地图。几何透视法是比较简单也比较原始的地图投影方法，精度较低，无法满足较大比例尺分幅制图的要求。

2. 数学分析法

数学分析法是在地球表面和投影面之间建立起点和点的函数关系，通过数学的方法将经纬度转换为平面直角坐标的一种方法。假设地球表面上一点的经纬度为 (λ, φ)，在平面上与其对应的点的坐标为 (x, y)，则两者之间具有如下函数关系：

$$x = f_1(\lambda, \varphi)$$
$$y = f_2(\lambda, \varphi)$$

其中 f_1 和 f_2 是连续的函数，其函数式由具体投影方法和投影条件决定，根据投影方法和条件的不同，投影公式的具体形式也是多种多样的。

2.2.2　地图投影的变形

由于椭球面的不可展开性，要将其完整地表示到平面上，必须有条件地对局部区域进行拉伸和压缩，这些拉伸和压缩引起了地图投影的变形。地图投影的变形通常可分为长度、面积和角度三种，可以通过它们的变形比来衡量变形的程度。

1. 长度比和长度变形

长度比是指椭球面上的微分线段投影后的长度 ds' 与其相应的实际长度 ds 之比。若以符号 μ 表示，则

$$\mu = ds'/ds$$

在讨论长度变形时，一般用长度比与 1 的差值来衡量长度的相对变形。若以符号 v_μ 表示，则

$$v_\mu = \mu - 1 = ds'/ds - 1 = (ds' - ds)/ds$$

v_μ 表示长度的相对变形，简称长度变形。长度变形有正有负，正值表示投影后长度增加，负值表示投影后长度减小，零值表示投影后长度没有变形。

2. 面积比和面积变形

面积比是指椭球面上的微分面积在投影后的大小 dF' 与其相应的实际面积 dF 之比。若以 p 来表示，则

$$p = dF'/dF$$

在讨论面积变形时，可以用面积比与 1 的差值来衡量面积的相对变形。若以符号 ν_p 来表示，则

$$\nu_p = dF'/dF - 1 = (dF' - dF)/dF$$

ν_p 表示面积的相对变形，简称面积变形。面积变形有正有负，正值表示投影后面积变大，负值表示投影后面积减小，零值表示投影后面积没有变化。

3. 角度变形

角度变形是指地面上某一角度投影后的角度值 β' 与其实际的角度值 β 之差，即 $\beta' - \beta$。在地图投影中，某一个固定的点上角度的变形可能随不同的方向而变化，因此不同方向上的角度可能不同。角度变形以该点上的角度变形的最大值来衡量，也称最大角度变形，一般以符号 ω 来表示。当 ω 大于 0 时，投影后角度变大；当 ω 小于 0

时，投影后角度变小；当 ω 等于 0 时，投影后角度不变。

2.2.3 地图投影的分类

地图投影的种类非常多，目前一般采用两种方法进行分类：一种是按地图投影的变形性质分类；一种是按照正轴投影经纬网的形状分类。

1. 按地图投影的变形性质分类

（1）等角投影（conformal projection）。

在投影面上任意两方向的夹角同地球面相应的夹角相等，即，等角投影在一点上各方向上线的长度比一致，但在不同点上长度比可能不一致。

在等角投影中，由于地球面上一微分面积的图形投影到平面上能保持图形的相似，因此等角投影又称为正形投影。

（2）等面积投影（equivalent projection）。

投影后的微分面积与其实际面积相等，即投影的面积比为 1 或者面积变形为 0。在等面积投影中，无论是微分面积还是区域面积在投影前后都是相等的。

（3）任意投影（aphylactic projection）。

既不等角也不等面积的投影即任意投影。任意投影存在角度、距离和面积的变形。在任意投影中，有一类称为等距投影。在等距投影中，沿某一个特定方向的距离在投影后不发生变化，即该方向上长度比为 1 或长度变形为 0。等距投影只能保证特定方向上无长度变形，并不是指在全部区域上无长度变形。与其余两种投影相比，等距投影的长度变形小于等面积投影，面积变形小于等角投影。

地图投影所产生的长度变形、面积变形和角度变形是相互联系和相互影响的。等角投影不具有等角特性，因此面积变形比较大；等面积投影不具有等角特性，因此形状变形比较大；而任意投影则既无等角特性也无等面积特性，即形状和面积都有变形。

2. 按正轴投影经纬网的形状分类

在地图投影过程中，通常可假设某种可以展开的曲面（例如圆锥面、圆柱面）或平面作为投影辅助面（投影面），将经纬线投影到辅助面上，展开后即得到经纬网在平面上的表象。所谓的正轴投影，即提供投影面的圆柱、圆锥的轴线与地轴重合，或者平面切于地球极点或球面坐标极点的位置在两极地。投影辅助面的不同，会产生经纬网形状的差异。在同一类投影中，正轴投影的经纬网是最简单的。根据正轴投影经纬网的形状，可将地图投影分为如下几类。

（1）圆柱投影（cylindrical projection）。

假设一个圆柱与地球椭球体（或球体）相切或相割，以圆柱面为投影面，将椭球面上的要素根据一定的条件（等角、等面积、透视等）投影到圆柱面上，然后将圆柱面沿一条母线切开并展成平面，这种投影称为圆柱投影。

　　根据投影面（圆柱面）与地球表面关系的不同，可将圆柱投影分为正轴、横轴和斜轴投影。正轴圆柱投影，圆柱轴与椭球体旋转轴重合；横轴圆柱投影，圆柱轴与椭球体赤道的任一直径重合；斜轴圆柱投影，圆柱轴与地轴和赤道直径之外的任一大圆直径重合（图 2-17）。

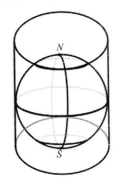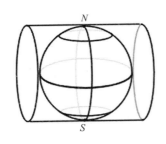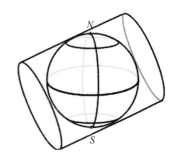

图 2-17　正轴、横轴和斜轴圆柱投影

　　正轴圆柱投影下，纬线投影为相互平行的直线，经线投影为与纬线垂直且间隔相等的平行直线，两经线之间的距离与相应的经差成正比（图 2-18）。

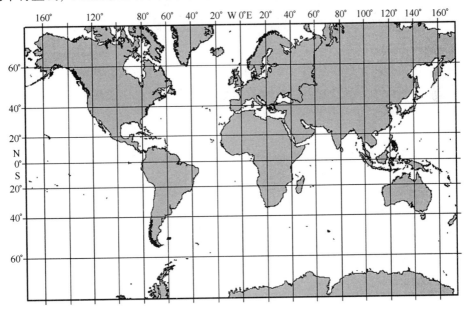

图 2-18　正轴圆柱投影的经纬网

　　在正轴圆柱投影中，圆柱轴与地球椭球体旋转轴重合，圆柱面切椭球面于赤道或割椭球面于南北对称的纬线圈,前者称切圆柱投影,后者称割圆柱投影(图 2-19)。正轴切圆柱投影中,切线称为基准纬线(standard parallel);正轴割圆柱投影中,相割处的纬线分别称为第一和第二基准纬线。同样地,横轴和斜轴圆柱投影也有切圆柱和割圆柱的区别。

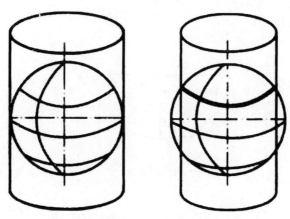

图 2-19　正轴切圆柱投影和割圆柱投影

(2)圆锥投影(conical projection)。

假设一个圆锥与地球椭球体(或球体)相切或相割,以圆锥面为投影面,将椭球面上的要素根据某种条件投影到圆锥面上,然后将圆锥面沿一条母线切开并展成平面,即为圆锥投影。

与圆柱投影相似,圆锥投影也可分为正轴、横轴和斜轴投影。正轴圆锥投影,圆锥轴同地轴重合;横轴圆锥投影,圆锥轴同赤道一直径重合;斜轴圆锥投影,圆锥轴同地轴和赤道以外的任一大圆的直径重合(图 2-20)。

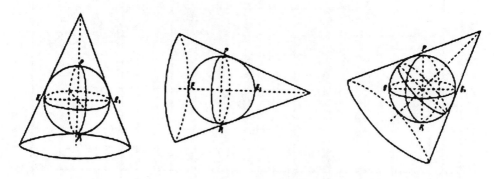

图 2-20　正轴、横轴和斜轴圆锥投影

正轴圆锥投影下,纬线投影为同心圆弧,经线投影为同心圆的半径,两经线间的夹角与相应的经差成正比(图 2-21)。

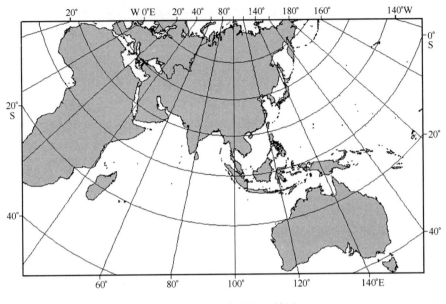

图 2-21　圆锥投影的经纬网

在正轴圆锥投影中，圆锥轴与地球椭球体旋转轴重合，圆锥面切椭球面于某一条纬线圈或割椭球面于两条纬线圈。这两种情况分别称切圆锥投影和割圆锥投影，相切或相割处的纬线称为基准纬线（图 2-22）。横轴和斜轴圆锥投影也有切圆锥和割圆锥的区别。

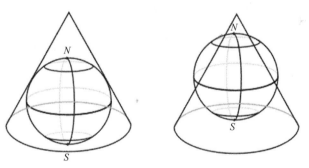

图 2-22　正轴切圆锥和割圆锥投影

（3）方位投影（azimuthal projection）。

方位投影是假设一个平面与地球椭球体相切或相割，根据等面积或透视等条件将经纬网投影到平面上。

与圆柱投影和圆锥投影类似，方位投影也可以分为正轴、横轴和斜轴投影。正轴方位投影中投影平面与地球椭球体相切于极点，因此也称极地投影；横轴方位投影中投影平面与地球椭球体相切于赤道，因此也称近赤投影；斜轴方位投影中投影平面与地球椭球体在极点和赤道外的任一点相切（图 2-23）。

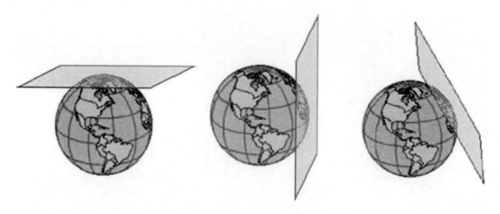

图 2-23　正轴、横轴和斜轴方位投影

正轴方位投影将纬线投影为同心圆，经线投影为同心圆的直径，两经线间的夹角与相应经差相等（图 2-24）。

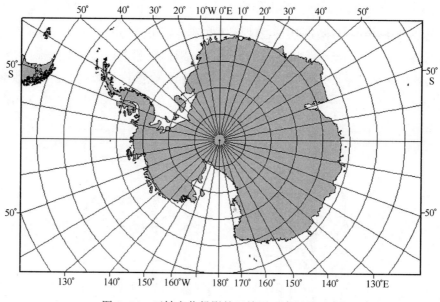

图 2-24　正轴方位投影的经纬网（南极地区）

（4）其他投影。

除了上面三种比较常用的投影之外，还有几种投影的投影辅助面不唯一或者不使用投影辅助面，包括伪圆柱投影（pseudo-cylindrical projection）、伪圆锥投影（pseudo-conical projection）、多圆锥投影（polyconic projection）和伪方位投影（pseudo-azimuthal projection）。其中，伪圆柱投影将纬线投影为平行直线，经线除中央经线为直线外，其余经线投影为对称于中央经线的曲线。伪圆锥投影将纬线投影为同心圆弧，经线投影为对称于中央直经线的曲线。多圆锥投影将纬线投影为同轴圆弧，其圆心位于投影成直线的中央经线上，其余经线投影为对称于中央经线的曲线。伪方位投影将纬线投影为同心圆，经线投影为交于纬线共同中心并对称于中央直经线的曲线。

2.3 常用的地图投影

目前常用的地图投影有数百种，每种地图投影都避免了某些变形性质，而牺牲了另一些变形性质，以适应不同的需要。地图投影一般采用变形性质和投影方法来命名，如正轴等角圆柱投影、横轴等角割圆柱投影等。此外，很多地图投影也用发明人的名字来命名，如正轴等角圆柱投影也称墨卡托投影，横轴等角切椭圆柱投影也称为高斯投影。

2.3.1 直接投影

直接将经度作为 X 坐标，纬度作为 Y 坐标，即为直接投影。严格来说，直接投影只是一种显示数据的方法，而不是一种真正的地图投影。

在直接投影下，经线和纬线都是平行线，且经线和纬线相互垂直。相同经差的经线间隔相同，相同纬差的纬线间隔也相同（图 2-25）。

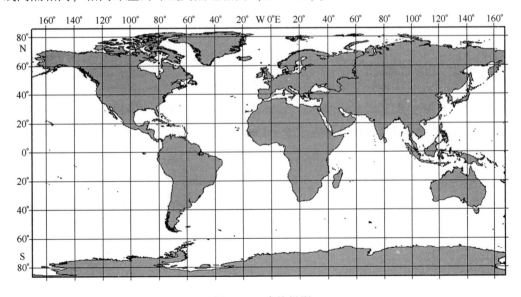

图 2-25 直接投影

经直接投影后的地图，其角度、面积、长度都有变形。此外，直接投影是直接将经纬度作为平面直角坐标，其坐标单位是十进制度而不是长度单位，因此虽然是平面直角坐标系，却无法使用平面几何的公式来进行距离和面积有关的计算和空间分析。故而直接投影一般只能用来将数据显示为地图的形式供 GIS 用户浏览，例如在渔获量制图中，常以直接投影的方式显示渔获量或作业位置分布（图 2-26）。由于目前大多数商业的 GIS 数据公司所生产的数据产品都是基于经纬度的，在 GIS 软件中可以使用直接投影的方式浏览这些数据。

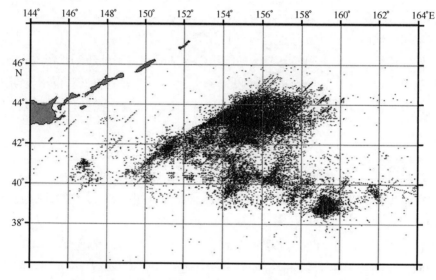

图 2-26　采用直接投影显示的北太平洋柔鱼作业位置分布

2.3.2　墨卡托投影

地图学家墨卡托（Gerardus Mercator，1512—1594）生于佛兰德斯郡（County of Flanders）鲁佩蒙德（Rupelmonde）地方。1569 年墨卡托首次将正轴等角圆柱投影用于世界航海图，因此这一投影也通常被称为墨卡托投影。

墨卡托投影为正轴切圆柱投影，即圆柱的对称轴与地轴重合，圆柱面与地球表面相切于赤道（图 2-27）。墨卡托投影的一种变体是正轴割圆柱投影，即投影圆柱面与地球表面相交于两条对称的纬线。

墨卡托投影后的所有经线相互平行，相同经差的经线间隔相等；所有纬线也相互平行，从赤道开始，越往南或越往北，相同纬差的纬线间隔越大；经线和纬线相互垂直（图 2-28）。

墨卡托投影没有角度变形。基准纬线没有长度变形，其余纬线长度比均大于 1，距基准纬线越远变形越大。墨卡托投影的面积变形非常严重，在图 2-28 中非洲要远小于南极洲，但实际上非洲的面积是南极洲的两倍多。

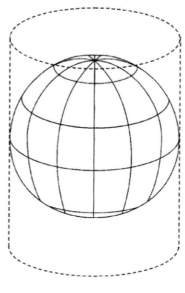

图 2-27 墨卡托投影

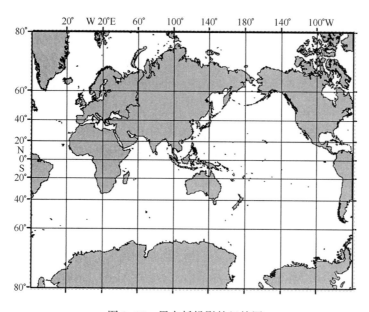

图 2-28 墨卡托投影的经纬网

400 多年来，墨卡托投影一直被世界各国用作海图的数学基础，其原因在于墨卡托投影具有等角的性质，且投影后经纬网构成比较简单。此外，墨卡托投影还有一个重要的优点，就是能将等角航线（Rhumbline）投影为直线。等角航线是指在地球面上与经线相交成等角的一条曲线。在航行时，船只只需要按照航行的起点和终点间固定的方位角向前航行，不需要改变方向就可以达到终点，这条航线即为等角航线。由于墨卡托投影的等角性质，等角航线在海图上被投影成一条直线，这对于航海和飞行来说是非常方便的（图 2-29）。

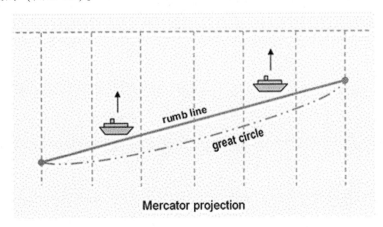

图 2-29　墨卡托投影中的等角航线和大圆航线

在地球面上，两点之间最短的距离是两点之间的大圆弧，而等角航线并不是地球上两点间的最短路线。因此，在长距离的航行和飞行中，主要还是按照大圆航线前进的。但按大圆航线前进时，需要随时调整船只或飞机的方向，因此并不方便。故经常将大圆航线划分成很多小段，每个小段连成之间，即等角航线。这样对于每个航段来说是按等角航线前进，但就全部航程来说则是按大圆航线前进。如图 2-30 所示的美国弗吉尼亚州诺福克至葡萄牙圣文森特角的航线，大圆航线约 3 141 海里，等角航线约 3 213 海里，而将大圆航线分成 3 段等角航线后，总长度约 3 147 海里。

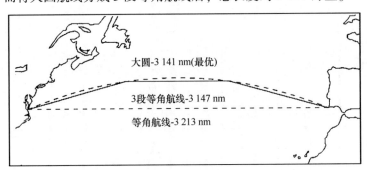

图 2-30　美国弗吉尼亚州诺福克至葡萄牙圣文森特角的航线

目前，墨卡托投影主要被用于大比例尺分幅海图和赤道附近的航空图，如中国的航海图便主要采用墨卡托投影，只在绘制 1∶20 000 或更大比例尺海图时若有必要才使用高斯投影。

2.3.3　高斯投影

设想一个椭圆柱横切于地球椭球某一经线（即中央经线），根据等角条件将中央经线左右一定范围内的区域投影到椭圆柱面上，再展开成平面，便构成了横轴等角切椭圆柱投影（图 2-31）。该投影最初由德国数学家、大地测量学家高斯（Carl Friedrich Gauss, 1774—1855）于 1822 年拟定，后于 1912 年由德国大地测量学家克吕格（Johannes Krüger, 1857—1923）进行了补充和完善，故又常称为高斯-克吕格投影（Gauss- Krüger）或高斯投影。

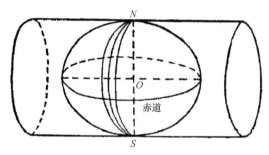

图 2-31　高斯投影

高斯投影由以下三个条件确定：

（1）中央经线和赤道投影为相互垂直的直线，且为投影的对称轴；

（2）投影无角度变形；

（3）中央经线投影后长度保持不变。

高斯投影后的中央经线和赤道为相互垂直的直线，其他经线均为凹向对称于中央经线的曲线，其他纬线为以赤道为对称轴向两极弯曲的曲线，经线和纬线成直角相交（图 2-32）。

高斯投影无角度变形。中央经线无长度变形，其余经线长度比均大于 1，距中央经线越远，变形越大，最大变形在边缘经线与赤道的交点上。面积变形也是距中央经线越远变形越大。

高斯投影具有等角的性质，因此经纬网和直角坐标网的偏差较小，大约有 60 多个国家将其用作地形图的数学基础。中国的国家基本比例尺地形图采用的就是高斯投影。

2.3.4　UTM 投影

通用横轴墨卡托投影（Universal Transverse Mercator, UTM），简称 UTM 投影，该投影由美国陆军工程兵团（United States Army Corps of Engineers, USACE）于 20 世纪

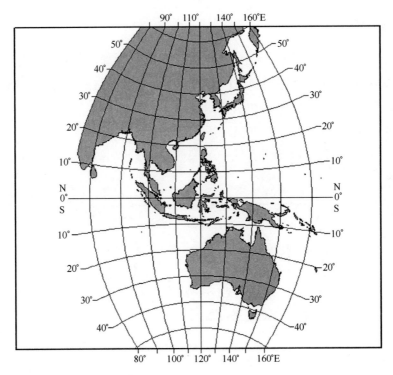

图 2-32 高斯投影的经纬网 (中央经线为 120°E)

40 年代拟定。将高斯投影的 x, y 坐标 (坐标平移和加带号之前) 分别乘以 0.9996,即可将高斯投影转换为 UTM 投影。UTM 投影为横轴等角割椭圆柱投影,椭圆柱面在 84°N 和 80°S 处两条纬线处与椭球面相割,两条割线位于中央经线东西各 180 千米处,经差约±1°40′ (图 2-33)。

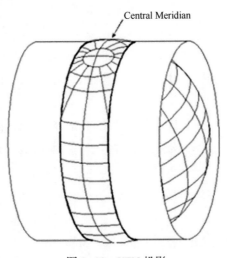

图 2-33 UTM 投影

UTM 为等角投影，投影后的经纬网形状与高斯投影相同，但长度变形稍有不同（图 2-34）。UTM 投影在两条割线上无长度变形，而中央经线长度比为 0.9996，这个长度比可以使 6°带的中央经线和边缘经线的长度变形的绝对值大致相等。

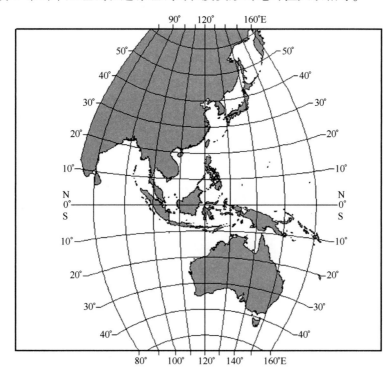

图 2-34　UTM 投影（中央经线为 120°E）

与高斯投影相比，UTM 投影在中纬度和低纬度地区的变形较小，因此国内曾有人建议将其作为我国地形图的数学基础。目前，已有 100 多个国家将 UTM 投影作为国家基本地形图的数学基础。在遥感应用方面，几乎所有的卫星遥感影像均采用 UTM 投影。

2.3.5　兰勃特投影

设想一个正轴圆锥投影面与地球表面相切于一条纬线或相割于两条纬线，按等角条件将经纬网投影到圆锥面上，然后将圆锥面沿某一条母线展开铺平，即为正轴等角圆锥投影。这种投影由瑞士数学家兰勃特（Johann Heinrich Lambert，1728—1777）于 1772 年拟定，因此常称兰勃特等角圆锥投影（Lambert conformal conic projection），或简称兰勃特投影（Lambert 投影）。一般情况下，兰勃特投影多采用两条基准纬线的割圆锥投影，其投影变形小而且均匀。

兰勃特投影后的经线为同心圆半径（直线），相交于极点；纬线为同心圆弧；经线和纬线成直角相交（图 2-35）。

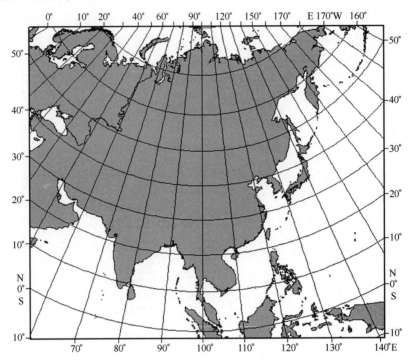

图 2-35　兰勃特等角圆锥投影（中央经线 100°E，两条基准纬线为 30°N 和 45°N）

兰勃特投影没有角度变形，基准纬线上无长度变形。同一条纬线上的变形处处相等。在同一条经线上，基准纬线外侧长度比大于 1（长度拉伸），基准纬线之间的长度比小于 1（长度收缩）。同一条纬线上等经差的线段长度相等，两条纬线间的经线长度处处相等。

兰勃特投影的应用范围较广，适用于中纬度地区各种比例尺的地图。我国采用兰勃特投影作为 1∶100 万分幅地形图的数学基础。

2.3.6　亚尔勃斯投影

亚尔勃斯投影同样采用正轴割圆锥投影的方法，但以等面积作为投影条件，也就是正轴等积割圆锥投影。这种投影由德国人亚尔勃斯（Heinrich C. Albers）于 1805 年提出，因此常称为亚尔勃斯投影（Albers 投影）。

亚尔勃斯投影后经纬线形状与兰勃特投影较为相似，经线为同心圆半径（直线），纬线为同心圆弧（图 2-36）。但由于兰勃特投影为等角投影而亚尔勃斯投影为等面积投影，两者在变形特性上有一定的区别。

亚尔勃斯投影是目前应用较为广泛的投影，适合东西间距较大的中纬度国家，中

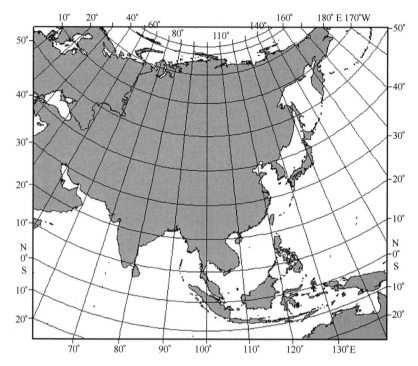

图 2-36　亚尔勃斯等积圆锥投影（中央经线 100°E，两条基准纬线为 30°N 和 45°N）

国、美国、加拿大都经常使用这种投影。如我国在制作分省地图时，为保持等面积的特性，经常采用亚尔勃斯投影。美国地质调查局（United States Geological Survey，USGS）和美国人口调查局（United States Census Bureau，USCB）也常使用这一投影。

2.3.7　互联网墨卡托投影

互联网墨卡托投影名称众多，一般称 Web Mercator 或 Google Web Mercator，它是 Google 于 2005 年推出的 Google Map 应用中所采用的地图投影。Web Mercator 是墨卡托投影的一个变体，它采用球形投影公式将经纬度转换为平面直角坐标。在 Web Mercator 投影中，地理坐标系采用 WGS-84 坐标系，投影时采用球形投影公式，地球的半径取 WGS84 椭球的长半轴。这不同于墨卡托投影：墨卡托投影公式中椭球体的参数并不固定，它取决于定义地理坐标系时所使用的参考椭球体。

当采用球形地球半径为 6 378.137 千米时，墨卡托投影后的横坐标 Y 的范围为 −20 037 ~ 20 037 千米，Web Mercator 将投影后的平面地图设置为正方形，即直接将纵坐标 X 的范围设置为 −20 037 ~ 20 037 千米。将平面直角坐标反算回经纬度坐标（即坐标反算）可知，Web Mercator 对应的纬度范围为 85.05°S—85.05°N，因此 Google Map 不能显示这个纬度范围外的南北极地区。采用这种设置是出于方便地图切片（Tiling）

的考虑。

Web Mercator 投影具有墨卡托投影的部分特征，如正北方向在地图上方、经线是等距离的平行直线、高纬度地区变形较大等。但正如 2.3.2 节所述，墨卡托投影在中大比例尺的地图中，采用的是椭球体投影公式，只有在小比例尺地图中才有可能使用球形投影公式，而在 Web Mercator 投影中，所有尺度的地图均采用球形公式投影，这是Web Mercator 投影与墨卡托投影最本质的区别。Web Mercator 采用 WGS84 椭球定义地理坐标系，但在投影时将地球视为球体，这原本是为了简化计算，但也使得它失去了墨卡托投影的等角特性，恒向线也不再是直线。

由于 Web Mercator 投影对地图投影的处理方式并不符合 GIS 规范，因此在出现之初并未得到 GIS 行业的承认，但由于它在互联网地图应用中得到广泛应用，已经成为互联网地图投影的事实标准。2008 年 3 月，欧洲石油勘探组织大地测量参数数据库（EPSG Geodetic Parameter Database）将 Web Mercator 收入其中，投影编号几经改变，最后定为 3857，这代表着 Web Mercator 投影最终为 GIS 行业所承认。目前，主要的互联网地图应用均采用 Web Mercator 投影，包括 Google Map、Bing Map、OpenStreetMap（图2-37）、MapQuest、MapBox 以及国内的百度地图、腾讯地图等。但需要注意的是，椭球体和球体投影公式所产生的平面直角坐标差异在赤道上可达 35 千米，这种的差异在小比例尺地图中可以忽略，但在大比例尺地图中则比较显著，再加上无等角特性，因此 Web Mercator 一般只用于地图显示而不能用于较为严格的地图制图。例如，美国国防部（United States Department of Defense，DoD）就曾通过下属的地理空间情报局（National Geospatial-Intelligence Agency，NGA）专门发布通告提醒在重要行动中所使用的地图不要使用 Web Mercator 投影。

图 2-37　采用 Web Mercator 投影的 OpenStreetMap 网络地图

2.4　投影坐标系统

投影坐标系统是基于地图投影而建立的平面直角坐标系。在实际应用中，投影坐标系用于地理定位、详细计算以及编制大比例尺的地图，因此对投影的精度和变形具有一定的要求。

和地图投影不同，投影坐标系统还需要考虑投影中地理坐标系的大地基准、投影中的中央经线和基准纬线等参数。为了保证投影后坐标的精度，投影坐标系统一般基于参考椭球体而非球体，且在投影时一般采用分带投影的方式将投影变形控制在一定范围内。此外，为了建立平面直角坐标系，还需要确定每个投影带的原点和坐标轴。

每种地图投影都可以建立投影坐标系统，但为了精度上的考虑，只有少数几种地图投影被用于大比例尺的地形制图，不同国家所选择的地图投影也不尽相同。目前，中国所使用的投影坐标系统主要是高斯分带投影坐标系统，而美国常用的投影坐标系统有三种：UTM 分带投影坐标系统、通用极射坐标系统（Universal Polar Stereographic System，UPS）和国家平面坐标系统（State Plane Coordinate System，SPCS）。

2.4.1　高斯分带投影坐标系统

如图 2-32 所示，高斯投影后的经线距中央经线越远变形越大，最大变形在边缘经线与赤道的交点上，面积变形也是距中央经线越远变形越大。因此，为了保证地图精度，高斯投影常使用分带投影的方法，将投影范围限制在中央经线东西一定经差范围内，使其变形不超过一定的限度。高斯投影常采用 6°分带和 3°分带。

6°分带是从 0°经线起，自西向东每隔经差 6°为一个投影带，全球分为 60 带，带号为 1—60。即以东经 0°—6°为第 1 带，其中央经线为 3°E，东经 6°—12°为第 2 带，其中央经线为 9°E，以此类推（图 2-38 上半部分）。

3°分带是从 1°30′经线起，每隔经差 3°为一个投影带，全球分为 120 带，带号为 1—120，相应的中央经线为 3°E，6°E，……，180°E，177°W，174°W，……，6°W，3°W，0°（图 2-38 下半部分）。

高斯平面直角坐标系建立在高斯分带投影的基础上。坐标系以中央经线为 X 轴，且其北向为正；赤道为 Y 轴，且其东向为正，中央经线与赤道的交点为坐标原点。

一般情况下，为避免坐标出现负值，会将坐标轴 X 和 Y 分别向西和向南平移，平移的距离称为伪东（false east）和伪北（false north）。以 6°分带投影为例，投影之后的 x 坐标范围约为-10 000~10 000 千米，y 坐标范围约为-333~333 千米。由于我国位于北半球，x 坐标均为正值，不需要平移 Y 轴；而 y 坐标有正有负，因此将 X 轴向西平移 500 千米，平移之后的 y 坐标范围变为 167~833 千米（图 2-39）。

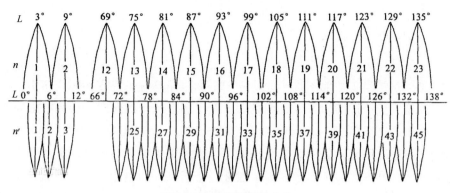

图 2-38　高斯投影的分带

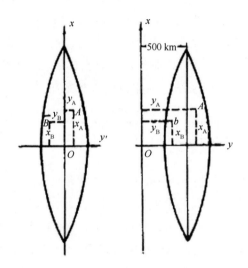

图 2-39　高斯平面直角坐标系

对于分带投影来说，不同投影带中相对位置相同的点，其投影后的坐标也是相同的，因此高斯投影须在 y 坐标前冠以投影带号，如某点 A 的坐标为

$$x = 2\ 536.\ 225\ \text{km}$$

$$y = 23\ 368.\ 622\ \text{km}$$

其中，y 坐标最前面的数字 23 表示第 23 投影带，A 点的实际 y 坐标值为 368.622 km。

目前，中国将高斯分带投影作为国家基本比例尺地形图的数学基础。其中 1∶2.5 万至 1∶50 万的地形图采用 6° 分带的高斯投影，1∶1 万比例尺的地形图采用 3° 分带的高斯投影。

2.4.2　UTM 分带投影坐标系统

UTM 分带投影与高斯分带投影类似，但它是从 180° 开始自西向东每 6° 为一个带，其中央经线分别为 177°W，174°W，……，3°W，0°，3°E，9°E，……，174°E，177°E。也就是说，UTM 投影的第 1 带（180°—174°W）即为高斯投影的第 31 带（图 2-40）。UTM 的每个带又分为南北两个半球，可在带号后加上字母 S 和 N 来表示。UTM 投影覆盖了 80°S 到 84°N 的地球表面，在两极地区采用通用极射投影坐标系统作为补充。

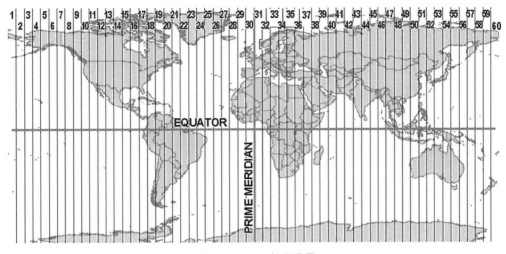

图 2-40　UTM 投影分带

UTM 平面直角坐标系建立在 UTM 分带投影的基础上。坐标系以中央经线为 X 轴，且其北向为正；赤道为 Y 轴，且其东向为正，中央经线与赤道的交点为坐标原点（图 2-41）。在北半球，UTM 平面直角坐标系的坐标轴 X 向西平移 500 千米（即伪东为 500 千米），Y 轴没有平移。而在南半球，坐标轴 X 向西平移 500 千米，Y 轴向南平移 10 000 千米（即伪北为 10 000 千米）。

2.4.3　通用极射坐标系统（UPS）

UPS 坐标系统是 UTM 分带投影坐标系统的补充，涵盖了 84°N 以北和 80°S 以南的极地地区。UPS 使用的坐标投影是正轴等角割方位投影。该坐标系统以极地为中心，将极地地区划分为一系列 10 万平方米的地区（图 2-42）。

2.4.4　美国国家投影坐标系（SPCS）

SPCS 是美国在 20 世纪 30 年代发展起来的一种投影分带体系。目前，SPCS 仍然是

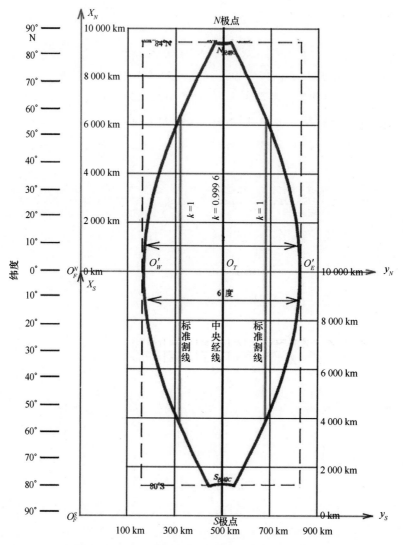

图 2-41　UTM 平面直角坐标系（周朝宪，2013）

美国国内区域测量和制图中应用最为广泛的坐标系统。

　　SPCS 坐标系的大地基准经历了 NAD27 到 NAD83 的转换，目前使用 NAD83 作为标准的大地基准。为保证大比例尺地形图的精度，SPCS 坐标系将美国分为 124 个投影带，每个州包含 1 个或多个投影带（图 2-43）。每个 SPCS 投影带都有一个地图投影，其中东西方向延伸的带使用兰勃特等角圆锥投影，南北方向延伸的带采用横轴墨卡托投影。此外，阿拉斯加州的部分地区采用的是斜轴墨卡托投影。在同一个投影带内，SPCS 坐标系能够保证非常高的精度（误差小于 1∶10 000），在投影带之外，精度则急剧降低。

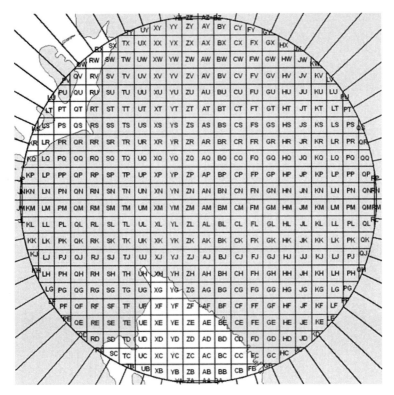

图 2-42　UPS 投影坐标系统（南极地区 80°S 以南）

图 2-43　SPCS 投影分带

2.5　GIS 软件中的坐标系统

通用的 GIS 软件一般为用户提供三种基本地图投影功能，包括为数据集定义地图投影、将数据集从地理坐标系转换到投影坐标系（地图投影）以及将数据集从一个投影坐标系转换到另一个投影坐标系（重投影）。

2.5.1　地图投影文件

在 GIS 中，地图投影文件是一个文本文件，它存储了数据集或图层的坐标系统的所有信息。下面是一个采用 WGS84 坐标系的高斯投影的数据集的投影文件。该投影文件包含了地理坐标系、投影类型和投影参数、坐标单位等信息。

```
PROJCS [" Gauss_ Kruger_ WGS84",
  GEOGCS [" GCS_ WGS_ 1984",
      DATUM [" D_ WGS_ 1984", SPHEROID [" WGS_ 1984",
6378137.0, 298.257223563] ],
    PRIMEM [ " Greenwich ", 0.0], UNIT [ " Degree",
0.0174532925199433] ],
    PROJECTION [" Gauss_ Kruger" ],
    PARAMETER [" False_ Easting", 0.0], PARAMETER [ "
False_ Northing", 0.0],
      PARAMETER [ " Central _ Meridian ", 120.0 ],
PARAMETER [" Scale_ Factor", 1.0],
      PARAMETER [" Latitude_ Of_ Origin", 0.0],
      UNIT [" Meter", 1.0] ]
```

如上所示，地图投影文件包括两部分信息。第一部分为地理坐标系信息，即大地基准为 WGS84，参考椭球体使用 WGS 椭球，该椭球的长半轴为 6 378.137 米，扁率为 298.257 223 563，本初子午线为格林尼治 0°经线，地理坐标单位为十进制度。第二部分为投影坐标系的信息，即采用高斯投影，投影的中央经线为东经 120 度，标准纬线为赤道。高斯平面直角坐标系的伪北和伪东均为 0，坐标系的单位为米。

在 GIS 中，投影文件一般以扩展名 ".PRJ" 命名，用于标识数据集的坐标系统的信息。这个文件可以用于该数据集的投影和重投影。

2.5.2　地图投影工具和预定义坐标系

通用 GIS 软件一般会提供一些地图投影工具用于为数据集定义坐标系、对数据集进行地图投影和重投影。以 ArcGIS 软件为例，ArcGIS 提供了几个基本的地图投影工具，如 Define Coordinates System 工具和 Project 工具，前者用于为数据集定义坐标系统，后者可以对数据集进行地图投影和重投影。如图 2-44 所示的 Project 工具，只需要输入数据集本身的坐标系和重投影后的坐标系，就可以对数据集进行重新投影。

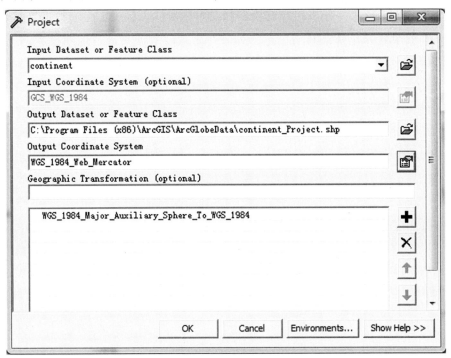

图 2-44　ArcGIS 中的 Project 工具

在 GIS 软件中，坐标系的定义有两种方式，一种方式为用户自定义，即用户指定地理坐标系和投影坐标系的各个参数；另一种方式为 GIS 软件预定义坐标系，即 GIS 软件已经为坐标系预定义好了大地基准、椭球体和地图投影的各个参数。GIS 软件一般都提供数量非常多的预定义坐标系统供用户使用。在 ArcGIS 软件中，预定义坐标系统被分成了两类，即地理坐标系和投影坐标系。其中地理坐标系被分为 World、Continent、spheroid-based、Asia 等多个种类，分别适用于不同的地理区域。投影坐标系则包括高斯投影、UTM 投影、SPC 等。

2.5.3　实时（on-the-fly）投影

实时投影是指 GIS 软件可以自动将数据集转换成用户自定义的坐标系统然后显示出来，在此过程中不改变数据集本身的坐标系统。前面所述的直接投影可以当成是实时投影的一种特殊情况。在实时投影中，如果数据集本身包含投影文件，则 GIS 软件利用坐标投影工具将数据集进行重新投影，将结果保存为临时文件然后显示出来。如果数据集本身不包含投影文件，则 GIS 软件可以使用一些假定的坐标系统来代替然后进行重投影。

实时投影并不改变数据集本身的坐标系统，因此只用来浏览数据集，而不能实现数据集的投影和重投影。如果在数据操作和空间分析的过程中，某个数据集需要频繁地以另外一种坐标系的形式进行显示，则最好是对该数据集进行地图投影或重投影，并采用投影和重投影后的结果数据集参与数据操作和空间分析。

第3章　空间数据结构及空间数据库

　　地图和地理信息系统都可以看作真实地理原型的模型，GIS 以空间数据库为基础，对原型进行数字化表达，因此通过一定的数据结构把有关的空间数据组织到计算机系统中是建立 GIS 数据库的一个核心问题。它包括：确定专题领域的实际模型；建立表达实际模型的概念模型；建立实现概念模型的数据结构；确定空间数据在数据库中的组织方式。

　　实际模型，是指在研究区域内与某领域有关的实际存在的物质世界，它包含所有能够被人们直接和不能直接观察到的各种有关信息。概念模型，是指利用科学的归纳方法，以对研究对象的观察、抽象形成的概念为基础，建立起来的关于概念之间的关系和影响方式的模型。概念模型不依赖于计算机，只描述从现实中抽象出的信息。数据模型是一种概念模型，是对有关真实世界的一种抽象表达。对地理原型所建立的数据模型应能充分表达地理对象的特征，目前矢量数据模型和栅格数据模型是 GIS 主要的数据模型。数据结构是数据存在的形式，用来反映一个数据的内部构成，即一个数据由哪些成分数据构成，以什么方式构成，呈什么结构。空间数据结构把概念模型转变为计算机系统所能接受的数据结构和逻辑关系，逻辑上的数据结构反映成分数据之间的逻辑关系，而物理上的数据结构反映成分数据在计算机内部的存储安排。

　　建立一个 GIS 的首要任务是建立空间数据库，即将反映地理实体特性的地理数据存储在计算机中，也就是要解决空间数据结构问题和如何描述实体及其相互关系即空间数据库模型问题。本章重点介绍主要的空间数据结构和空间数据库模型。

3.1　地理实体及其描述

　　将地理系统中复杂的地理现象进行抽象得到的地理对象称为地理实体或空间实体、空间目标，简称实体（Entity）。实体是现实世界中客观存在的，并可相互区别的事物。实体可以指个体，也可以指总体，即个体的集合。抽象的程度因研究区域的大小、规模不同而有所不同，如在一张小比例尺的全国地图中，上海市被抽象为一个点状实体，抽象程度很大；而在较大比例尺的上海市地图上，需要将上海市的街道、房屋详尽地表示出来，上海市则被抽象为一个由简单点、线、面实体组成的庞大复杂组合实体，其抽象程度较前者而言较小。所以说，实体是一个具有概括性、复杂性、相对意义的概念。

3.1.1 实体的描述和存储

GIS 中，根据具体要求需要描述实体各个方面，如名称、位置、形状和获取这些信息的方法、时间和质量等，描述上述内容的空间数据具有三个基本特征：空间特征、属性特征和时间特征。根据反映实体特征的不同，空间数据可分为不同的类型：几何数据、关系数据、属性数据和元数据，而不同类型的空间数据在计算机中是以不同的空间数据结构存储的。

1. 空间数据的特征

空间数据具有三个基本特征（图 3-1）。

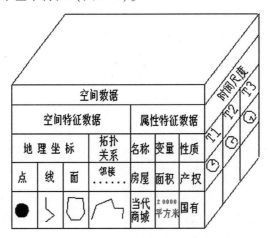

图 3-1　空间数据的基本特征

属性特征；用以描述事物或现象的特性，如事物或现象的类别、等级、数量、名称等。

空间特征：用以描述事物或现象的地理位置，又称几何特征、定位特征，如河口的经纬度等。

时间特征：用以描述事物或现象随时间的变化，例如人口数的逐年变化。

由于空间实体具有上述特征，所以在 GIS 中的表示是非常复杂的。目前的 GIS 还较少考虑到空间数据的时间特征，只考虑其属性特征与空间特征的结合。实际上，由于空间数据具有时间维，过时的信息虽不具有现势性，但却可以作为历史性数据保存起来，因而就会大大增加 GIS 表示和处理数据的难度。

2. 空间实体的描述

通常从以下几个方面对地理实体进行描述：

（1）编码：用于区别不同的实体，有时同一个实体在不同的时间具有不同的编码，如上行和下行的火车。编码通常包括分类码和识别码。分类码标识实体所属的类别，识别码对每个实体进行标识，是唯一的，用于区别不同的实体。

（2）位置：通常用坐标值的形式（或其他方式）给出实体的空间位置。

（3）类型：指明该地理实体属于哪一种实体类型，或由哪些实体类型组成。

（4）行为：指明该地理实体可以具有哪些行为和功能。

（5）属性：指明该地理实体所对应的非空间信息，如道路的宽度、路面质量、车流量、交通规则等。

（6）说明：用于说明实体数据的来源、质量等相关的信息。

（7）关系：与其他实体的关系信息。

3. 空间数据的类型

根据空间数据的特征，可以将其分为三类：

属性数据：描述空间数据的属性特征的数据，也称非几何数据，如类型、等级、名称、状态等。

几何数据：描述空间数据的空间特征的数据，也称位置数据、定位数据，如用 X、Y 坐标来表示。

关系数据：描述空间数据之间的空间关系的数据，如空间数据的相邻、包含等，主要是指拓扑关系。拓扑关系是一种对空间关系进行明确定义的数学方法。

此外，还有元数据，它是描述数据的数据。在地理空间数据中，元数据说明空间数据内容、质量、状况和其他有关特征的背景信息，便于数据生产者和用户之间的交流。

若根据划分角度不同，还可将空间数据划分为不同的类型。

4. 空间数据结构

数据结构即数据组织的形式，是适合于计算机存储、管理、处理的数据逻辑结构。数据按一定的规律储存在计算机中，是计算机正确处理和用户正确理解的保证。

空间数据结构是空间数据在计算机中的具体组织方式。目前尚无一种统一的数据结构能够同时存储上述各种类型的数据，而是将不同类型的空间数据以不同的数据结构存储。一般来说，属性数据与其他信息系统一样常用二维关系表格形式存储。元数据以特定的空间元数据格式存储，而描述地理位置及其空间关系的空间特征数据是地理信息系统所特有的数据类型，主要以矢量数据结构和栅格数据结构两种形式存储。

3.1.2 实体的空间特征

可用空间维数、空间特征类型和空间类型组合方式说明实体的空间特征。

1. 空间维数

有零维、一维、二维、三维之分，对应着不同的空间特征类型：点、线、面、体。在地图中实体维数的表示可以改变。如一条河流在小比例尺地图上是一条线（单线河），在大比例尺图上是一个面（双线河）（图3-2）。

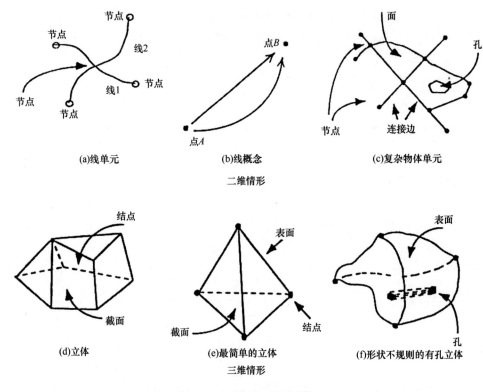

(a)线单元　　　　(b)线概念　　　　(c)复杂物体单元

二维情形

(d)立体　　　　(e)最简单的立体　　　　(f)形状不规则的有孔立体

三维情形

图3-2　二维和三维示意图

2. 空间特征类型

（1）点状实体：点或节点、点状实体。具体有下列类型的点：实体点、注记点、内点和节点等不同类型。

（2）线状实体：具有相同属性的点的轨迹，线或折线，由一系列的有序坐标表示，并长度、弯曲度、方向性等特性，线状实体包括线段、边界、链、弧段、网络等（图3-3）。

（3）面状实体（多边形）：是对湖泊、岛屿、地块等一类现象的描述，在数据库中

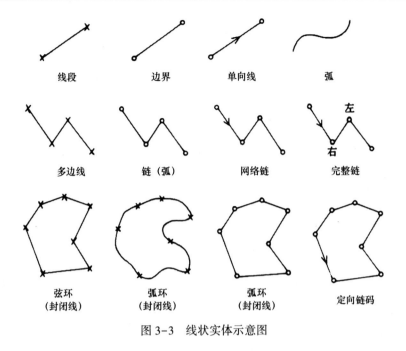

图 3-3　线状实体示意图

由一封闭曲线加内点来表示。具有面积、范围、周长、独立性或与其他地物相邻、内岛屿或锯齿状外形、重叠性与非重叠性等特性（图 3-4）。

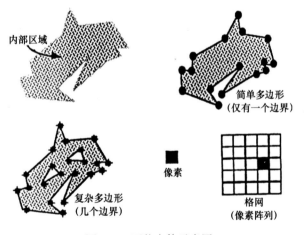

图 3-4　面状实体示意图

（4）体、立体状实体：用于描述三维空间中的现象与物体，它具有长度、宽度及高度等属性，立体状实体一般具有体积、每个二维平面的面积、内岛、断面图与剖面图等空间特征。

3. 实体类型组合

现实世界的各种现象比较复杂，往往由上述不同的空间类型组合而成，例如根据某些空间类型或几种空间类型的组合将空间问题表达出来，复杂实体由简单实体组合表达（图3-5）。

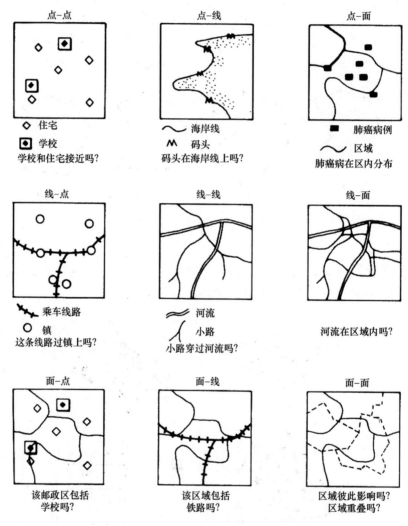

图3-5　实体类型组合示意图

3.1.3　空间关系

空间关系是指地理空间实体对象之间的空间相互作用关系。通常将空间关系分为三大类：拓扑空间关系（topological spatial relationship）、顺序空间关系（order spatial relationship）和度量空间关系（metric spatial relationship）。

（1）顺序空间关系：描述空间实体之间在空间上的排列次序，如实体之间的前后、左右和东南西北等方位关系。在实际应用中，建立和判别三维欧氏空间中的顺序空间关系比二维欧氏空间中更加具有现实意义。三维欧氏空间中顺序空间关系的建立将为空间实体的三维可视化和虚拟环境的建立奠定必要的技术基础。

（2）度量空间关系：描述空间实体的距离或远近等关系。距离是定量描述，而远近则是定性描述。

（3）拓扑空间关系：描述空间实体之间的相邻、包含和相交等空间关系。拓扑空间关系在地理信息系统和空间数据库的研究和应用中具有十分重要的意义。GIS 中空间关系一般指拓扑空间关系。拓扑关系是一种对空间结构关系进行明确定义的数学方法。是指图形在保持连续状态下变形，但图形关系不变的性质。可以假设图形绘在一张高质量的橡皮平面上，将橡皮任意拉伸和压缩，但不能扭转或折叠，这时原来图形的有些属性保留，有些属性发生改变，前者称为拓扑属性，后者称为非拓扑属性或几何属性。这种变换称为拓扑变换。

图 3-6 形象地表达了各种空间目标的拓扑空间关系。拓扑空间关系的建立较为容易。只需利用线段相交和包含分析等算法就可以达到建立拓扑空间关系的目的。

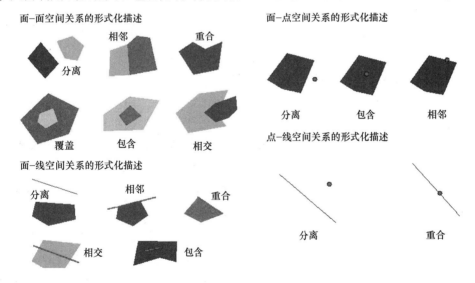

图 3-6　拓扑空间关系示意图

点（结点）、线（链、弧段、边）、面（多边形）三种要素是拓扑元素。它们之间最基本的拓扑关系是关联和邻接。①关联。不同拓扑元素之间的关系。如结点与链、链与多边形等。②邻接：相同拓扑元素之间的关系。如结点与结点、链与链、面与面等。邻接关系是借助于不同类型的拓扑元素描述的，如面通过链而邻接。

在 GIS 的分析和应用功能中，还可能用到其他拓扑关系，如：①包含关系。面与其他拓扑元素之间的关系。如果点、线、面在该面内，则称为被该面包含，如某省包含的湖泊、河流等。②几何关系。拓扑元素之间的距离关系。如拓扑元素之间距离不超过某一半径的关系。③层次关系。相同拓扑元素之间的等级关系。如国家由省（自治区、直辖市）组成等。

3.2 矢量数据结构

地理信息系统中另一种最常见的图形数据结构为矢量结构，即通过记录坐标的方式尽可能精确地表示点、线、多边形等地理实体，坐标空间设为连续，允许任意位置、长度和面积的精确定义。事实上，因为如下原因，也不可能得到绝对精确的值：①表示坐标的计算机字长有限；②所有矢量输出设备包括绘图仪在内，尽管分辨率比栅格设备高，但也有一定的步长；③矢量法输入时曲线选取的点不可能太多；④人工输图中不可避免的定位误差。

矢量数据获取方式通常有：①由外业测量获得，可利用测量仪器自动记录测量成果（常称为电子手簿），然后转到地理数据库中；②由栅格数据转换获得，利用栅格数据矢量化技术，把栅格数据转换为矢量数据；③跟踪数字化，用跟踪数字化的方法，把地图变成离散的矢量数据。

3.2.1 矢量数据结构编码的基本内容

1. 点实体

点实体包括由单独一对 x, y 坐标定位的一切地理或制图实体。在矢量数据结构中，除点实体的 x, y 坐标外还应存储其他一些与点实体有关的数据来描述点实体的类型、制图符号和显示要求等。点是空间上不可再分的地理实体，可以是具体的也可以是抽象的，如地物点、文本位置点或线段网络的结点等。如果点是一个与其他信息无关的符号，则记录时应包括符号类型、大小、方向等有关信息；如果点是文本实体，记录的数据应包括字符大小、字体、排列方式、比例、方向以及与其他非图形属性的联系方式等信息。对其他类型的点实体也应做相应的处理。图 3-7 说明了点实体的矢量数据结构的一种组织方式。

2. 线实体

线实体可以定义为直线元素组成的各种线性要素，直线元素由两对以上的 x, y 坐标定义。最简单的线实体只存储它的起止点坐标、属性、显示符等有关数据。例如，线实体输出时可能用实线或虚线描绘，这类信息属符号信息，它说明线实体的输出方式。虽然线实体并不是以虚线存储，仍可用虚线输出。

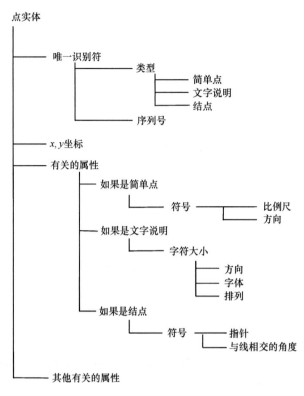

图 3-7　点实体的矢量数据结构

　　弧、链是 n 个坐标对的集合，这些坐标可以描述任何连续而又复杂的曲线。组成曲线的线元素越短，x，y 坐标数量越多，就越逼近于一条复杂曲线。既要节省存储空间，又要求较为精确地描绘曲线，唯一的办法是增加数据处理工作量。亦即在线实体的记录中加入一个指示字，当启动显示程序时，这个指示字告诉程序：需要数学内插函数（例如样条函数）加密数据点且与原来的点匹配。于是能在输出设备上得到较精确的曲线。不过，数据内插工作却增加了。弧和链的存储记录中也要加入线的符号类型等信息。

　　线的网络结构。简单的线或链携带彼此互相连接的空间信息，而这种连接信息又是供排水网和道路网分析中必不可少的信息。因此要在数据结构中建立指针系统才能让计算机在复杂的线网结构中逐线跟踪每一条线。指针的建立要以结点为基础，如建立水网中每条支流之间连接关系时必须使用这种指针系统。指针系统包括结点指向线的指针、每条从结点出发的线汇于结点处的角度等，从而完整地定义线网络的拓扑关系（图 3-8）。

　　如上所述，线实体主要用来表示线状地物（公路、水系、山脊线）、符号线和多边形边界，有时也称为"弧""链""串"等，其矢量编码包括以下内容：

图 3-8　线实体矢量编码的基本内容

其中唯一标识是系统排列序号；线标识码可以标识线的类型；起始点和终止点可以用点号或直接用坐标表示；显示信息是显示线的文本或符号等；与线相联的非几何属性可以直接存储于线文件中，也可单独存储，而由标识码联接查找。

3. 面实体

多边形（有时称为区域）数据是描述地理空间信息的最重要的一类数据。在区域实体中，具有名称属性和分类属性的，多用多边形表示，如行政区、土地类型、植被分布等；具有标量属性的有时也用等值线描述（如地形、降雨量等）。

多边形矢量编码，不但要表示位置和属性，更重要的是能表达区域的拓扑特征，如形状、邻域和层次结构等，以便使这些基本的空间单元可以作为专题图的资料进行显示和操作。由于要表达的信息十分丰富，基于多边形的运算多而复杂，因此多边形矢量编码比点和线实体的矢量编码要复杂得多，也更为重要。

在讨论多边形数据结构编码的时候，首先对多边形网提出如下的要求：

①组成地图的每个多边形应有唯一的形状、周长和面积。它们不像栅格结构那样具有简单而标准的基本单元。即使大多数美国的规划街区也不能设想它们具有完全一样的形状和大小。对土壤或地质图上的多边形来说更不可能有相同的形状和大小。

②地理分析要求的数据结构应能够记录每个多边形的邻域关系，其方法与水系网中记录连接关系一样。

③专题地图上的多边形并不都是同一等级的多边形，而可能是多边形内嵌套小的多边形（次一级）。例如，湖泊的水涯线在土地利用图上可算是个岛状多边形，而湖中的岛屿为"岛中之岛"。这种所谓"岛"或"洞"的结构是多边形关系中较难处理的问题。

3.2.2　矢量数据结构编码的方法

矢量数据结构的编码形式，按照其功能和方法可分为：实体式、索引式、双重独立式和链状双重独立式。

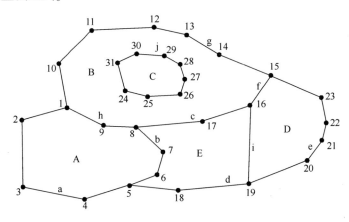

图 3-9　多边形原始数据

1. 实体式

实体式数据结构是指构成多边形边界的各个线段，以多边形为单元进行组织。按照这种数据结构，边界坐标数据和多边形单元实体一一对应，各个多边形边界都单独编码和数字化。例如对图 3-10 所示的多边形 A、B、C、D、E，可以用表 3-1 的数据来表示。

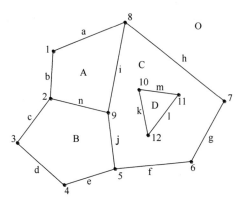

图 3-10　多边形原始数据

表 3-1　多边形数据文件

多边形	数据项
A	(x_1, y_1), (x_2, y_2), (x_3, y_3), (x_4, y_4), (x_5, y_5), (x_6, y_6), (x_7, y_7), (x_8, y_8), (x_9, y_9), (x_1, y_1)
B	(x_1, y_1), (x_9, y_9), (x_8, y_8), (x_{17}, y_{17}), (x_{16}, y_{16}), (x_{15}, y_{15}), (x_{14}, y_{14}), (x_{13}, y_{13}), (x_{12}, y_{12}), (x_{11}, y_{11}), (x_{10}, y_{10}), (x_1, y_1)
C	(x_{24}, y_{24}), (x_{25}, y_{25}), (x_{26}, y_{26}), (x_{27}, y_{27}), (x_{28}, y_{28}), (x_{29}, y_{29}), (x_{30}, y_{30}), (x_{31}, y_{31}), (x_{24}, y_{24})
D	(x_{19}, y_{19}), (x_{20}, y_{20}), (x_{21}, y_{21}), (x_{22}, y_{22}), (x_{23}, y_{23}), (x_{15}, y_{15}), (x_{16}, y_{16}), (x_{19}, y_{19})
E	(x_5, y_5), (x_{18}, y_{18}), (x_{19}, y_{19}), (x_{16}, y_{16}), (x_{17}, y_{17}), (x_8, y_8), (x_7, y_7), (x_6, y_6), (x_5, y_5)

这种数据结构具有编码容易、数字化操作简单和数据编排直观等优点。但这种方法也有以下明显缺点：

（1）相邻多边形的公共边界要数字化两遍，造成数据冗余存储，可能导致输出的公共边界出现间隙或重叠；

（2）缺少多边形的邻域信息和图形的拓扑关系；

（3）岛只作为一个单个图形，没有建立与外界多边形的联系。

因此，实体式编码只用在简单的系统中。

2. 索引式

索引式数据结构采用树状索引以减少数据冗余并间接增加邻域信息，具体方法是对所有边界点进行数字化，将坐标对以顺序方式存储，由点索引与边界线号相联系，以线索引与各多边形相联系，形成树状索引结构（图3-11）。

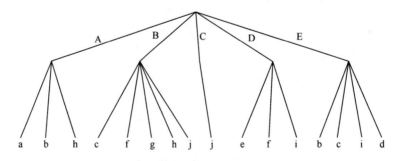

图 3-11　线与多边形之间的树状索引

树状索引结构消除了相邻多边形边界的数据冗余和不一致的问题，在简化过于复杂的边界线或合并多边形时可不必改造索引表，邻域信息和岛状信息可以通过对多边形文件的线索引处理得到，但是比较烦琐，因而给邻域函数运算、消除无用边、处理岛状信息以及检查拓扑关系等带来一定的困难，而且两个编码表都要以人工方式建立，工作量大且容易出错（图 3-12）。

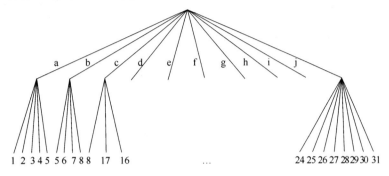

图 3-12 点与线之间的树状索引

图 3-11、3-12 分别为图 3-10 的多边形文件和线文件树状索引图。

3. 双重独立式

这种数据结构最早是由美国人口统计局研制来进行人口普查分析和制图的，简称为 DIME（Dual Independent Map Encoding）系统或双重独立式的地图编码法。它以城市街道为编码的主体。其特点是采用了拓扑编码结构。

双重独立式数据结构是对图上网状或面状要素的任何一条线段，用其两端的节点及相邻面域来予以定义。例如对图 3-10 所示的多边形数据，用双重独立数据结构表示如表 3-2 所示。

表 3-2 双重独立式（DIME）编码

线号	左多边形	右多边形	起点	终点
a	O	A	1	8
b	O	A	2	1
c	O	B	3	2
d	O	B	4	3
e	O	B	5	4
f	O	C	6	5
g	O	C	7	6
h	O	C	8	7
i	C	A	8	9
j	C	B	9	5
k	C	D	12	10
l	C	D	11	12
m	C	D	10	11
n	B	A	9	2

表中的第一行表示线段 a 的方向是从结点 1 到结点 8，其左侧面域为 O，右侧面域为 A。在双重独立式数据结构中，结点与结点或者面域与面域之间为邻接关系，结点与线段或者面域与线段之间为关联关系。这种邻接和关联的关系称为拓扑关系。利用这种拓扑关系来组织数据，可以有效地进行数据存储正确性检查，同时便于对数据进行更新和检索。因为在这种数据结构中，当编码数据经过计算机编辑处理以后，面域单元的第一个始节点应当和最后一个终节点相一致，而且当按照左侧面域或右侧面域来自动建立一个指定的区域单元时，其空间点的坐标应当自行闭合。如果不能自行闭合，或者出现多余的线段，则表示数据存储或编码有错，这样就达到数据自动编辑的目的。例如，从表 3-2 中寻找右多边形为 A 的记录，则可以得到组成 A 多边形的线及结点如表 3-3 所示，通过这种方法可以自动形成面文件，并可以检查线文件数据的正确性。

表 3-3　自动生成的多边形 A 的线及结点

线号	起点	终点	左多边形	右多边形
a	1	8	O	A
i	8	9	C	A
n	9	2	B	A
b	2	1	O	A

此外，这种数据结构除了通过线文件生成面文件外，还需要点文件，这里不再列出。

4. 链状双重独立式

链状双重独立式数据结构是 DIME 数据结构的一种改进。在 DIME 中，一条边只能用直线两端点的序号及相邻的面域来表示，而在链状数据结构中，将若干直线段合为一个弧段（或链段），每个弧段可以有许多中间点。

在链状双重独立数据结构中，主要有四个文件：多边形文件、弧段文件、弧段坐标文件、结点文件。多边形文件主要由多边形记录组成，包括多边形号、组成多边形的弧段号以及周长、面积、中心点坐标及有关"洞"的信息等，多边形文件也可以通过软件自动检索各有关弧段生成，并同时计算出多边形的周长和面积以及中心点的坐标，当多边形中含有"洞"时则此"洞"的面积为负，并在总面积中减去，其组成的弧段号前也冠以负号；弧段文件主要由弧记录组成，存储弧段的起止结点号和弧段左右多边形号；弧段坐标文件由一系列点的位置坐标组成，一般从数字化过程获取，数字化的顺序确定了这条链段的方向。结点文件由结点记录组成，存储每个结点的结点号、结点坐标及与该结点连接的弧段。结点文件一般通过软件自动生成，因为在数字化的过程中，由于数字化操作的误差，各弧段在同一结点处的坐标不可能完全一致，需要进行匹配处理。当其偏差在允许范围内时，可取同名结点的坐标平均值。如果偏差过大，则弧段需要重新数字化。

对如图 3-13 所示的矢量数据，其链状双重独立式数据结构的多边形文件、弧段文件、弧段坐标文件见表 3-4~表 3-6。

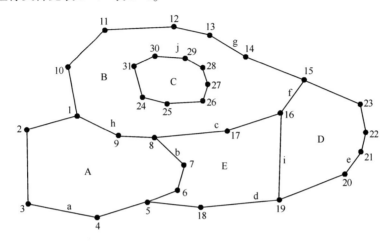

图 3-13 多边形原始数据

表 3-4 多边形文件

多边表号	弧段号
A	h, b, a
B	g, f, c, h, -j
C	j
D	e, i, f
E	e, i, d, b

表 3-5 弧段文件

弧段号	起始点	终结点	左多边形	右多边形
a	5	1	O	A
b	8	5	E	A
c	16	8	E	B
d	19	5	O	E
e	15	19	O	D
f	15	16	D	B
g	1	15	O	B
h	8	1	A	B
i	16	19	D	E
j	31	31	B	C

表 3-6 弧段坐标文件

弧段号	点 号
a	5, 4, 3, 2, 1
b	8, 7, 6, 5
c	16, 17, 8
d	19, 18, 5
e	15, 23, 22, 21, 20, 19
f	15, 16
g	1, 10, 11, 12, 13, 14, 15
h	8, 9, 1
i	16, 19
j	31, 30, 29, 28, 27, 26, 25, 24, 31

3.3 栅格数据结构

3.3.1 栅格数据结构的组织

1. 栅格数据的图形表示

栅格结构是最简单最直观的空间数据结构，又称为网格结构（raster 或 grid cell）或像元结构（pixel），是指将地球表面划分为大小均匀紧密相邻的网格阵列，每个网格作为一个像元或像素，由行、列号定义，并包含一个代码，表示该像素的属性类型或量值，或仅仅包含指向其属性记录的指针。因此，栅格结构是以规则的阵列来表示空间地物或现象分布的数据组织，组织中的每个数据表示地物或现象的非几何属性特征。

如图 3-14 所示，在栅格结构中，点用一个栅格单元表示；线状地物则用沿线走向的一组相邻栅格单元表示，每个栅格单元最多只有两个相邻单元在线上；面或区域用记有区域属性的相邻栅格单元的集合表示，每个栅格单元可有多于两个的相邻单元同属一个区域。任何以面状分布的对象（土地利用、土壤类型、地势起伏、环境污染等），都可以用栅格数据逼近。遥感影像就属于典型的栅格结构，每个像元的数字表示影像的灰度等级。

2. 栅格数据结构的特点

栅格结构的显著特点是：属性明显，定位隐含，即数据直接记录属性的指针或属性本身，而所在位置则根据行列号转换为相应的坐标给出，也就是说定位是根据数据在数据集中的位置得到的。

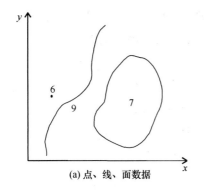

图 3-14　点、线、面数据的栅格结构表示

由于栅格结构是按一定的规则排列的，所表示的实体的位置很容易隐含在网格文件的存储结构中。在后面讲述栅格结构编码时可以看到，每个存储单元的行列位置可以方便地根据其在文件中的记录位置得到，且行列坐标可以很容易地转为其他坐标系下的坐标。

在网格文件中每个代码本身明确地代表了实体的属性或属性的编码，如果为属性的编码，则该编码可作为指向实体属性表的指针。图 3-14 中表示了一个代码为 6 的点实体，一条代码为 9 的线实体，一个代码为 7 的面实体。

由于栅格行列阵列容易为计算机存储、操作和显示，因此这种结构容易实现，算法简单，且易于扩充、修改，也很直观，特别是易于同遥感影像结合处理，给地理空间数据处理带来了极大的方便，受到普遍欢迎，许多系统都部分和全部采取了栅格结构；栅格结构的另一个优点是，特别适合于 FORTRAN、BASIC 等高级语言作文件或矩阵处理，这也是栅格结构易于为多数地理信息系统设计者接受的原因之一。

栅格结构表示的地表是不连续的，是量化和近似离散的数据。在栅格结构中，地表被分成相互邻接、规则排列的矩形方块［特殊的情况下也可以是三角形或菱形、六边形等（如图 3-15 所示）］，每个地块与一个栅格单元相对应。

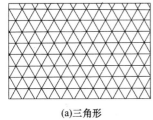
(a)三角形

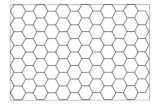
(c)六边形

图 3-15　栅格数据结构的几种其他形式

栅格数据的比例尺就是栅格大小与地表相应单元大小之比。在许多栅格数据处理

时，常假设栅格所表示的量化表面是连续的，以便使用某些连续函数。由于栅格结构对地表的量化，在计算面积、长度、距离、形状等空间指标时，若栅格尺寸较大，则会造成较大的误差，同时由于在一个栅格的地表范围内，可能存在多于一种的地物，而表示在相应的栅格结构中常常只能是一个代码。这类似于遥感影像的混合像元问题，如 Landsat MSS 卫星影像单个像元对应地表 $79 \times 79 \mathrm{m}^2$ 的矩形区域，影像上记录的光谱数据是每个像元所对应的地表区域内所有地物类型的光谱辐射的总和效果。因而，这种误差不仅有形态上的畸变，还可能包括属性方面的偏差。

3.3.2　栅格数据结构的建立

要建立一个栅格数据结构，需要明确三个内容：数据来源（即获取数据的途径），栅格系统的确定和栅格代码的确定。

1. 栅格数据的获取途径

（1）遥感数据。通过遥感手段获得的数字图像就是一种栅格数据。它是遥感传感器在某个特定的时间、对一个区域地面景象的辐射和反射能量的扫描抽样，并按不同的光谱段分光并量化后，以数字形式记录下来的像素值序列。

（2）图片的扫描数据。通过扫描仪对地图或其他图件的扫描，可把资料转换为栅格形式的数据。

（3）矢量数据转换。通过运用矢量数据栅格化技术，把矢量数据转换成栅格数据。

（4）手工方法获取。在专题图上均匀划分网格，逐个网格地确定其属性代码的值，最后形成栅格数据文件。

2. 栅格系统的确定

栅格系统的确定包括栅格坐标系的确定和栅格单元尺寸的确定（图 3-16）。

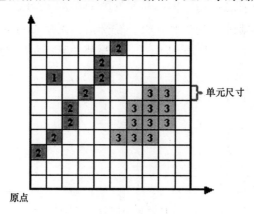

图 3-16　栅格系统的确定

（1）栅格坐标系的确定。

表示具有空间分布特征的地理要素，不论采用什么编码系统，什么数据结构（矢、栅）都应在统一的坐标系统下，而坐标系的确定实质是坐标系原点和坐标轴的确定。

由于栅格编码一般用于区域性 GIS，原点的选择常具有局部性质，但为了便于区域的拼接，栅格系统的起始坐标应与国家基本比例尺地形图公里网的交点相一致，并分别采用公里网的纵横坐标轴作为栅格系统的坐标轴。

（2）栅格单元的尺寸。

栅格单元的尺寸确定的原则是应能有效地逼近空间对象的分布特征，又减少数据的冗余度。格网太大，忽略较小图斑，信息丢失。一般讲实体特征愈复杂，栅格尺寸越小，分辨率愈高，然而栅格数据量愈大，按分辨率的平方指数增加，计算机成本就越高，处理速度越慢。

具体可采用保证最小多边形的精度标准来确定尺寸的方法。

3. 栅格代码（属性值）的确定

为了保证数据的质量，当一个栅格单元内有多个可选属性值时，要按一定方法来确定栅格属性值。通常有以下几种方法（图 3-17）：

（1）中心归属法：每个栅格单元的值由该栅格的中心点所在的面域的属性来确定，如图 3-17（a）所示，栅格属性值可据此确定为 B。

（2）长度占优法：每个栅格单元的值由该栅格中线段最长的实体的属性来确定。如图 3-17（c）所示，栅格属性值可据此确定为 2。

（3）面积占优法：每个栅格单元的值由该栅格中单元面积最大的实体的属性来确定。如图 3-17（a）所示，栅格属性值可据此确定为 A。

（4）重要性法：根据栅格内不同地物的重要性，选取最重要的地物的类型作为栅格单元的属性值。这种方法适用于具有特殊意义而面积较小的实体要素。若图 3-17（b），a 代表草地，b 代表铁路，栅格属性值可据此确定为 b。

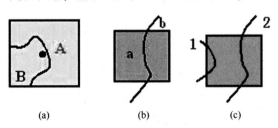

图 3-17　栅格代码（属性值）的确定

3.3.3　栅格数据的压缩编码方式

栅格数据需要存储每个像元的值，往往数据量巨大，数据冗余严重。为了解决这个难题，目前已发展了一系列栅格数据压缩编码方法，如游程长度编码、块码和四叉树码等。

1. 链式编码（Chain Codes）

链式编码又称为弗里曼链码（Freeman，1961）或边界链码。链式编码主要是记录线状地物和面状地物的边界。它把线状地物和面状地物的边界表示为：由某一起始点开始并按某些基本方向确定的单位矢量链。基本方向可定义为：东=0，东南=1，南=2，西南=3，西=4，西北=5，北=6，东北=7等八个基本方向（如图3-18所示）。

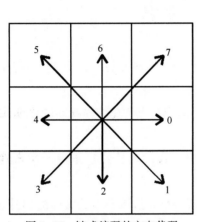

图3-18　链式编码的方向代码

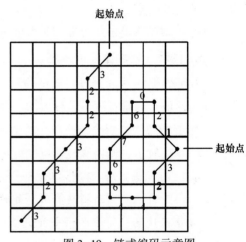

图3-19　链式编码示意图

如果对于图3-19所示的线状地物确定其起始点为像元（1，5），则其链式编码为：

1，5，3，2，2，3，3，2，3

对于图3-19所示的面状地物，假设其原起始点定为像元（5，8），则该多边形边界按顺时针方向的链式编码为：

5，8，3，2，4，4，6，6，7，6，0，2，1

链式编码的前两个数字表示起点的行、列数，从第三个数字开始的每个数字表示单位矢量的方向，八个方向以0~7的整数代表。

链式编码对线状和多边形的表示具有很强的数据压缩能力，且具有一定的运算功能，如面积和周长计算等，探测边界急弯和凹进部分等都比较容易，类似矢量数据结构，比较适于存储图形数据。缺点是对叠置运算如组合、相交等则很难实施，对局部修改将改变整体结构，效率较低，而且由于链码以每个区域为单位存储边界，相邻区域的边界则被重复存储而产生冗余。

2. 游程长度编码（run-length code）

游程长度编码是栅格数据压缩的重要编码方法，它的基本思路是：对于一幅栅格图像，常常有行（或列）方向上相邻的若干点具有相同的属性代码，因而可采取某种方法压缩那些重复的记录内容。其编码方案是，只在各行（或列）数据的代码发生变化时依次记录该代码以及相同代码重复的个数，从而实现数据的压缩。例如对图 3-20（a）所示的栅格数据，可沿行方向进行如下游程长度编码：

（9，4），（0，4），（9，3），（0，5），（0，1）（9，2），（0，1），（7，2），（0，2），（0，4），（7，2），（0，2），（0，4），（7，4），（0，4），（7，4），（0，4），（7，4），（0，4），（7，4）

游程长度编码对图 3-20（a）只用了 40 个整数就可以表示，而如果用前述的直接编码却需要 64 个整数表示，可见游程长度编码压缩数据是十分有效又简便的。事实上，压缩比的大小是与图的复杂程度成反比的。在变化多的部分，游程数就多，变化少的部分游程数就少，图件越简单，压缩效率就越高。

游程长度编码在栅格加密时，数据量没有明显增加，压缩效率较高，且易于检索、叠加合并等操作，运算简单，适用于机器存储容量小，数据需大量压缩，而又要避免复杂的编码解码运算增加处理和操作时间的情况。

3. 块状编码（block code）

块码是游程长度编码扩展到二维的情况，采用方形区域作为记录单元，每个记录单元包括相邻的若干栅格，数据结构由初始位置（行、列）和半径，再加上记录单元的代码组成。根据块状编码的原则，对图 3-20（a）所示图像可以用 12 个单位正方形，5 个 4 单位的正方形和 2 个 16 单位的正方形就能完整表示，具体编码如下：

（1，1，2，9），（1，3，1，9），（1，4，1，9），（1，5，2，0），（1，7，2，0），（2，3，1，9），（2，4，1，0），（3，1，1，0），（3，2，1，9），（3，3，1，9），（3，4，1，0），（3，5，2，7），（3，7，2，0），（4，4，1，0），（4，2，1，0），（4，3，1，0），（4，4，1，0），（5，1，4，0），（5，5，4，7）

一个多边形所包含的正方形越大，多边形的边界越简单，块状编码的效率就越高。块状编码对大而简单的多边形更为有效，而对那些碎部较多的复杂多边形效果并不好。块状编码在合并、插入、检查延伸性、计算面积等操作时有明显的优越性。然而对某些运算不适应，必须转换成简单数据形式才能顺利进行。

4. 四叉树编码（quad-tree code）

四叉树结构的基本思想是将一幅栅格地图或图像等分为四部分。逐块检查其格网属性值（或灰度）。如果某个子区的所有格网值都具有相同的值，则这个子区就不再继续分割，否则还要把这个子区再分割成四个子区。这样依次地分割，直到每个子块都只含有相同的属性值或灰度为止。

图 3-20（b）表示对图 3-6（a）的分割过程及其关系。这四个等分区称为四个子象限，按左上（NW）、右上（NE）、左下（SW）、右下（SE），用—个树结构表示如图 3-21 所示。

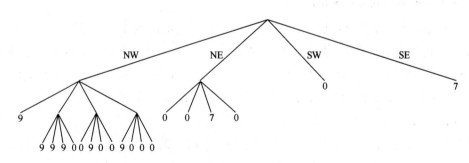

9	9	9	9	0	0	0	0
9	9	9	0	0	0	0	0
0	9	9	0	7	7	0	0
0	0	0	0	7	7	0	0
0	0	0	0	7	7	7	7
0	0	0	0	7	7	7	7
0	0	0	0	7	7	7	7
0	0	0	0	7	7	7	7

(a)原始栅格数据　　　(b)四叉树编码示意图

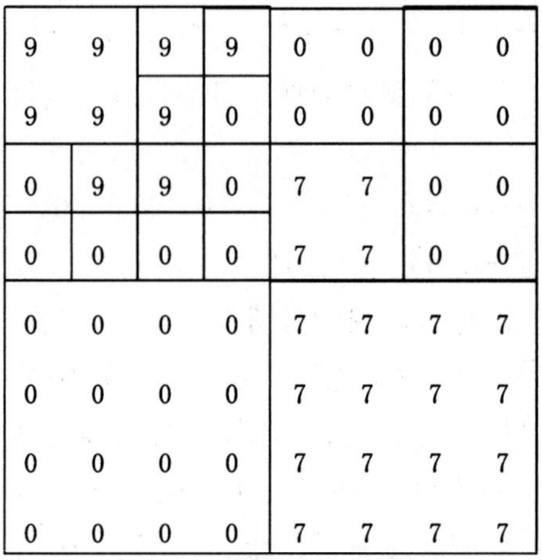

图 3-20　四叉树编码示意图

图 3-21　四叉树的树状表示

对一个由 n×n（n=2×k，k>1）的栅格方阵组成的区域 P，它的四个子象限（Pa，Pb，Pc，Pd）分别为：

$$P_a = \{P[i, j]: 1 \le i \le \frac{1}{2}n,\ 1 \le j \le \frac{1}{2} - n\};$$

$$P_b = \{P[i, j]: 1 \le i \le \frac{1}{2}n,\ \frac{n}{2} + 1 \le j \le n\};$$

$$P_c = \{P[i, j]: \frac{n}{2} + 1 \le i \le n,\ 1 \le j \le \frac{1}{2}n\};$$

$$P_d = \{P[i, j]: \frac{n}{2} + 1 \le i \le n,\ \frac{n}{2} + 1 \le j \le n\}$$

$$P_{aa} = \{P[i, j]: 1 \le i \le \frac{1}{4}n,\ 1 \le j \le \frac{1}{4} - n\};$$

$$\vdots$$

$$P_{ba} = \{P[i, j]: 1 \le i \le \frac{1}{4}n,\ \frac{n}{2} + 1 \le j \le \frac{3}{4}n\};$$

$$\vdots$$

$$P_{dd} = \{P[i, j]: \frac{3}{4}n + 1 \le i \le n,\ \frac{3}{4}n + 1 \le j \le n\}$$

再下一层的子象限分别为：

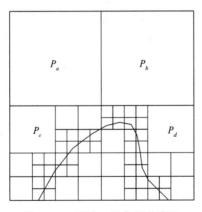

图 3-22　区域 P 子象限的表示

其中 a、b、c、d 分别表示西北（NW）、东北（NE）、西南（SW）、东南（SE）四个子象限。根据这些表达式可以求得任一层的某个子象限在全区的行列位置，并对这个位置范围内的网格值进行检测。若数值单调，就不再细分，按照这种方法，可以完成整个区域四叉树的建立。

这种从上而下的分割需要大量的运算，因为大量数据需要重复检查才能确定划分。当 n×n 的矩阵比较大，且区域内容要素又比较复杂时，建立这种四叉树的速度比较慢。

另一种是采用从下而上的方法建立。对栅格数据按如下的顺序进行检测。如果每相邻四个网格值相同则进行合并，逐次往上递归合并，直到符合四叉树的原则为止。这种方法重复计算较少，运算速度较快。

从图中可以看出，为了保证四叉树能不断地分解下去，要求图像必须为 $2n \times 2n$ 的栅格阵列，n 为极限分割次数，n+1 是四叉树的最大高度或最大层数。对于非标准尺寸的图像需首先通过增加背景的方法将图像扩充为 $2n \times 2n$ 的图像，也就是说在程序设计时，对不足的部分以 0 补足（在建树时，对于补足部分生成的叶结点不存储，这样存储量并不会增加）。

四叉树编码法有许多有趣的优点：①容易而有效地计算多边形的数量特征；②阵列各部分的分辨率是可变的，边界复杂部分四叉树较高即分级多，分辨率也高，而不需表示许多细节的部分则分级少，分辨率低，因而既可精确表示图形结构又可减少存储量；③栅格到四叉树及四叉树到简单栅格结构的转换比其他压缩方法容易；④多边形中嵌套异类小多边形的表示较方便。

四叉树编码的最大缺点是转换的不定性，用同一形状和大小的多边形可能得出多种不同的四叉树结构，故不利于形状分析和模式识别。但因它允许多边形中嵌套多边形即所谓"洞"这种结构存在，使越来越多的地理信息系统工作者都对四叉树结构很感兴趣。上述这些压缩数据的方法应视图形的复杂情况合理选用，同时应在系统中备有相应的程序。另外，用户的分析目的和分析方法也决定着压缩方法的选取。

四叉树结构按其编码的方法不同又分为常规四叉树和线性四叉树。常规四叉树除了记录叶结点之外，还要记录中间结点。结点之间借助指针联系，每个结点需要用六个量表达：四个叶结点指针，一个父结点指针和一个结点的属性或灰度值。这些指针不仅增加了数据储存量，而且增加了操作的复杂性。常规四叉树主要在数据索引和图幅索引等方面应用。

线性四叉树则只存储最后叶结点的信息。包括叶结点的位置、深度和本结点的属性或灰度值。所谓深度是指处于四叉树的第几层上。由深度可推知子区的大小。

线性四叉树叶结点的编号需要遵循一定的规则，这种编号称为地址码，它隐含了叶结点的位置和深度信息。最常用的地址码是四进制或十进制的 Morton 码。

5. 八叉树编码

八叉树结构（图 3-23）就是将空间区域不断地分解为八个同样大小的子区域（即将一个六面的立方体再分解为八个相同大小的小立方体），分解的次数越多，子区域就越小，一直到同一区域的属性单一为止。按从下而上合并的方式来说，就是将研究区空间先按一定的分辨率将三维空间划分为三维栅格网，然后按规定的顺序每次比较 3 个相邻的栅格单元，如果其属性值相同则合并，否则就记盘。依次递归运算，直到每个子区域均为单值为止。

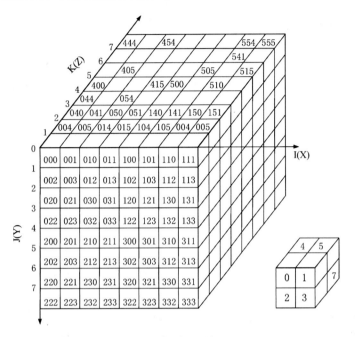

图 3-23　八叉树编码图解（n=3）

八叉树同样可分为常规八叉树和线性八叉树。常规八叉树的结点要记录十个位，即八个指向子结点的指针，一个指向父结点的指针和一个属性值（或标识号）。而线性八叉树则只需要记录叶结点的地址码和属性值。因此，它的主要优点是：其一，节省存储空间，因为只需对叶结点编码，节省了大量中间结点的存储，每个结点的指针也免除了，而从根到某一特定结点的方向和路径的信息隐含在定位码之中，定位码数字的个位数显示分辨率的高低或分解程度；其二，线性八叉树可直接寻址，通过其坐标值则能计算出任何输入结点的定位码（称编码），而不必实际建立八叉树，并且定位码本身就是坐标的另一种形式，不必有意去存储坐标值。若需要的话还能从定位码中获取其坐标值（称解码）；其三，在操作方面，所产生的定位码容易存储和执行，容易实现象集合、相加等组合操作。

八叉树主要用来解决地理信息系统中的三维问题。

3.4　两种数据结构的比较与转化

在地理信息系统中栅格数据与矢量数据各具特点与适用性，为了在一个系统中可以兼容这两种数据，以便有利于进一步的分析处理，常常需要实现两种结构的转换。

3.4.1　两种数据结构的比较

栅格结构和矢量结构是模拟地理信息的两种不同的方法。栅格数据结构类型具有"属性明显、位置隐含"的特点，它易于实现，且操作简单，有利于基于栅格的空间信息模型的分析，如在给定区域内计算多边形面积、线密度，栅格结构可以很快算得结果，而采用矢量数据结构则麻烦得多；但栅格数据表达精度不高，数据存储量大，工作效率较低。如要提高一倍的表达精度（栅格单元减小一半），数据量就需增加三倍，同时也增加了数据的冗余。因此，对于基于栅格数据结构的应用来说，需要根据应用项目的自身特点及其精度要求来恰当地平衡栅格数据的表达精度和工作效率两者之间的关系。另外，因为栅格数据格式的简单性（不经过压缩编码），其数据格式容易为大多数程序设计人员和用户所理解，基于栅格数据基础之上的信息共享也较矢量数据容易。最后，遥感影像本身就是以像元为单位的栅格结构，所以，可以直接把遥感影像应用于栅格结构的地理信息系统中，也就是说栅格数据结构比较容易和遥感相结合。

矢量数据结构类型具有"位置明显、属性隐含"的特点，它操作起来比较复杂，许多分析操作（如叠置分析等）用矢量数据结构难于实现；但它的数据表达精度较高，数据存储量小，输出图形美观且工作效率较高。两者的比较见表3-7。

表3-7　栅格、矢量数据结构特点比较

比较内容	矢量格式	栅格格式
数据量	小	大
图形精度	高	低
图形运算	复杂、高效	简单、低效
遥感影像格式	不一致	一致或接近
输出表示	抽象、昂贵	直观、便宜
数据共享	不易实现	容易实现
拓扑和网络分析	容易实现	不易实现

3.4.2　矢量数据结构向栅格数据结构的转换

许多数据如行政边界、交通干线、土地利用类型、土壤类型等都是用矢量数字化的方法输入计算机或以矢量的方式存在计算机中，表现为点、线、多边形数据。然而，矢量数据直接用于多种数据的复合分析等处理将比较复杂，特别是不同数据要在位置上一一配准，寻找交点并进行分析。相比之下利用栅格数据模式进行处理则容易得多。加之土地覆盖和土地利用等数据常常从遥感图像中获得，这些数据都是栅格数据，因此矢量数据与它们的叠置复合分析更需要把其从矢量数据的形式转变为栅格数据的形式。

　　矢量数据的基本坐标是直角坐标 X、Y，其坐标原点一般取图的左下角。网格数据的基本坐标是行和列 (i, j)，其坐标原点一般取图的左上角。两种数据变换时，令直角坐标 X 和 Y 分别与行与列平行。由于矢量数据的基本要素是点、线、面，因而只要实现点、线、面的转换，各种线划图形的变换问题基本上都可以得到解决。

1. 点的变换

　　点的变换十分简单，只要这个点落在那个网格中就是属于那个网格元素。其行、列坐标 i, j 可由下式求出：

$$\begin{cases} i = 1 + \text{Integer}\left(\dfrac{Y_{\max} - Y}{\Delta Y}\right) \\ j = 1 + \text{Integer}\left(\dfrac{X - X_{\max}}{\Delta X}\right) \end{cases}$$

　　其中 X，Y 为矢量点位坐标；ΔX，ΔY 分别表示元素的两个边长；$X\min$，$X\max$ 表示全图 X 坐标的最小值和最大值；$Y\min$，$Y\max$ 表示全图 Y 坐标的最小值和最大值；I，J 分别表示全图网格的行数和列数（见图 3-24），则它们之间的关系可以表示成：

$$\begin{cases} \Delta X = \dfrac{X_{\max} - X_{\min}}{J} \\ \Delta Y = \dfrac{Y_{\max} - Y_{\min}}{I} \end{cases}$$

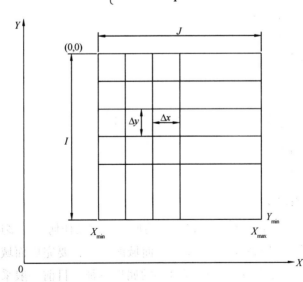

图 3-24　两种坐标关系

这里 I 和 J 可以由原地图比例尺根据地图对应的地面长宽和网格分辨率相除求得，并取整数。

2. 矢量线段的变换

曲线在数字化时输入多个点，形成折线，由于点多而密集，折线在视觉上就形成曲线。因为相邻两点之间是直线，所以只要知道直线转换网格的方法，曲线和多边形边的转换就可以完成。

假定一线段两端点之间经过若干个网格元素（至少一个），如图 3-25 所示。两端点坐标已知为 (X_1, Y_1)，(X_2, Y_2)，则要确定直线经过的中间网格，只要先确定中间那一行的中心坐标 Y。例如由（3-1）式先标出两端点的行数 i 为 3 和 6，那么需要知道直线经过的 4，5 两行哪个网格与直线相交，因为行数已知主要计算列数。计算时，先找到 4 行（$I=4$）中心的 Y 值是多少，再可以由 ΔY 和 Ymax 求出这一点的 J 值。同样方法可以计算第 5 行（$I=5$）的 J 值。

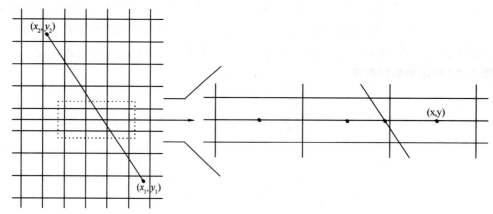

图 3-25　线的变换

依次用同样方法找到直线经过的每一网格并用本直线的属性值（特征值）去填充这些网格，完成直线的转换。对于曲线或多边形边上的每条直线作连续运算，可以完成曲线或多边形的交换。

3. 多边形数据的转换

首先应当指出的是，虽然可以用特征码的形式来定义任何一条多边形线段的属性，但是，这种属性只是线段的属性，而并不是面域的属性，要完成面域的栅格化，其首要前提是实现以多边形线段反映其周围面域的属性待征。目前一般采用的是左码记录法。其原理是，如图 3-26 所示，有一闭合多边形，它将整个矩形面域分割成属性为 1 和为 0 的两部分。如果在矢量数字化取数时没有在数字化点的属性码中反映面域属性分异状况，转换的第一步工作即是要实现这个目标。

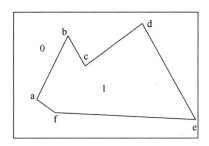

图 3-26　闭合多边形

首先，从数字化数据的第一点开始依次记录每一点左边面域的属性值（面域外为 0，面域内为 1）。记录方法可以由计算机自动完成，如果图内的图斑及属性多而繁杂，可采用人机交互方式完成。这样，每一个多边形数字化点便实现了"三值化"，即坐标值、线段自身属性值及左侧面域属性值。需要注意的，对每一条边栅格化时，记录的点的坐标值每一行只记录一个。如线段 ab 只跨越了 5 行，所以最后只记录 5 个栅格点的坐标值、线段属性值和左侧面域属性值。

第二步，对多边形的每一条边，按以上所述的线段栅格化的方法进行转换，得到如图 3-27 所示的数据组成。

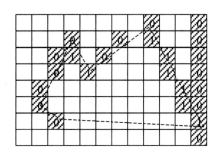

图 3-27　多边形矢量结构向栅格结构的转换

第三步，节点处理，使节点的栅格值唯一而准确。

第四步，排序，从第一行起逐行按列的先后顺序排序，这时，所得到的数据结构完全等同于栅格数据压缩编码的数据结构形式。

最后展开为全栅格数据结构，完成由矢量数据系统向栅格数据系统的转换（见图 3-28）。

矢量数据变成栅格数据的原理与方法并不困难，但由于矢量数据的记录方式各不相同，也会产生一些问题。如多边形之间公共边原来只有一条交界线转变成网格后成为有一定宽度的界线产生了一定的近似性。特别是几条线交叉处，一个网格元素中包括了相邻的几种类别，转换时只能用其中的一种类别作为交叉点所在元素的类别，这

0	0	0	0	0	0	0	0	0	0	0	0
0	0	0	0	0	0	0	1	1	0	0	0
0	0	0	1	0	0	1	1	1	0	0	0
0	0	0	1	1	1	1	1	1	1	0	0
0	0	1	1	1	1	1	1	1	1	0	0
0	0	1	1	1	1	1	1	1	1	1	0
0	0	0	1	1	1	1	1	1	1	1	1
0	0	0	0	0	0	0	0	0	0	0	0

图 3-28　全栅格数据结构

种误差应在允许的范围以内。而减小网格尺寸，虽提高了精度，但大大提高了数据的冗余量，这是一对明显的矛盾。

除此转换方法以外，矢量数据向栅格数据转换的方法还有内部点扩散法、复数积分算法、射线算法和扫描线算法，但相比之下，这些方法都比较复杂并有较大的限制条件，这里不作进一步讨论。

3.4.3 栅格数据结构向矢量数据结构的转换

栅格向矢量转换处理的目的，是为了将栅格数据分析的结果，通过矢量绘图装置输出，或者为了数据压缩的需要，将大量的面状栅格数据转换为由少量数据表示的多边形边界，但是主要目的是为了能将自动扫描仪获取的栅格数据加入矢量形式的数据库。转换处理时，基于图像数据文件和再生栅格数据文件的不同，分别采用不同的算法。

1. 图像数据的矢量化方法

图像数据是由不同灰阶的影像或线划，通过自动扫描仪（scanner），按一定的分辨率进行扫描采样，得到以不同灰度值（0~255）表示的数据［图 3-29（b）］。目前扫描仪的分辨率可达 0. 012 5mm，因此对一般粗度（例如 0. 1mm）的线条，其横断面扫描后平均也有 8 个像元，而矢量化的要求只能允许横断面保持一个栅格的宽度，因此需要进行从栅格向矢量数据的转换。

具体转换的步骤如图 3-29 所示。

（1）二值化。

线划图形扫描后产生栅格数据，这些数据是按从 0~255 的不同灰度值量度的［类似图 3-29（b）］，设以 G（i，j）表示，为了将这种 256 或 128 级不同的灰阶压缩到 2 个灰阶，即 0 和 1 两级，首先要在最大与最小灰阶之间定义一个阈值，设阈值为 T，则如果 G（i，j）大于或等于 T，则记此栅格的值为 1，如果 G（i，j）小于 T，则记此栅格的值为 0，得到一幅二值图［如图 3-31（a）］。

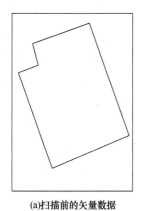  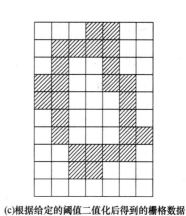

(a)扫描前的矢量数据　　　　(b)扫描得到的灰度值　　　　(c)根据给定的阈值二值化后得到的栅格数据

图 3-29　经扫描得到栅格数据的过程

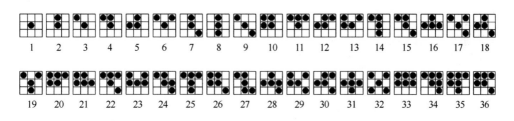

图 3-30　3×3 栅格组合图

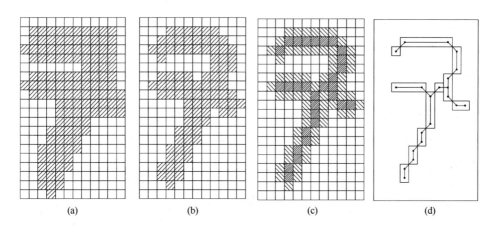

(a)　　　　　　　(b)　　　　　　　(c)　　　　　　　(d)

图 3-31　栅格-矢量转换过程

（2）细化。

细化是消除线划横断面栅格数的差异，使得每一条线只保留代表其轴线或周围轮廓线（对面状符号而言）位置的单个栅格的宽度。对于栅格线划的"细化"方法，可分为"剥皮法"和"骨架化"两大类。剥皮法的实质是从曲线的边缘开始，每次剥掉等于一个栅格宽的一层，直到最后留下彼此连通的由单个栅格点组成的图形。因为一条线在不同位置可能有不同的宽度，故在剥皮过程中必须注意一个条件，即不允许剥去会导致曲线不连通的栅格。这是这一方法的技术关键所在。其解决办法是，借助一个在计算机中存储着的，由待剥栅格为中心的3×3栅格组合图（图3-30）来决定。如图所示，一个3×3的栅格窗口，其中心栅格有八个邻域，因此组合图共有28种不同的排列格式，若将相对位置关系的差异只是转置90°、180°、270°或互为镜象反射的方法进行归并，则共有51种排列格式。显然，其中只有格式2、3、4、5、10、11、12、16、21、24、28、33、34、35、38、42、43、46和50，可以将中心点剥去。这样，通过最多核查256×8个栅格，便可确定中间栅格点保留或删除，直到最后得到精细化处理后应予保留的栅格系列［图3-29（c）］，并写入数据文件。

（3）跟踪。

跟踪的目的是将写入数据文件的细化处理后的栅格数据，整理为从结点出发的线段或闭合的线条，并以矢量形式存储于特征栅格点中心的坐标［图3-31（d）］。跟踪时，从图幅西北角开始，按顺时针或逆时针方向，从起始点开始，根据八个邻域进行搜索，依次跟踪相邻点，并记录结点坐标，然后搜索闭曲线，直到完成全部栅格数据的矢量化，写入矢量数据库。

2. 基于再生栅格数据的矢量化方法

再生栅格数据是指根据弧段数据或多边形数据生成的栅格数据。这种数据除了要与图像数据相匹配，加入数据库，一般只提供分析应用，不需作为永久文件保存。而作为永久文件保存的是原始的矢量数据文件，包括节点坐标文件、弧段文件、多边形文件及多边形内部点文件。这种再生栅格数据的矢量化，其主要目的是为了通过矢量绘图装置输出，具体的矢量化方法主要有以下几个步骤：

①边界线追踪：对每个边界弧段由一个节点向另一个节点搜索，通常对每个已知边界点需沿除进入方向的其他7个方向搜索下一个边界点，直到连成边界弧段。

②拓扑关系生成：对于矢量表示的边界弧段，判断其与原图上各多边形的空间关系，形成完整的拓扑结构，并建立与属性数据的联系。

③去除多余点及曲线圆滑：由于搜索是逐个栅格进行的，必须去除由此造成的多余点记录以减少冗余。搜索结果曲线由于栅格精度的限制可能不够圆滑，需要采用一定的插补算法进行光滑处理。常用的算法有线性迭代法、分段三次多项式插值法、正轴抛物线平均加权法、斜轴抛物线平均加权法、样条函数插值法等。

图 3-32 是两个多边形转换示意图。

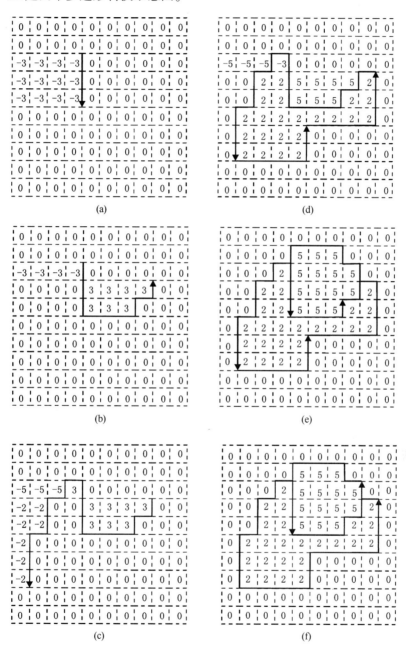

图 3-32　两个多边形转换示意图

3.5   数据库概述

数据库技术是 20 世纪 60 年代初开始发展起来的一门数据管理自动化的综合性新技术。数据库的应用领域相当广泛，从一般事务处理，到各种专门化数据的存储与管理，都可以建立不同类型的数据库。建立数据库不仅仅是为了保存数据，扩展人的记忆，而主要是为了帮助人们去管理和控制与这些数据相关联的事物。地理信息系统中的数据库就是一种专门化的数据库，由于这类数据库具有明显的空间特征，所以有人把它称为空间数据库，空间数据库的理论与方法是地理信息系统的核心问题。

3.5.1   数据库的定义

数据库是数据库系统的简称，是为了一定的目的，在计算机系统中以特定的结构组织、存储和应用的相关联的数据集合。一个完整的数据库系统包括：数据库、数据库管理系统、数据库应用系统。数据库：按一定的结构组织在一起的相关数据的集合。数据库管理系统（DBMS）：提供数据库建立、使用和管理工具的软件。数据库应用系统：具有访问功能的应用软件，提供特定用户访问和操作的界面。

计算机对数据的管理经过了三个阶段：最早的程序管理阶段，后来的文件管理阶段，现在的数据库管理阶段。其中，数据库是数据管理的高级阶段，它与传统的数据管理相比有许多明显的差别，其中主要的有两点：一是数据独立于应用程序而集中管理，实现了数据共享，减少了数据冗余，提高了数据的效益；二是在数据间建立了联系，从而使数据库能反映出现实世界中信息的联系。

地理信息系统的数据库（以下称为空间数据库）是某区域内关于一定地理要素特征的数据集合。空间数据库与一般数据库相比，具有以下特点：

（1）数据量特别大。地理系统是一个复杂的综合体，要用数据来描述各种地理要素，尤其是要素的空间位置，其数据量往往大得惊人。即使是一个很小区域的数据库也是如此。

（2）不仅有地理要素的属性数据（与一般数据库中的数据性质相似），还有大量的空间数据，即描述地理要素空间分布位置的数据，并且这两种数据之间具有不可分割的联系。

（3）数据应用的面相当广，如地理研究、环境保护、土地利用与规划、资源开发、生态环境、市政管理、道路建设等等。

上述特点，尤其是第二点，决定了在建立空间数据库时，一方面应该遵循和应用通用数据库的原理和方法，另一方面又必须采取一些特殊的技术和方法来解决其他数据库所没有的管理空间数据的问题。

3.5.2 数据库的主要特征

数据库方法与文件管理方法相比，具有更强的数据管理能力。数据库具有以下主要特征：

1. 数据集中控制

在文件管理方法中，文件是分散的，每个用户或每种处理都有各自的文件，不同的用户或处理的文件一般是没有联系的，因而就不能为多用户共享，也不能按照统一的方法来控制、维护和管理。数据库很好地克服了这一缺点，数据库集中控制和管理有关数据，以保证不同用户和应用可以共享数据。数据集中并不是把若干文件"拼凑"在一起，而是要把数据"集成"。因此，数据库的内容和结构必须合理，才能满足众多用户的要求。

2. 数据冗余度小

冗余是指数据的重复存储。在文件方式中，数据冗余太大。冗余数据的存在有两个缺点：一是增加了存储空间；二是易出现数据不一致。设计数据库的主要任务之一是识别冗余数据，并确定是否能够消除。在目前情况下，即使数据库方法也不能完全消除冗余数据。有时，为了提高数据处理效率，也应该有一定程度的数据冗余。但是，在数据库中应该严格控制数据的冗余度。在有冗余的情况下，数据更新、修改时，必须保证数据库内容的一致性。

3. 数据独立性

数据独立是数据库的关键性要求。数据独立是指数据库中的数据与应用程序相互独立，即应用程序不因数据性质的改变而改变；数据的性质也不因应用程序的改变而改变。数据独立分为两级：物理级和逻辑级。物理独立是指数据的物理结构变化不影响数据的逻辑结构；逻辑独立意味着数据库的逻辑结构的改变不影响应用程序。但是，逻辑结构的改变必然影响到数据的物理结构。目前，数据逻辑独立还没有能完全实现。

4. 复杂的数据模型

数据模型能够表示现实世界中各种各样的数据组织以及数据间的联系。复杂的数据模型是实现数据集中控制、减少数据冗余的前提和保证。采用数据模型是数据库方法与文件方式的一个本质差别。

数据库常用的数据模型有三种：层次模型，网络模型和关系模型。因此，根据使用的模型，可以把数据库分成：层次型数据库，网络型数据库和关系型数据库。

5. 数据保护

数据保护对数据库来说是至关重要的，一旦数据库中的数据遭到破坏，就会影响数据库的功能，甚至使整个数据库失去作用。数据保护主要包括四个方面的内容：安全性控制、完整性控制、并发控制、故障的发现和恢复。

3.5.3 数据库的系统结构

数据库是一个复杂的系统。数据库的基本结构可以分成三个层次：物理级、概念级和用户级。

（1）物理级：数据库最内的一层。它是物理设备上实际存储的数据集合（物理数据库）。它是由物理模式（也称内部模式）描述的。

（2）概念级：数据库的逻辑表示，包括每个数据的逻辑定义以及数据间的逻辑联系。它是由概念模式定义的，这一级也被称为概念模型。

（3）用户级：用户所使用的数据库，是一个或几个特定用户所使用的数据集合（外部模型），是概念模型的逻辑子集。它由外部模式定义。

3.5.4 数据组织方式

数据是现实世界中信息的载体，是信息的具体表达形式。为了表达有意义的信息内容，数据必须按照一定的方式进行组织和存储。数据库中的数据组织一般可以分为四级：数据项、记录、文件和数据库。

1. 数据项

是可以定义数据的最小单位，也叫元素、基本项、字段等。数据项与现实世界实体的属性相对应，数据项有一定的取值范围，称为域。域以外的任何值对该数据项都是无意义的。如表示月份的数据项的域是1~12，13就是无意义的值。每个数据项都有一个名称，称为数据项目。数据项的值可以是数值、字母、汉字等形式。数据项的物理特点在于它具有确定的物理长度，一般用字节数表示。

几个数据项可以组合，构成组合数据项。如"日期"可以由日、月、年三个数据项组合而成。组合数据项也有自己的名字，可以作为一个整体看待。

2. 记录

由若干相关联的数据项组成。记录是应用程序输入–输出的逻辑单位。对大多数据库系统，记录是处理和存储信息的基本单位。记录是关于一个实体的数据总和，构成该记录的数据项表示实体的若干属性。

记录有"型"和"值"的区别。"型"是同类记录的框架，它定义记录。"值"是记录反映实体的内容。

为了唯一标识每个记录，就必须有记录标识符，也叫关键字。记录标识符一般由记录中的第一个数据项担任，唯一标识记录的关键字称主关键字，其他标识记录的关键字称为辅关键字。

3. 文件

文件是一给定类型的（逻辑）记录的全部具体值的集合。文件用文件名称标识。文件根据记录的组织方式和存取方法可以分为：顺序文件、索引文件、直接文件和倒排文件等等。

4. 数据库

是比文件更大的数据组织。数据库是具有特定联系的数据的集合，也可以看成是具有特定联系的多种类型的记录的集合。数据库的内部构造是文件的集合，这些文件之间存在某种联系，不能孤立存在。

3.5.5 数据间的逻辑联系

数据间的逻辑联系主要是指记录与记录之间的联系。记录是表示现实世界中的实体的。实体之间存在着一种或多种联系，这样的联系必然要反映到记录之间的联系上来。数据之间的逻辑联系主要有三种：

1. 一对一的联系

简记为 $1:1$，如图 3-33 所示，这是一种比较简单的联系方式，是指在集合 A 中存在一个元素 a_i，则在集合 B 中就有一个且仅有一个 b_j 与之联系。在 $1:1$ 的联系中，一个集合中的元素可以标识另一个集合中的元素。例如，地理名称与对应的空间位置之间的关系就是一种一对一的联系。

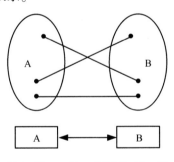

图 3-33　一对一的联系（$1:1$）

2. 一对多的联系（$1:N$）

现实生活中以一对多的联系较为常见。如图 3-34 所示，这种联系可以表达为：在集合 A 中存在一个 a_i，则在集合 B 中存在一个子集 $B'=（b_{j1}，b_{j2}，\cdots，b_{jn}）$ 与之联系。通常，B' 是 B 的一个子集。行政区划就具有一对多的联系，一个省对应有多个市，一个市有多个县，一个县又有多个乡。

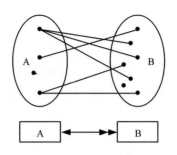

图 3-34　一对多的联系（1∶N）

3. 多对多的联系（M∶N）

这是现实中最复杂的联系（如图 3-35 所示），即对于集合 A 中的一个元素 a_i，在集合 B 就存在一个子集 B′=（b_{j1}，b_{j2}，…，b_{jn}）与之相联系。反过来，对于 B 集合中的一个元素 B_j 在集合 A 中就有一个集合 A′=（a_{i1}，a_{i2}，a_{i3}，…，a_{in}）与之相联系。M∶N 的联系，在数据库中往往不能直接表示出来，而必须经过某种变换，使其分解成两个 1∶N 的联系来处理。地理实体中的多对多联系是很多的，例如土壤类型与种植的作物之间有多对多联系。同一种土壤类型可以种不同的作物，同一种作物又可种植在不同的土壤类型上。

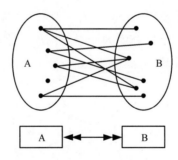

图 3-35　多对多的联系（M∶N）

3.6　传统数据库系统的数据模型

数据模型是数据库系统中关于数据和联系的逻辑组织的形式表示。每一个具体的数据库都是由一个相应的数据模型来定义。每一种数据模型都以不同的数据抽象与表示能力来反映客观事物，有其不同的处理数据联系的方式。数据模型的主要任务就是研究记录类型之间的联系。

目前，数据库领域采用的数据模型有层次模型、网状模型和关系模型，其中应用最广泛的是关系模型。

3.6.1　层次模型

层次模型是数据处理中发展较早、技术上也比较成熟的一种数据模型。它的特点是将数据组织成有向有序的树结构。层次模型由处于不同层次的各个结点组成。除根结点外，其余各结点有且仅有一个上一层结点作为其"双亲"，而位于其下的较低一层的若干个结点作为其"子女"。结构中结点代表数据记录，连线描述位于不同结点数据间的从属关系（限定为一对多的关系）。对于图 3-36（a）所示的地图 M 用层次模型表示为如图 3-36（b）所示的层次结构。

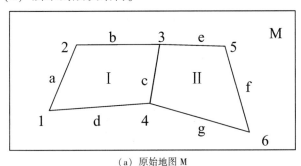

（a）原始地图 M

（b）层次数据模型

图 3-36　层次模型

层次模型反映了现实世界中实体间的层次关系，层次结构是众多空间对象的自然表达形式，并在一定程度上支持数据的重构。但其应用时存在以下问题。

（1）由于层次结构的严格限制，对任何对象的查询必须始于其所在层次结构的根，使得低层次对象的处理效率较低，并难以进行反向查询。数据的更新涉及许多指针，插入和删除操作也比较复杂。母结点的删除意味着其下属所有子结点均被删除，必须慎用删除操作。

（2）层次命令具有过程式性质，它要求用户了解数据的物理结构，并在数据操纵命令中显式地给出存取途径。

（3）模拟多对多联系时导致物理存储上的冗余。

（4）数据独立性较差。

3.6.2　网状模型

网络数据模型是数据模型的另一种重要结构，它反映着现实世界中实体间更为复杂的联系。其基本特征是：结点数据间没有明确的从属关系，一个结点可与其他多个结点建立联系。如图 3-37 所示的四个城市的交通联系，不仅是双向的而且是多对多的。如图 3-38 所示，学生甲、乙、丙、丁、选修课程，其中的联系也属于网络模型。

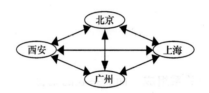

图 3-37　网络数据模型

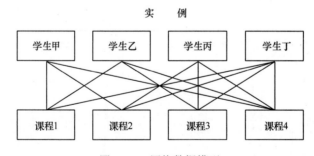

图 3-38　网络数据模型

网络模型用连接指令或指针来确定数据间的显式连接关系，是具有多对多类型的数据组织方式，网络模型将数据组织成有向图结构。结构中结点代表数据记录，连线描述不同结点数据间的关系。

有向图（Digraph）的形式化定义为：

```
Digraph = ( Vertex , ( Relation ) )
```

其中 Vertex 为图中数据元素（顶点）的有限非空集合；Relation 是两个顶点（Vertex）之间的关系的集合。

有向图结构比层次结构具有更大的灵活性和更强的数据建模能力。网络模型的优点是可以描述现实生活中极为常见的多对多的关系，其数据存储效率高于层次模型，但其结构的复杂性限制了它在空间数据库中的应用。

网络模型在一定程度上支持数据的重构，具有一定的数据独立性和共享特性，并且运行效率较高。但它应用时存在以下问题。

（1）网状结构的复杂，增加了用户查询和定位的困难。它要求用户熟悉数据的逻辑结构，知道自身所处的位置。

（2）网状数据操作命令具有过程式性质。

（3）不直接支持对于层次结构的表达。

3.6.3　关系模型

在层次与网络模型中，实体间的联系主要是通过指针来实现的，即把有联系的实体用指针连接起来。而关系模型则采用完全不同的方法。

关系模型是根据数学概念建立的，它把数据的逻辑结构归结为满足一定条件的二维表形式。此处，实体本身的信息以及实体之间的联系均表现为二维表，这种表就称为关系。一个实体由若干个关系组成，而关系表的集合就构成为关系模型。

关系模型不是人为地设置指针，而是由数据本身自然地建立它们之间的联系，并且用关系代数和关系运算来操纵数据，这就是关系模型的本质。

在生活中表示实体间联系的最自然的途径就是二维表格。表格是同类实体的各种属性的集合，在数学上把这种二维表格叫做关系。二维表的表头，即表格的格式是关系内容的框架，这种框架叫做模式。关系由许多同类的实体所组成，每个实体对应于表中的一行，叫做一个元组。表中的每一列表示同一属性，叫做域。

对于图 3-39（a）的地图，用关系数据模型则表示为图 3-33（c）所示。

关系数据模型是应用最广泛的一种数据模型，它具有以下优点。

（1）能够以简单、灵活的方式表达现实世界中各种实体及其相互间关系，使用与维护也很方便。关系模型通过规范化的关系为用户提供一种简单的用户逻辑结构。所谓规范化，实质上就是使概念单一化，一个关系只描述一个概念，如果多于一个概念，就要将其分开来。

（2）关系模型具有严密的数学基础和操作代数基础——如关系代数、关系演算等，可将关系分开，或将两个关系合并，使数据的操纵具有高度的灵活性。

（3）在关系数据模型中，数据间的关系具有对称性，因此，关系之间的寻找在正反两个方向上难度是一样的，而在其他模型如层次模型中从根结点出发寻找叶子的过程容易解决，相反的过程则很困难。

目前，绝大多数数据库系统采用关系模型。但它的应用也存在着如下问题。

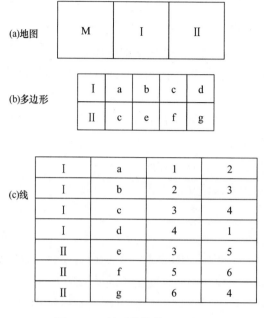

图 3-39　关系数据模型示意图

（1）实现效率不够高。由于概念模式和存储模式的相互独立性，按照给定的关系模式重新构造数据的操作相当费时。另外，实现关系之间联系需要执行系统开销较大的连接操作。

（2）描述对象语义的能力较弱。现实世界中包含的数据种类和数量繁多，许多对象本身具有复杂的结构和含义，为了用规范化的关系描述这些对象，则需对对象进行不自然的分解，从而在存储模式、查询途径及其操作等方面均显得语义不甚合理。

（3）不直接支持层次结构，因此不直接支持对于概括、分类和聚合的模拟，即不适合于管理复杂对象的要求，它不允许嵌套元组和嵌套关系存在。

（4）模型的可扩充性较差。新关系模式的定义与原有的关系模式相互独立，并未借助已有的模式支持系统的扩充。关系模型只支持元组的集合这一种数据结构，并要求元组的属性值为不可再分的简单数据（如整数、实数和字符串等），它不支持抽象数据类型，因而不具备管理多种类型数据对象的能力。

（5）模拟和操纵复杂对象的能力较弱。关系模型表示复杂关系时比其他数据模型困难，因为它无法用递归和嵌套的方式来描述复杂关系的层次和网状结构，只能借助于关系的规范化分解来实现。过多的不自然分解必然导致模拟和操纵的困难和复杂化。

3.7　空间数据库的组织方式

GIS 中的数据大多数都是地理数据，它与通常意义上的数据相比，具有自己的特点：地理数据类型多样，各类型实体之间关系复杂，数据量很大，而且每个线状或面状地物的字节长度都不是等长的等等。地理数据的这些特点决定了利用目前流行的数据库系统直接管理地理空间数据，存在着明显的不足，GIS 必须发展自己的数据库——空间数据库。

空间数据库是作为一种应用技术而诞生和发展起来的，其目的是为了使用户能够方便灵活地查询出所需的地理空间数据，同时能够进行有关地理空间数据的插入、删除、更新等操作，为此建立了如实体、关系、数据独立性、完整性、数据操纵、资源共享等一系列基本概念。以地理空间数据存储和操作为对象的空间数据库，把被管理的数据从一维推向了二维、三维甚至更高维。由于传统数据库系统（如关系数据库系统）的数据模拟主要针对简单对象，因而无法有效地支持以复杂对象（如图形、影像等）为主体的工程应用。空间数据库系统必须具备对地理对象（大多为具有复杂结构和内涵的复杂对象）进行模拟和推理的功能。一方面可将空间数据库技术视为传统数据库技术的扩充；另一方面，空间数据库突破了传统数据库理论（如将规范关系推向非规范关系），其实质性发展必然导致理论上的创新。

空间数据库系统是一种应用于地理空间数据处理与信息分析领域的具有工程性质的数据库系统，它所管理的对象主要是地理空间数据（包括空间数据和非空间数据）。空间数据库系统也包含：空间数据库、空间数据库管理系统、空间数据库应用系统。

空间数据库：是 GIS 在计算机物理存储介质上存储的与应用相关的地理空间数据的总和，一般以一系列特定结构的文件形式存储。

空间数据库管理系统（DBMS）：指能够对物理介质上存储的地理空间数据进行语义和逻辑上的定义，提供必要的空间数据查询、检索和存取功能，以及能够对空间数据进行有效的维护和更新的一套软件系统。

GIS 的空间分析模型和应用模型等软件可以看作空间数据库的应用系统。

传统数据库系统管理地理空间数据有以下几个方面的局限性：

（1）传统数据库系统管理的是不连续的、相关性较小的数字和字符；而地理信息数据是连续的，并且具有很强的空间相关性。

（2）传统数据库系统管理的实体类型较少，并且实体类型之间通常只有简单、固定的空间关系；而地理空间数据的实体类型繁多，实体类型之间存在着复杂的空间关系，并且还能产生新的关系（如拓扑关系）。

（3）传统数据库系统存储的数据通常为等长记录的数据；而地理空间数据通常

由于不同空间目标的坐标串长度不定，具有变长记录，并且数据项也可能很大，很复杂。

（4）传统数据库系统只操纵和查询文字和数字信息；而空间数据库中需要有大量的空间数据操作和查询，如相邻、连通、包含、叠加等。

目前，大多数商品化的 GIS 软件都不是采取传统的某一种单一的数据模型，也不是抛弃传统的数据模型，而是采用建立在关系数据库管理系统（RDBMS）基础上的综合的数据模型，归纳起来，主要有以下三种。

（1）混合结构模型（Hybrid Model）。

它的基本思想是用两个子系统分别存储和检索空间数据与属性数据，其中属性数据存储在常规的 RDBMS 中，几何数据存储在空间数据管理系统中，两个子系统之间使用一种标识符联系起来。图 3-40 为其原理框图。在检索目标时必须同时询问两个子系统，然后将它们的回答结合起来。

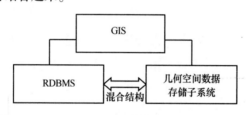

图 3-40　混合结构模型

由于这种混合结构模型的一部分是建立在标准 RDBMS 之上，故存储和检索数据比较有效、可靠。但因为使用两个存储子系统，它们有各自的规则，查询操作难以优化，存储在 RDBMS 外面的数据有时会丢失数据项的语义；此外，数据完整性的约束条件有可能遭破坏，例如在几何空间数据存储子系统中目标实体仍然存在，但在 RDBMS 中却已被删除。

属这种模型的 GIS 软件有 ARC/INFO、MGE、SICARD、GENEMAP 等。

（2）扩展结构模型（Extended Model）。

混合结构模型的缺陷是因为两个存储子系统具有各自的职责，互相很难保证数据存储、操作的统一。扩展结构模型采用同一 DBMS 存储空间数据和属性数据。其做法是在标准的关系数据库上增加空间数据管理层，即利用该层将地理结构查询语言（GeoSQL）转化成标准的 SQL 查询，借助索引数据的辅助关系实施空间索引操作。这种模型的优点是省去了空间数据库和属性数据库之间的烦琐联结，空间数据存取速度较快，但由于是间接存取，在效率上总是低于 DBMS 中所用的直接操作过程，且查询过程复杂。图 3-41 为其原理框图。

这种模型的代表性 GIS 软件有 SYSTEM 9，SMALL WORLD 等。

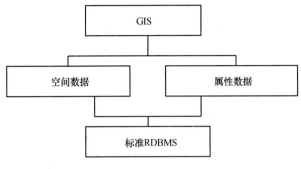

图 3-41　扩展结构模型

（3）统一数据模型（Integrated Model）。

这种综合数据模型不是基于标准的 RDBMS，而是在开放型 DBMS 基础上扩充空间数据表达功能。如图 3-42 所示，空间扩展完全包含在 DBMS 中，用户可以使用自己的基本抽象数据类型（ADT）来扩充 DBMS。在核心 DBMS 中进行数据类型的直接操作很方便、有效，并且用户还可以开发自己的空间存取算法。该模型的缺点是，用户必须在 DBMS 环境中实施自己的数据类型，对有些应用将相当复杂。

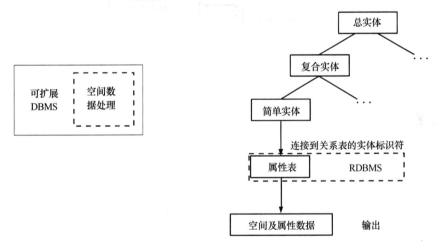

图 3-42　统一数据模型

属于此类综合模型的软件如 TIGRIS（intergraph）、GEO^{++}（荷兰）等。

3.8　空间数据库的设计、实现和维护

3.8.1　空间数据库设计

空间数据库设计，实质是将地理空间实体以一定的组织形式在数据库系统中加以表达的过程。其过程可以用图3-43表示，一般应经历需求分析、概念设计、逻辑设计和物理设计等步骤。在不同的阶段应考虑不同的问题。

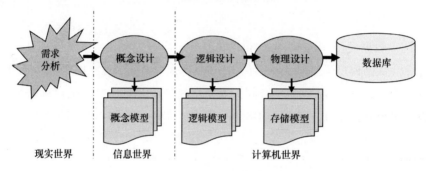

图3-43　空间数据库设计步骤

（1）需求分析。通过对用户的需求调研，把握用户的真实需求，并以GIS的观点加以理解。

（2）概念设计：把用户的需求加以解释，并用概念模型表达出来。概念设计需要建立数据库的数据模型，目前可采用的方法主要有三类：

①面向记录的传统数据模型，包括层次、网状和关系模型；

②注重描述数据及其之间语义关系的语义数据模型，如实体-联系模型；

③面向对象的数据模型。

（3）逻辑设计：把概念模型利用DBMS提供的工具映射计算机世界中的数据模型，并用数据描述语言表达出来。所以，逻辑设计是根据概念模型和DBMS来选择的，例如将实体-联系模型转换成关系数据库模型。

（4）物理设计：指数据库存储结构和存储路径的设计，及将逻辑模型在实际的物理存储设备上加以实现。

3.8.2　空间数据库的实现

1. 空间数据库的实现

空间数据库的逻辑设计和物理设计的结果，就可以在计算机上创建起实际的数据

库结构，装入空间数据，并进行测试和运行，这个过程就是空间数据库的实现过程。

（1）建立实际的空间数据库结构。

（2）装入试验性的空间数据对应用程序进行测试，以确认其功能和性能是否满足设计要求，并检查对数据库存储空间的占有情况。

（3）装入实际的空间数据，即数据库的加载，建立起实际运行的空间数据库系统。

2. 相关其他设计

为了加强空间数据库系统的安全性、稳定性、完整性，还需要进行数据库的相关其他设计，以保障系统的稳定运行。而相关设计是以牺牲数据库系统的运行效率为代价的，设计人员的任务就是在系统效率和系统功能之间进行合理的设计以达到一个平衡。

（1）空间数据库的再组织设计。对空间数据库的概念、逻辑和物理结构的改变称为再组织，其中改变概念或逻辑结构又称再构造，改变物理结构称为再格式化。再组织通常是由于环境需求的变化或性能原因而引起的。

（2）故障恢复方案设计。计算机系统都存在不确定因素，故障是难免的，关键在于对故障的预防和恢复处理。一般的数据库管理系统都提供了常用的故障恢复手段，如果 DBMS 已经提供了完善的软硬件故障恢复和存储介质的故障恢复手段，则在数据库的设计阶段的主要任务就简化为确定系统登录的物理参数，如缓冲区个数、大小、逻辑块的长度，物理设备等。目前常用的数据库备份和恢复方案有双机热备，即两个同样的数据库系统同时运行，当有一个出现故障时，另一个马上代替工作。

（3）安全性设计。数据是有价值的，根据不同的权限有不同的使用范围，安全尤为重要，尤其在网络环境下，大量的病毒和木马程序的存在，严重危害着数据库的安全运行及 GIS 系统的正常使用。安全性设计主要包括用户角色和权限设计、网络安全设计，如设计软硬件防火墙等。

（4）事务控制设计。大多数 DBMS 都支持事务管理或版本管理，以保证多用户环境下的数据完整性和一致性。事务控制有人工和系统两种办法，系统控制以数据操作语句为单位，人工控制则以事务的开始和结束语句实现。

3.8.3　空间数据库的维护

空间数据库投入正式运行，标志着数据库设计和应用开发工作的结束和运行维护阶段的开始。本阶段的任务主要包括：

（1）维护空间数据库的安全性和完整性：需要及时调整授权和密码，转储及恢复数据库。

（2）监测并改善空间数据库的性能：分析评估存储空间和响应时间，评价数据库的运行效率并做进一步的调整完善。

（3）增加新的功能：根据用户的需求的变化，及功能自身的完善，扩充相应的功能。

（4）修改错误：包括对数据库程序和各类数据的错误修改。

第4章　空间数据的获取与处理

在 GIS 项目中，数据的支出占到了绝大部分，大约 80% 的支出。在渔业相关的应用中，尤其是海洋渔业中，数据的费用往往比陆地的项目更加昂贵。在海上收集数据的成本较高。船的购买和租用，燃油，船员的费用。尤其是涉及 3D 或 4D 应用时。海洋和河流的水体以及水体中的物质在不断地快速的变换当中，要求更频繁的数据采集活动。

4.1　空间数据的采集

4.1.1　GIS 的数据源

建立地理信息系统所需的数据，主要是图形数据和属性数据。其中图形数据来源主要有两类，一是实际的测量获得的空间数据，二是已有的地图和 GIS 系统中的数据。大量的实测数据，既可直接进入 GIS 系统，也可以先处理成数字地图再输入到 GIS 系统中，这是最主要的 GIS 数据源。而已有地图和系统的数据，无须再次测量只需简单处理，节省了投资和时间，但应保证数据的现势性。除图形数据外，还有大量的属性数据，如文本资料、统计资料、多媒体数据等也是 GIS 建设所需的重要数据源。

（1）实测数据。

通过实地测量等获取的数据，由于测量手段的不同又可分为地面测量、摄影测量及 GPS 测量和遥感测量等数据。

（2）地图数据。

目前，测绘的主要成果保存仍是地图，地图包含着丰富的内容，不仅含有实体的类别和属性，而且含有实体间的空间关系。而大量保存的传统纸质地图，可通过对地图的跟踪数字化和扫描数字化得到数字地图。

（3）已有系统的数据。

新建的 GIS 系统还可以从其他已建成的 GIS 系统和空间数据库中获取相应的数据。由于规范化、标准化的推广，不同系统间的空间数据共享和可交换性越来越强。这样就拓展了数据的可用性，增加了数据的潜在价值。

（4）文档资料。

文档资料是指各行业、各部门的有关法律文档、行业规范、技术标准、条文条例等，如边界条约等。这些都属于 GIS 的属性数据。

（5）统计资料。

各个行业部门和机构都拥有不同领域（如经济、人口、农业、土地、气象等）的大量统计资料，这些都是 GIS 属性数据的重要来源。

（6）多媒体数据。

多媒体数据（包括声音、录像、动画等）通常可通过通讯口传入 GIS 的空间数据库中，目前其主要功能是辅助 GIS 的分析和查询。

空间数据采集的任务是通过各种手段获取空间数据，既有以测绘学为基础的直接采集方式，也有间接的处理转换方式，如将现有的地图、航空像片、GIS 数据等转换成地理信息系统可以处理与接收的数字形式。

无论哪种方式的空间数据获取，地图的绘制以及 GIS 的空间分析和应用，都是以空间地理参照系为基础的。

4.1.2　传统空间数据采集方法

传统的空间数据采集方法属于测绘学研究的范畴，如图 4-1 所示。

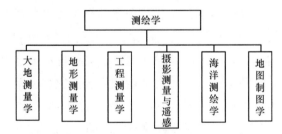

图 4-1　测绘学的组成

1. 大地测量学

大地测量学是研究和测定地球的形状、大小、重力场、整体与局部运动和测定地面点的几何位置以及它们的变化的理论和技术的学科。地球的大小是指地球椭球的大小；地球的形状是指大地水准面的形状（或地球椭球的扁率）；地面点的几何位置指地面点在一个坐标系中的位置；地球重力场研究指利用地球的重力作用研究地球形状等。解决大地测量学任务的方法主要包括：①几何法——几何大地测量，②物理法——物理大地测量。

2. 地形测量学

地形测量学是研究如何将地球表面局部地区的地物、地貌测绘成图的理论、技术和方法的学科。地形测量，是对地球表面的地物、地形在水平面上的投影位置和高程进行测定，并按一定比例缩小，用符号和注记绘制成地形图的工作。

地形测量包括控制测量和碎部测量。控制测量是测定一定数量的平面和高程控制点，为地形测图的依据。地面控制测量分平面控制和高程控制两部分，平面控制测量主要有以下几种方法：直接定线法、导线测量法、三角网法、GPS 法；高程控制测量通常采用水准测量的方法施测。

碎部测量是测绘地物地形的作业。按所用仪器不同可分为平板仪测图法、经纬仪和小平板仪联合测图法、经纬仪（配合轻便展点工具）测图法、全站仪测图法、GPS–RTK 测量法等。高程测量主要通过水准测量和三角测量实现。

3. 工程测量学

工程测量学是研究工程建设和自然资源开发中进行测量工作的理论和技术的学科。根据工程不同阶段的要求，工程测量可分为以下几种。

（1）规划设计阶段的测量：提供地形资料，配合地质勘探和水文观测数据进行测量。

（2）施工兴建阶段的测量：按照设计要求，在实地准确地标定出建筑物各部分的平面和高程的测量作为施工和安装的依据。

（3）运营管理阶段的测量：工程竣工后为监视工程状况，保证安全，进行周期性的重复测量，观测其变形情况。

（4）高精度工程测量：采用非常规的测量仪器和方法，使其测量的绝对精度达到毫米以上要求的测量工作。

4. 摄影测量学

摄影测量学是研究利用摄影的手段获取目标物的影像数据，从中提取几何的或物理的信息，并用图形、图像表达测绘成果的学科。

摄影测量学主要内容包括：①获取目标物的影像；②对所摄得的影像进行处理；③用图形、图像表示所处理的成果。从发展的阶段看，摄影测量可分为：模拟摄影测量；解析摄影测量；数字摄影测量。摄影测量学根据平台不同，又分为：航空摄影测量：根据在飞机上拍摄的相片获取地面信息，测绘地形图。地面摄影测量：利用安置在地面上的专用摄影机拍摄的立体像对，对所摄目标物进行测绘工作的技术。

5. 遥感

遥感是以航空摄影技术为基础，在 20 世纪 60 年代初发展起来的一门新兴技术。遥感是利用遥感器从空中来探测地面物体性质的，它根据不同物体对波谱产生不同响应的原理，识别地面上各类地物，具有遥远感知事物的意思。也就是利用地面上空的飞机、飞船、卫星等飞行物上的遥感器收集地面数据资料，并从中获取信息，经记录、传送、分析和判读来识别地物。从遥感影像上直接提取专题信息，需要使用几何纠正、光谱纠正、影像增强、图像变换、结构信息提取、影像分类等技术，主要属于遥感图像处理的内容。

遥感技术具有以下特点。

（1）可获取大范围数据资料。遥感用航摄飞机飞行高度为 10 km 左右，陆地卫星的卫星轨道高度达 910 km 左右，从而可及时获取大范围的信息。例如，一张陆地卫星图像，其覆盖面积可达 3 万多 km^2。这种展示宏观景像的图像，对地球资源和环境分析极为重要。

（2）获取信息的速度快，周期短。由于卫星围绕地球运转，从而能及时获取所经地区的各种自然现象的最新资料，以便更新原有资料，或根据新旧资料变化进行动态监测，这是人工实地测量和航空摄影测量无法比拟的。例如，陆地卫星每 16 天可覆盖地球一遍，NOAA 气象卫星每天能收到两次图像。Meteosat 每 30 分钟获得同一地区的图像。

（3）获取信息受条件限制少。在地球上有很多地方，自然条件极为恶劣，人类难以到达，如沙漠、沼泽、高山峻岭等。采用不受地面条件限制的遥感技术，特别是航天遥感可方便及时地获取各种宝贵资料。

（4）获取信息的手段多，信息量大。根据不同的任务，遥感技术可选用不同波段和遥感仪器来获取信息。例如可采用可见光探测物体，也可采用紫外线，红外线和微波探测物体。利用不同波段对物体不同的穿透性，还可获取地物内部信息。例如，地下深层、水体下层、冰层下的水体。

正是遥感手段具有以上传统测量手段不具有的优势，目前成为大范围空间数据快速获取的主要手段。

6. 海洋测绘学

海洋测绘学是研究以海洋水体和海底为对象所进行的测量和海图编制的理论和方法的学科。海洋测绘根据对象和任务的不同可分为：

（1）海道测量：以保证航行安全为目的对地球表面水域及毗邻陆地所进行的水深和岸线测量以及底质、障碍物的探测等工作。

（2）海洋大地测量：为确定海面地形、海底地形以及海洋重力及其变化所进行的大地测量工作。

（3）海底地形测量：测定海底起伏、沉积物结构和地物的测量工作。

（4）海洋专题测量：以海洋区域的地理专题要素为对象的测量工作。

（5）海图编制：设计、编绘、整饰和印刷海图的工作。

7. 地图制图学

研究地图制作的地图学基础理论、地图设计、地图编绘和复制的技术方法及应用的学科。它研究用地图图形反映自然界和人类社会各种现象的空间分布，相互联系及其动态变化，具有区域性学科和技术性学科的两重性，亦称地图学。

传统的地图制图学由地图学总论、地图投影、地图编制、地图整饰和地图制印等部分组成。地图学总论包括地图概论、地图学史和地图资料等部分。地图概论主要研究地图的定义、性质、作用、分类、内容及其表示方法等问题。地图学史主要研究地图制图的发生和发展过程及其规律，预测未来地图制图的发展方向和道路。地图资料主要研究全球性和区域性地图成图概况，重要地图作品，大地测量控制系统的应用，地图资料的整理、分析、评价和利用。

地图投影是用数学方法研究将地球椭球面上的经纬线描绘在平面上的问题。主要内容包括：地图投影的一般原理，探求地图投影的各种方法，地图投影的变换和地图投影的判别等。地图投影已发展成为一门独立的学科，亦称数学制图学。

地图编制研究制作地图的理论和技术。主要包括：制图资料的选择、分析和评价，制图区域的地理研究，图幅范围和比例尺的确定，地图投影的选择和计算，地图内容各要素的表示法，地图制图综合的原则和实施方法，制作地图的工艺和程序，以及拟定地图编辑大纲等。

地图整饰研究地图的表现形式。包括地图符号和色彩设计，地貌立体表示，出版原图绘制以及地图集装帧设计等。

地图制印研究地图复制的理论和技术。包括地图复照、翻版、分涂、制版、打样、印刷、装帧等工艺技术。

此外，地图应用也已成为地图制图学的一个组成部分。它主要研究地图分析、地图评价、地图阅读、地图量算和图上作业等。

地图的起源和地图制图学的发展已有悠久的历史。随着现代科学技术的发展，地图制图学也进入了新的发展阶段，其主要特点和趋势为：

（1）地图制图学作为区域性学科，其重点已由普通地图制图转移到专题地图制图，并向综合制图、实用制图和系统制图的方向发展。

（2）地图制图学作为技术性学科，正在向机助制图方向发展，有可能逐步代替延续几千年的手工编图的作业方法。

（3）随着地图制图学同各学科间的相互渗透，产生了一些新的概念和理论。例如，以地图图形显示、传递、转换、存储、处理和利用空间信息为内容的地图信息论和地图传输论；研究经过地图图形模式化建立地图数学模型和数字模型的地图模式论；研究用图者对地图图形和色彩的感受过程和效果的地图感受论；研究和建立地图语言的地图符号学等等。

8. 传统测绘学的特征

传统测绘学具有以下特征：地面观测为主；手工操作方式为主；劳动强度大；时间周期长；测量精度低；限于局部范围；静态测量为主；应用范围和服务对象窄。

随着时代的发展，城市的建设日新月异，建设的步伐大大加快，数据获取的范围逐渐加大，数据更新的频率和周期大大缩短，数据的精度要求也越来越高，这些都对传统的测绘学提出了新的要求。

4.1.3 空间数据采集前沿技术

新的时代对空间数据采集不断提出新的需求，同时，新的技术和方法的不断出现也为空间数据采集带来了革命性的变化。本节将对空间数据获取领域出现的几类高新技术，作如下介绍。

1. 高光谱遥感（Hyperspectral Remote Sensing，HRS）

高光谱遥感，指具有高光谱分辨率的遥感科学和技术，它的基础是测谱学（Spectroscopy）。

高光谱遥感说使用的成像光谱仪产生于20世纪80年代，能在紫外、可见光、近红外和中红外区域，获取很多非常窄且光谱连续的图像数据，光谱分辨率可以达到纳米（nm）数量级，进而可以绘制连续的光谱曲线（如图4-2所示）。高光谱遥感是当前遥感技术的前沿领域，它多达上百个波段的数据包含了丰富的空间、辐射和光谱三重信息。它的出现是遥感界的一场革命，它使本来在宽波段遥感中不可探测的物质，在高光谱遥感中能被探测。

高光谱遥感数据具有以下特点：

（1）高光谱分辨率，陆地卫星光谱分辨率一般在100 nm 左右；而 HRS 一般在10~20 nm；

（2）图谱合一，形成影像的同时，以某一像元为目标获得辐射强度和光谱特征；

（3）光谱通道多，在成像范围内连续成像。

高光谱图像由于其光谱分率高，波段数目众多，其数据可以表达为两种形式（区别于传统多波段数据）：

（1）光谱曲线。

（2）图像立方体。

高光谱遥感具有传统多光谱遥感所不具有的优点，非常适合应用在：精准农业、林业、水质监测、大气污染监测、生态环境监测、地质调查、城市调查。

2. 合成孔径雷达（Synthetic Aperture Radar，SAR）

就理论而言，雷达天线越大，其探测监视范围也越大，但从隐藏性、机动性和生

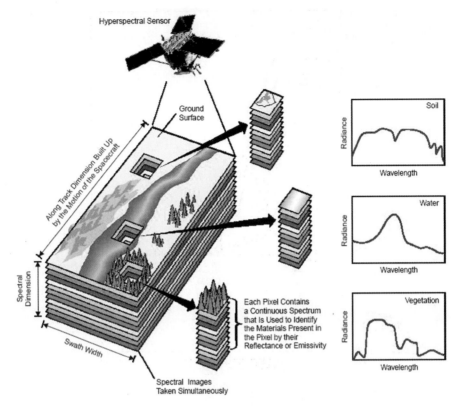

图 4-2 高光谱遥感

存需要等因素考虑，又不能将天线做得过大。合成孔径雷达（SAR），就是利用雷达与目标的相对运动把尺寸较小的真实天线孔径用数据处理的方法合成一个较大的等效天线孔径的雷达。

如图 4-3 所示，在飞机从 B 点经 C 点飞到 D 点的过程中，机载小口径雷达都可以对目标 A 发射和接收电波，其效果相当于天线口径为 L_{BD} 长的窄波束雷达。只是这种雷达在由 B 到 D 的过程中，信号是在不同时刻发射和接收的，因此需要进行相应的信号处理，将不同时刻同一目标的信号进行合成，因此称为合成孔径雷达。

SAR 以成像的方式获取地物信息，其获取的图像如图 4-4 所示：

合成孔径雷达的特点是：

（1）分辨率高（合成大孔径天线，具有很高的目标方位分辨率和距离分辨率）；

（2）SAR 是主动传感器，不依赖于太阳光及其他关照条件，可以全天时、全天候地获取数据；

（3）SAR 数据包含了丰富的地学信息，如地表粗糙度、三维地形、土壤湿度、植被类型、海面海冰信息等。

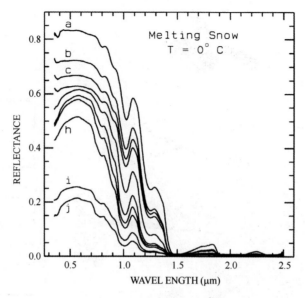

图 4-3 高光谱遥感的光谱曲线

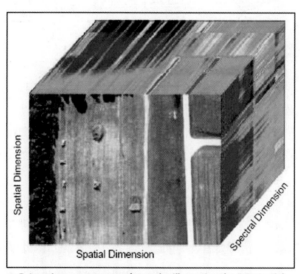

▲ 3. Imaging spectrometry data cube illustrating the 3-D spatial and spectral character of the data.

图 4-4 图像立方体

（4）SAR 在一定条件下具有一定的穿透力，可有效地识别伪装和穿透掩盖物。

与可见光、红外传感器比较具有独特的优势和无法替代的作用，被广泛应用于工农业生产、战场侦察、火控、制导、导航、资源勘测、地图测绘、海洋监视、环境遥感等。

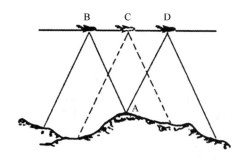

图 4-5　合成孔径雷达成像原理

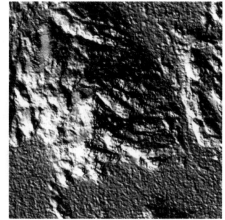

图 4-6　合成孔径雷达图像

　　合成孔径雷达主要有机载和星载两种采集方式。合成孔径雷达干涉测量（InSAR）是合成孔径雷达应用中较晚出现的技术，它是以合成孔径雷达复数据提取的干涉相位信息为信息源获取地表三维信息和变化信息的技术。干涉雷达在 1969 年被用于火星观测，1972 年被用于观测月球的地形。1974 年，有专家提出用合成孔径雷达干涉测量进行地形测绘。1986 年，美国喷气推进实验室发表了用机载双天线 SAR 进行地形测绘的结果，拉开了干涉合成孔径雷达研究的序幕。

3. 地面激光扫描（Terrestrial Laser Scanner，TLS）

　　三维激光扫描系统采用激光测距为测量目标点三维坐标的手段，以扫描的方式快速获取目标范围的大型实体或实景等目标的三维坐标数据，通过计算机重构其 3D 数据模型，再现客观事物的实时的、变化的、真实的形态特性，为快速获取空间数据提供了有效手段。

　　一般的地面激光扫描系统，其外形如图 4-7 所示，在固定在控制点上，并设定其水平、垂直方向测量范围内及角度增量的步长参数设置后，激光扫描仪将自动获取测量范围内的全部目标的 3D 点云数据（point clouds）。

图 4-7　地面激光扫侧系统

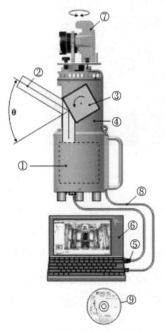

图 4-8　激光扫描仪

（1）TLS 工作原理。

图 4-8 激光扫描仪的测距元件①，是专门为进行最佳高速扫描而设计的（快速激光采样速度、快速信号处理和高速数据界面建立）。激光束的垂直偏转角（"线扫描"）②，是通过一个包含几个反射表面的多面体来控制的③。通过不断改变和调整棱镜的旋转速度，可以得到不同的高速扫描速度，并可按不同的角度进行扫描，q 最大可达到 80°。如果想获取慢的扫描速度或以小的扫描角进行扫描，可将棱镜调整为上下线性振荡模式。通过④可实现水平面内的全方位扫描。通过 TCP/IP 数据界面⑤，扫描数据（距离，角度及振幅等信息）自动传输到笔记本⑥。同时图像数据⑦也通过 USB 数据线⑧传到电脑中。

（2）点云数据。

TLS 获取的原始数据是三维的点云数据，即 X、Y、Z 坐标的文本数据，绘制在三维空间后形似云状的点集，如图 4-9 所示。

TLS 获取的点云数据一般需要经过数据获取—点云拼接—数据提取和分析—数据输出—三维建模等步骤。以提取建筑为例，首先根据已知信息对原始观测值进行概算，将地形数据与地物数据分离；其次，对地物数据进行滤波，去除测量噪声、遮挡物（如树木等）影响，得到建筑物数据；再次，根据建筑物自身特征，对连续扫描的激光测量断面进行整体匹配，纠正得到建筑物特征点和二维平面

图 4-9　TLS 系统的原始数据

特征；之后，根据纠正信息对原始测量数据进行重新计算，得到反映建筑物表面几何特征的三维扫描坐标；最后对三维坐标进行建模与三维可视化处理，最终效果如图 4-10 所示。

图 4-10　TLS 系统数据的三维可视化

典型的三维激光扫描仪（LMS-Z420i）性能特征：测量范围 1 000 米，激光等级 Class 1；测量精度优于 5 mm；测量速率可达 12 000 点/秒；扫描角度 80°×360°；TCP/IP 数据界面及无线操作；便携、坚固、耐用。

三维激光扫描仪目前已大量应用于：地形学及采矿业；建筑物测量；细节测量；考古及文化遗产；环境监测；市政工程；城市模型；隧道测量；虚拟现实。

4. 机载激光雷达（Light Detection And Ranging，LIDAR）

机载激光雷达即利用激光进行目标探测和测距的技术系统，中文一般翻译为激光雷达或光达。LIDAR 系统，严密整合三个高技术：激光测距优化仪（LIDAR）、高精度惯性参考系统（IMU）和全球定位系统（GPS）。通过把这些子系统集成安装在一个小型飞机或直升飞机上，以扫描方式快速获取飞行路径下方的精确数字表面数据。

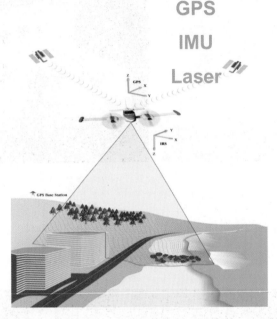

图 4-11　机载激光雷达系统

（1）LIDAR 数据处理。

LIDAR 系统基于激光测距原理和一定的定位控制系统，可快速获取飞机经过下方条带状地表三维坐标和反射强度值，获取数据表现为空间离散的点云。此处的点云是地表蓬顶的点云数据，有别于地面激光扫描主要是侧面扫描的点云数据。一般的 LIDAR 原始数据如下：

495246.53　5420178.63　251.22　290　495246.53　5420178.64　251.15　290
495246.49　5420181.52　251.23　319　495246.49　5420181.53　251.18　319

绘制到三维空间后的蓬顶点云，通过插值后可直接生成 DSM 如图 4-12 所示。

条带状点云数据通过拼接和处理，即可得到完整的、大范围的、高密度的三维空间数据。对于 LIDAR 数据的使用，一般首先通过数据的滤波和分类技术将属于裸露地表的数据点和不同地物的数据点分割提取出来，其次对提取出的地形点经过插值生成垂直精度很高的 DTM，对提取出的地物点（主要是各类建筑和树木）进行三维重建得到不同地物的三维模型，以用于数字城市的建设。

（2）LIDAR 优点。

机载 LIDAR 技术系统可全天候作业，不受云层和阴影影响。LIDAR 发出激光脉冲能够每秒生产多于 5 000 个地表激光脚点，脚点密度可达每平方米数十个，远大于传统

图 4-12   Lidar 获取的地表篷顶点云（左）和插值获得的 DSM（右）

的地面测量方法。一个小时可获得超过 1.8 亿个激光脚点，利用这样高的抽样率，可以快速完成大区域的地面三维数字地形数据测量，同时产生高精度的 DTM（高程精度可达 15 cm，格网间隔小于 1 m）。它的作业效率很高，12 个小时内能够测量 1 000 km^2 的三维表面数据，而在飞行的几小时之后，就可以获取测量区域的 DTM 数据及其他数据。具体优点如下：

①速度快，不受地形，地面覆盖等限制，对 100 km^2 区域进行测量，只需要一个小时，其数据的后处理时间大约为 2~3 小时。

②高程精度高，绝对精度可达到 15 cm，相对精度可小于 5 cm，水平精度可达20 cm。

③脚点密度大，系统每秒可生产多于 5 000 个地表激光脚点，脚点密度可达每平方米数十个。

④成本低，LIDAR 测量费用相对较低，一般在 0.50 美元/公顷到 10 美元/公顷，测量的成本大约是航空摄影测量的 25% 到 33%。

⑤不受云层、阴影影响，24 小时全天候和在任何太阳辐射角下工作。

⑥测绘传统方法无法（或很困难）测量区域：沼泽、泥潭、原始森林、冰面、浅海区、礁滩区或群岛区域。

⑦多次回波方便探测树木。

⑧一体的数码相机可方便获得正射影像。

（3）LIDAR 应用。

LIDAR 的出现，适应了当前数字城市建设的需要，可大范围的快速直接生产地球表面（包括地形和地物）的三维数据。机载 LIDAR 三维数据获取方法具有采集速度快、高程精度高、处理成本低的优点，同时具备全天候作业及海岸测量水下地形的优点，因此机载 LIDAR 系统逐渐成为最先进的遥感系统之一，非常适合以下应用。

遥感得到的 LIDAR 数据经过系统的计算机处理，通过地理信息系统（Geographic

Information System，GIS）展现在用户面前，非常适应在城市规划、行政区域界定、反恐怖突发事件应对、数字水利和抗洪抢险、沙尘暴监测、环保监测、海洋监测、地震监测、森林火灾监控、石油勘探开发、农业规划等许多领域中应用并发挥重要作用，具有十分广阔的前景。

①生产 DTM、DSM 和 DCM 作为地形测量、数字地球、数据城市或 GIS 的基础数据。机载 LIDAR 系统是一种快速度、成本低、高精度和高密度的高程数据获取技术，它不仅能直接生产数字表面模型（DSM），如图 4-13 所示为马来西亚吉隆坡的 DSM，也能通过后续处理生产数字地形模型（DTM）和数字城市模型（DCM）。

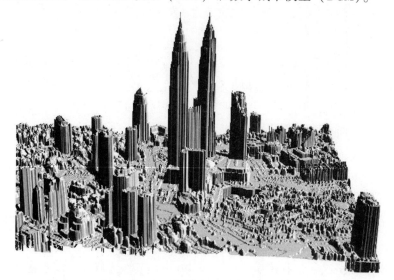

图 4-13　基于 LIDAR 数据制作的马来西亚吉隆坡城市 DSM

②城市规划与管理。主动式的 LIDAR 系统能够全天候地、准确地测量城市里各种地形地物的三维数据并建模，不受太阳光线和高楼阴影的影响，各类三维模型的建立可直观地展示城市的三维形态和过去未来的发展，为城市的规划提供了有力的手段。结合 GIS 技术和其他信息技术，可方便管理者直观的进行城市的信息查询、统计和各类辅助分析等，而 LIDAR 数据的快速灵活的获取能力，为不同时间刻度下的城市变化监测提供了有力的技术支持。

③林业。林业应用 LIDAR 系统进行该领域调查研究是目前的热点。如地面上或树冠上的三维精确信息，对林业和自然资源管理是非常重要的。树的高度和密度的精确信息也是至关重要的，用常规技术来做是相当困难的。机载 LIDAR 系统不像干涉雷达、多光谱成像和航空摄影测量，它可以利用激光的多次回波对树冠下方的地面以及树干、树冠同时测量，能产生裸地的 DTM 及相关植被参数如树高、树的密度、树冠直径、森林边界和评估生物量等。

④海岸工程。海滩、海岸及近海区域是一个特殊区域，传统手工测量和航空摄影测量都受到一定的限制，作业非常困难。机载 LIDAR 是一种主动传感技术，能以低成本做高动态环境下常规基础海岸线测量，且具有一定的水下探测能力，可测量近海水深 70 m 内水下地形，可用于海岸带、海边沙丘、海边堤防和海岸森林的三维测量和动态监测。图 4-14 所示为 LIDAR 扫描某近海河口海岸 DSM。

图 4-14　基于 LIDAR 数据河口海岸 DSM　　　图 4-15　基于 LIDAR 的输电线路测量

⑤道路、输电线路、管道等线路测量与监测。机载 LIDAR 系统非常适用于快速度、低成本、高精度的成条带状的线路选线测量，例如铁路、电力线的线路（如图 4-15 所示），各类管道管线和高速公路等。目前主要市场是对电力线通道的测量，可使用专有模型执行线路的弯曲、下垂、离地面距离、侵蚀和精确塔位的计算。LIDAR 数据结合瞬间测量空气和导电体的温度和载荷电流数据，可计算在电力线的载荷能力上可容许的提升量。

⑥灾害与突发事件应急处理。恐怖事件、洪水、地震、飓风、火灾等突发事件要求快速测量，且事件地区往往不可直接到达，目前公认机载 LIDAR 系统是获取事发区域地表数据最快捷的技术，可为突发公共事件应急处理、各类灾害的评估、灾后的恢复与重建、灾害保险等提供有力的信息服务。美国"9·11 事件"和新奥尔良飓风灾害后都曾用机载 LIDAR 技术对灾难现场进行快速获取三维数据工作。

⑦恶劣环境和其他受限制地区的测量。许多环境恶劣地区如沼泽、湿地、大海、冰山，以及植被茂密地区，传统的摄影测量评估是困难的。受限制的地区如有毒的废物场或工业废料，机载 LIDAR 系统提供快速测量该地区的能力。

⑧文化遗产保护。大型的文物古迹和室外的不可移动文物，需要测量其三维数据，以便进行修复和保护。对于处于恶劣测量环境下（如险峻的长城）或不可直接触摸的文物，激光扫描技术就成为了一种直接获取三维数据很好的解决方案。近期，有关单位利用 LIDAR 数据对山海关附近的长城和城楼进行了三维重建，并叠加高分辨遥感影

像，为当地文物部门对长城的保护提供了有力的技术支持。

5. 水下空间数据采集新技术

海洋测量包括：海洋大地测量、水深测量、海洋定位、海底地形地貌测量、海洋工程测量、海洋重力测量、海洋磁力测量、海洋水文测量等，目前在海底地形和障碍物探测方面出现了几个新技术，包括：

（1）基于加强型多波束的海底地形探测；

（2）基于干涉法声呐的精密地形地貌探测；

（3）基于三维成像声呐（C3D）的精密地形探测；

（4）双频识别声呐（DIDSON）的高分辨率水中探测。

这些新技术的出现，延伸了人的视觉，使水下本来难以获取的数据变得能够和容易获取，为 GIS 提供了高精度的水下地形数据。

4.1.4　地图数字化方法

对于已存在于其他的 GIS 或专题数据库中的数据，只需经过转换装载入新的 GIS 即可。大量已经存在的纸质地图，需要通过地图跟踪数字化和地图扫描数字化的采集，变成数字地图，从而进入 GIS 进行管理和应用。

1. 地图跟踪数字化

（1）地图数字化仪。

地图数字化仪，根据其采集数据的方式分为机械式、超声波式和全电子式三种，其中全电子式数字化仪精度最高，应用最广。按照其数字化版面的大小可分为 A0、A1、A2、A3、A4 等。

数字化仪由电磁感应板、游标和相应的电子电路组成，如图 4-16 所示。这种设备利用电磁感应原理：在电磁感应板的 x，y 方向上有许多平行的印刷线，每隔 200 μm 一条。游标中装有一个线圈。当使用者在电磁感应板上移动游标到图件的指定位置，并将十字叉丝的交点对准数字化的点位，按动相应的按钮时，线圈中就会产生交流信号，十字叉丝的中心也便产生了一个电磁场，当游标在电磁感应板上运动时，板下的印制线上就会产生感应电流。印制板周围的多路开关等线路可以检测出最大信号的位置，即十字叉线中心所在的位置，从而得到该点的坐标值。

（2）数字化过程。

把待数字化的图件固定在图形输入板上，首先用鼠标器输入图幅范围和至少四个控制点的坐标，随后即可输入图幅内各点、曲线的坐标。

通过数字化仪采集数据数据量小，数据处理的软件也比较完备，但由于数字化的速度比较慢，工作量大，自动化程度低，数字化的精度与作业员的操作有很大关系，

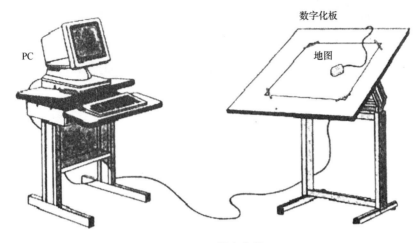

图 4-16　数字化仪

所以，目前很多单位在大批量数字化时，已不再采用它。

由于手扶跟踪数字化本身几乎不需要 GIS 的其他功能，所以跟踪数字化软件往往可以与整个 GIS 系统脱离开，因而可单独使用。

地图跟踪数字化时，数据的可靠性主要取决于操作员的技术熟练程度，操作员的技术会严重影响数据的质量。操作员的经验和技能主要表现在能选择最佳点位来数字化地图上的点、线、面要素，判断十字丝与目标重合的程度等能力。为了保持一致的精度，每天的数字化工作时间最好不要超过 6 小时。

（3）地图跟踪数字化软件具有以下功能：

①图幅信息录入和管理功能，即对所需数字化的地图的比例尺、图幅号、成图时间、坐标系统、投影等信息进行录入和管理。这是所采集的矢量数据的数据质量的基本依据。

②特征码清单设置，特征码清单是指安放在数字化仪台面或屏幕上的由图例符号构成的格网状清单，每种类型的符号占据清单中的一格。在数字化时只要点中特征码清单区的符号所在的网格，就可知道所数字化要素的编码，以方便属性码的输入。地图跟踪数字化软件应能使用户方便地按自己的意愿设置和定义特征码清单。

③数字化键值设置，即设置数字化标识器上各按键的功能，以符合用户的习惯。

④数字化参数定义，主要是指系统应能选定不同类型的数字化仪，并确定数字化仪与主机的通信接口。

⑤数字化方式的选择，主要是指选择点方式还是流方式等进行数字化。

⑥控制点输入功能，应能提示用户输入控制点坐标，以便于进行随后的几何纠正。

2. 地图扫描数字化

（1）扫描仪。

扫描仪直接把图形（如地形图）和图像（如遥感影像、照片）扫描输入到计算机中，以像素信息进行存储表示的设备。按其所支持的颜色分类，可分为单色扫描仪和彩色扫描仪；按所采用的固态器件又分为电荷耦合器件（CCD）扫描仪、MOS 电路扫描仪、紧贴型扫描仪等；按扫描宽度和操作方式分为大型扫描仪、台式扫描仪和手动式扫描仪。

CCD 扫描仪的工作原理是：用光源照射原稿，投射光线经过一组光学镜头射到 CCD 器件上，再经过模/数转换器，图像数据暂存器等，最终输入到计算机。CCD 感光元件阵列是逐行读取原稿的。为了使投射在原稿上的光线均匀分布，扫描仪中使用的是长条形光源。对于黑白扫描仪，用户可以选择黑白颜色所对应电压的中间值作为阈值，凡低于阈值的电压就为 0（黑色），反之为 1（白色）。而在灰度扫描仪中，每个像素有多个灰度层次。彩色扫描仪的工作原理与灰度扫描仪的工作原理相似，不同之处在于彩色扫描仪要提取原稿中的彩色信息。扫描仪的幅面有 A0，A1，A3，A4 等。扫描仪的分辨率是指在原稿的单位长度（英寸）上取样的点数，单位是 dpi，常用的分辨率有 300~1 000 dpi 之间。扫描图像的分辨率越高，所需的存储空间就越大。现在多数扫描仪都提供了可选择分辨率的功能。对于复杂图像，可选用较高的分辨率；对于较简单的图像，就选择较低的分辨率。

（2）扫描过程。

扫描时，必须先进行扫描参数的设置（具体扫描界面如图 4-3 所示），包括：

①扫描模式的设置（分二值、灰度、百万种彩色），对地形图的扫描一般采用二值扫描，或灰度扫描。对彩色航片或卫片采用百万种彩色扫描，对黑白航片或卫片采用灰度扫描。

②扫描分辨率的设置，根据扫描要求，对地形图的扫描一般采用 300 dpi 或更高的分辨率。

③针对一些特殊的需要，还可以调整亮度、对比度、色调、GAMMA 曲线等。

④设定扫描范围。

扫描参数设置完后，即可通过扫描获得某个地区的栅格数据。

通过扫描获得的是栅格数据，数据量比较大。如一张地形图采用 300 dpi 灰度扫描其数据量就有 20 兆左右。除此之外，扫描获得的数据还存在着噪声和中间色调像元的处理问题。噪声是指不属于地图内容的斑点污渍和其他模糊不清的东西形成的像元灰度值。噪声范围很广，没有简单有效的方法能加以完全消除，有的软件能去除一些小的脏点，但有些地图内容如小数点等和小的脏点很难区分。对于中间色调像元，则可以通过选择合适的阈值选用一些软件如 Photoshop 等来处理。

一般扫描矢量化软件，具有对获得的栅格数据进行一系列后续处理的功能，如图像纠正、矢量化等。由于最后的结果和地图跟踪数字化结果是相同的，因而还必须具有地图跟踪数字化所具有的各项功能。因此，扫描矢量化软件基本功能可描述为：

　　①控制点输入与图像配准；

　　②地图扫描输入功能；

　　③图像格式转换和图像编辑功能；

　　④线状要素的矢量化功能；

　　⑤点状符号和注记的自动识别功能；

　　⑥属性编辑的自动赋值功能；

　　⑦图幅信息录入与管理功能；

　　⑧要素编码设置功能。

地图扫描输入因其输入速度快、不受人为因素的影响、操作简单而越来越受到大家的欢迎，再加之计算机运算速度、存储容量的提高和矢量化软件的踊跃出现，使得扫描输入已成为以有图形数据输入的主要方法。

4.1.5　属性数据的采集

属性数据在 GIS 中是空间数据的组成部分。属性数据的录入主要采用键盘输入的方法，有时也可以辅助于字符识别软件。为了把空间实体的几何数据与属性数据联系起来，必须在几何数据与属性数据之间有一公共标识符。当空间实体的几何数据与属性数据连接起来之后，就可进行各种 GIS 的操作与运算了。

属性数据在 GIS 中是空间数据的组成部分。例如，道路可以数字化为一组连续的像素或矢量表示的线实体，并可用一定的颜色、符号把 GIS 的空间数据表示出来，这样，道路的类型就可用相应的符号来表示。而道路的属性数据则是指用户还希望知道的道路宽度、表面类型、建筑方法、建筑日期、入口覆盖、水管、电线、特殊交通规则、每小时的车流量等。这些数据都与道路这一空间实体相关。属于某一空间实体的属性数据可以通过给予一个公共标识符与空间实体联系起来。

图 4-17　标识码

属性数据的录入主要采用键盘输入的方法，有时也可以辅助于字符识别软件。

当属性数据的数据量较小时，可以在输入几何数据的同时，用键盘输入；但当数据量较大时，一般与几何数据分别输入，并检查无误后转入到数据库中。

　　为了把空间实体的几何数据与属性数据联系起来，必须在几何数据与属性数据之间有一公共标识符，标识符可以在输入几何数据或属性数据时手工输入，也可以由系统自动生成（如用顺序号代表标识符）。只有当几何数据与属性数据有一共同的数据项时，才能将几何数据与属性数据自动地连接起来；当几何数据或属性数据没有公共标识码时，只有通过人机交互的方法，如选取一个空间实体，再指定其对应的属性数据表来确定两者之间的关系，同时自动生成公共标识码。

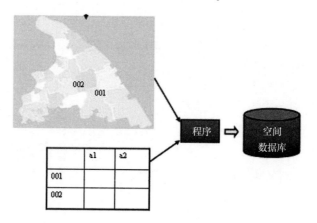

图 4-18　几何数据和属性数据的连接

4.1.6　空间数据的检核

　　空间性、时间性和专题性构成空间数据三要素。空间数据质量就是在表达三要素时达到的准确性、一致性和完整性。空间数据是对现实世界的抽象表达，数据质量发生问题不可避免。可以根据具体应用所能接受的准确性范围进行数据质量评价。

　　用来评价空间数据的质量的标准和术语包括：

　　（1）误差（Error），数据与真实值或公认真值之间的差异。

　　（2）准确度（Accuracy），结果值、计算值或估计值与真实值或公认真值的接近程度。

　　（3）精密度（Precision），数据的精密程度、有效位数。与准确度合称精确度，或精度。

　　（4）不确定性（Uncertainty），是关于空间过程和特征不能被准确确定的程度。

　　（5）分辨率（Resolution），指最小的可分离单元或最小可表达单元。栅格数据指图像像元大小；矢量数据指坐标点。

1. 空间数据输入的误差

空间数据输入的误差通常可归结为以下几类：

（1）几何数据的不完整，也称为逻辑误差；

（2）几何数据的位置不正确；

（3）比例尺不正确；

（4）变形；

（5）几何数据与属性数据的连接有误；

（6）属性数据错误。

2. 空间数据的检查

无论是地图跟踪数字化还是地图扫描数字化，都不可能完全正确，因此，必须进行空间数据的检查。常用的空间数据检查方法为：

（1）通过图形实体与其属性的联合显示，发现数字化中的遗漏、重复、不匹配等错误；

（2）在屏幕上用地图要素对应的符号显示数字化的结果，对照原图检查错误；

（3）把数字化的结果绘图输出在透明材料上，然后与原图叠加以发现错漏；

（4）对等高线，通过确定最低和最高等高线的高程及等高距，编制软件来检查高程的赋值是否正确；

（5）对于面状要素，可在建立拓扑关系时，根据多边形是否闭合来检查，或根据多边形与多边形内点的匹配来检查等；

（6）对于属性数据，通常是在屏幕上逐表、逐行检查，也可打印出来检查；

（7）对于属性数据还可编写检核程序，如有无字符代替了数字，数字是否超出了范围等等；

（8）对于图纸变形引起的误差，应使用几何纠正来进行处理。

3. 数据编辑和处理

空间数据进入 GIS 空间数据库之前，需经过数据的检查，若出现错误则进行相应的编辑和修改，此外还需进行一些图形处理，主要包括：

（1）几何纠正，这是为了纠正由纸张变形所引起的数字化数据的误差，直接关系到 GIS 数据的质量，几何纠正要以控制点的理论坐标和数字化坐标为依据来进行，最后应显示平差结果；

（2）投影变换，为了 GIS 地理数据库中空间数据的一致性，须将原图投影下的矢量数据转换为地理坐标或指定投影下的数据；

（3）图形接边，在相邻地图的接合处可能会产生裂隙。包括几何裂隙和属性裂隙，在自动接边无法处理时，需要人机交互进行；

（4）图形编辑功能，矢量数据错漏的纠正很大程度上依赖于强大的图形编辑功能，图形编辑功能应能对点、线、面进行增加、删除、移动、修改（如线的连接、截断、属性编码的修改）等，并应具有良好的人机界面和较快的响应速度；

（5）自动拓扑功能，拓扑关系是强大的查询与分析功能的基础，自动拓扑是在已矢量化的数据的基础上，自动建立起点、线、面的拓扑关系。

4.2　GIS 的数据质量

GIS 的数据质量是指 GIS 中空间数据（几何数据和属性数据）的可靠性，通常用空间数据的误差来度量。误差是指数据与真值的偏离。

GIS 数据质量研究的目的是建立一套空间数据的分析和处理的体系，包括误差源的确定、误差的鉴别和度量方法、误差传播的模型、控制和削弱误差的方法等，使未来的 GIS 在提供产品的同时，附带提供产品的质量指标，即建立 GIS 产品的合格证制度。

从应用的角度，可把 GIS 数据质量的研究分为两大问题。当 GIS 录入数据的误差和各种操作中引入的误差已知时，计算 GIS 最终生成产品的误差大小的过程称为正演问题。而根据用户对 GIS 产品所提出的误差限值要求，确定 GIS 录入数据的质量称为反演问题。显然，误差传播机制是解决正反演问题的关键。

研究 GIS 数据质量对于评定 GIS 的算法、减少 GIS 设计与开发的盲目性都具有重要意义。如果不考虑 GIS 的数据质量，那么当用户发现 GIS 的结论与实际的地理状况相差较大时，GIS 会失去信誉。

4.2.1　数据质量的内容和类型

GIS 数据质量包含如下五个方面：位置精度、属性精度、逻辑一致性、完备性、现势性。空间数据的误差类型包括源误差、处理误差。

1. GIS 数据质量的基本内容

GIS 数据质量包含如下五个方面：①位置精度：如数学基础、平面精度、高程精度等，用以描述几何数据的质量；②属性精度：如要素分类的正确性、属性编码的正确性、注记的正确性等，用以反映属性数据的质量；③逻辑一致性：如多边形的闭合精度、结点匹配精度、拓扑关系的正确性等；④完备性：如数据分类的完备性、实体类型的完备性、属性数据的完备性、注记的完整性等；⑤现势性：如数据的采集时间、数据的更新时间等。

2. 空间数据的误差类型

GIS 空间数据的误差可分为源误差和处理误差。

（1）源误差。

源误差是指数据采集和录入中产生的误差，包括①遥感数据：摄影平台、传感器的结构及稳定性、分辨率等；②测量数据：人差（对中误差、读数误差等）、仪差（仪器不完善、缺乏校验、未作改正等）、环境（气候、信号干扰等）；③属性数据：数据的录入、数据库的操作等；④GPS 数据：信号的精度、接收机精度、定位方法、处理算法等；⑤地图：控制点精度，编绘、清绘、制图综合等的精度；⑥地图数字化精度：纸张变形、数字化仪精度、操作员的技能等。

（2）处理误差。

处理误差是指 GIS 对空间数据进行处理时产生的误差，主要有：几何纠正；坐标变换；几何数据的编辑；属性数据的编辑；空间分析（如多边形叠置等）；图形化简（如数据压缩）；数据格式转换；计算机截断误差；空间内插；矢量栅格数据的相互转换。

3. GIS 中的误差传播

误差传播是指对有误差的数据，经过处理生成的 GIS 产品也存在着误差。其公式：

$$y = F(x_1, x_2 \cdots x_n)$$

x_i：空间数据自变量，带有源误差。

F 为 GIS 空间操作过程的函数关系式。

误差传播在 GIS 中可归结为三种方式：①代数关系下的误差传播：这是指对有误差的数据进行代数运算后，所得结果的误差；②逻辑关系下的误差传播：即指在 GIS 中对数据进行逻辑交、并等运算所引起的误差传播，如叠置分析时的误差传播；③推理关系下的误差传播，是指不精确推理所造成的误差。

4.2.2 数据质量的评价方法

GIS 数据质量需要有评估的标准。GIS 数据质量的评价方法包括直接评价法、间接评价法、非定量描述法。研究 GIS 数据质量的常用方法，包括敏感度分析法、尺度不变空间分析法、Monte Carlo 实验仿真、空间滤波。

1. GIS 数据质量的评价方法

（1）直接评价法。

用计算机程序自动检测：某些类型的错误可以用计算机软件自动发现，数据中不符合要求的数据项的百分率或平均质量等级也可由计算机软件算出。例如，可以检测文件格式是否符合规范、编码是否正确、数据是否超出范围等。随机抽样检测：在确定抽样方案时，应考虑数据的空间相关性。

（2）间接评价法。

所谓间接评价法是指通过外部知识或信息进行推理来确定空间数据的质量的方法。用于推理的外部知识或信息如用途、数据历史记录、数据源的质量、数据生产的方法、误差传递模型等。

（3）非定量描述法。

非定量描述法是指通过对数据质量的各组成部分的评价结果进行的综合分析来确定数据的总体质量的方法。

2. 研究 GIS 数据质量的常用方法

（1）敏感度分析法。

一般而言，精确确定 GIS 数据的实际误差非常困难。为了从理论上了解输出结果如何随输入数据的变化而变化，可以通过人为地在输入数据中加上扰动值来检验输出结果对这些扰动值的敏感程度。然后根据适合度分析，由置信域来衡量由输入数据的误差所引起的输出数据的变化。

为了确定置信域，需要进行地理敏感度测试，以便发现由输入数据的变化引起输出数据变化的程度，即敏感度。这种研究方法得到的并不是输出结果的真实误差，而是输出结果的变化范围。对于某些难以确定实际误差的情况，这种方法是行之有效的。

在 GIS 中，敏感度检验一般有以下几种：地理敏感度、属性敏感度、面积敏感度、多边形敏感度、增删图层敏感度等。敏感度分析法是一种间接测定 GIS 产品可靠性的方法。

（2）尺度不变空间分析法。

地理数据的分析结果应与所采用的空间坐标系统无关，即为尺度不变空间分析，包括比例不变和平移不变。尺度不变是数理统计中常用的一个准则，一方面能保证用不同的方法得到一致的结果，另一方面又可在同一尺度下合理地衡量估值的精度。尺度不变空间分析法使 GIS 的空间分析结果与空间位置的参考系无关，以防止由基准问题而引起分析结果的变化。

（3）Monte Carlo 实验仿真。

由于 GIS 的数据来源繁多，种类复杂，既有描述空间拓扑关系的几何数据，又有描述空间物体内涵的属性数据。对于属性数据的精度往往只能用打分或不确定度来表示。对于不同的用户，由于专业领域的限制和需要，数据可靠性的评价标准并不相同。因此，想用一个简单的、固定不变的统计模型来描述 GIS 的误差规律似乎是不可能的。在对所研究问题的背景不十分了解的情况下，Monte Carlo 实验仿真是一种有效的方法。

Monte Carlo 实验仿真首先根据经验对数据误差的种类和分布模式进行假设，然后利用计算机进行模拟试验，将所得结果与实际结果进行比较，找出与实际结果最接近的模型。对于某些无法用数学公式描述的过程，用这种方法可以得到实用公式，也可检验理论研究的正确性。

（4）空间滤波。

获取空间数据的方法可能是不同的，既可以采用连续方式采集，也可采用离散方式采集。这些数据采集的过程可以看成是随机采样，其中包含倾向性部分和随机性部分。前者代表所采集物体的实际信息，而后者是由观测噪声引起的。

空间滤波可分为高通滤波和低通滤波。高通滤波是从含有噪声的数据中分离出噪声信息；低通滤波是从含有噪声的数据中提取信号。例如经高通滤波后可得到一随机噪声场，然后用随机过程理论等方法求得数据的误差。

对 GIS 数据质量的研究，传统的概率论和数理统计是其最基本的理论基础，同时还需要信息论、模糊逻辑、人工智能、数学规划、随机过程、分形几何等理论与方法的支持。

4.2.3　影响数据质量的原因

GIS 中数据采集的方法通常可分为直接方法和间接方法两种。直接方法是指直接从野外采集，以获取观测数据、图像等，间接方法是指从已有的图件上进行采集。

直接方法获取的数据受人差、仪差、环境等的影响，通过传统的测量平差方法可以得到有效的控制。测量平差：依据某种最优化准则，由一系列带有观测误差的测量数据，求定未知量的最佳估值及精度的理论和方法。

间接方法获取的数据中，除了含有直接方法中的误差外，还有展绘控制点的误差、编绘的误差、制图综合的误差、数字化的误差等。

地图数字化是获取矢量数据的主要方法之一，也是 GIS 中的重要误差源，是 GIS 数据质量研究的重点之一。在地图数字化中，原图固有误差和数字化过程中引入的误差是两个主要的误差源。下面对地图数字化的数据误差作一分析。

1. 地图固有误差的来源和类型

在地图的固有误差中，除了含有控制点和碎部点引入的误差外，至少存在下列误差：

（1）控制点展绘误差：展绘控制点是成图的第一步。当对地图的精度要求不高时，该项误差可不考虑。

（2）编绘误差：通常点状特征的编绘精度优于线状特征的编绘精度，即使都是线状特征，如果分辨率或宽度不同，编绘精度也不同。

（3）绘图误差：绘图误差是在绘图过程中产生的，其误差范围为 0.06~0.18 mm。

（4）综合误差：综合误差的大小取决于特征的类型和复杂程度，又取决于采用的制图综合方法，如取舍、移位、夸大等，因此，综合误差极难量化。

（5）地图复制误差和分版套合误差：这些都是地图印刷中产生的误差，如地图复制误差的均方差为 0.1~0.2 mm。

（6）绘图材料的变形误差：地图一般印在纸上，随着温度和湿度的变化，纸张的尺寸也会变化。由于纸张在印刷时温度升高，纸张长度会伸长 1.5%，宽度会伸长

2.5%；而当纸张干燥和冷却后，其长度和宽度又分别收缩 0.5%和 0.75%。因此，在地图印刷完成后，图纸在长、宽方向上的净伸长分别为 0.99%和 1.73%。

（7）特征的定义：自然界中的许多特征并无明确的界限。例如，海岸线的位置、森林的边界等，但在地图上却有明确的位置。

2. 数字化的误差

目前的地图数字化方式主要有跟踪数字化和扫描数字化两种。数字化的精度主要受数字化仪的精度、数字化方式、操作员的水平、数字化软件的算法等的影响，常采用下列方法进行评价。

（1）自动回归法。

在对线划进行跟踪数字化的过程中，每隔一定时间和距离就记录一次坐标值，因此可以认为这些数据是序列相关的。即某一点误差的大小，除受该点本身的影响外，还受前一点误差的影响。

由于跟踪数字化不仅是一个随机序列，而且是一个时间序列，因此可用数理统计中的时间序列分析法来确定数字化的误差。

（2）ε-Band 法。

ε-Band 法又称误差带方法，即在一条数字化线的两侧，各定义宽为 ε 的范围，作为该数字化线的误差带，也就是用 ε 的值来说明误差的范围，以及处理多边形叠置等的误差。该方法适用于任何类型的 GIS 数据，关键是如何给出合理的 ε 值。

（3）对比法。

把数字化后的数据，用绘图机绘出，与原图叠合，选择明显地物点进行量测，以确定误差。除了几何精度外，属性精度、完整性、逻辑一致性等也可用对比法进行对照检查。

4.3　GIS 空间元数据

空间元数据（Geospatial Metadata），是描述空间数据的数据，也是空间数据采集同时必须收集的数据，决定了空间数据能否正确使用。

随着 GIS 在社会各方面的发展，越来越多的地理学科和信息技术学科之外的个人、组织和机构也涉入到这一领域，开始生产、处理和修改数字地理信息。但是这些机构从各自的角度出发来发展空间数据，使得人们不知道存在什么样的数据、已有数据的质量如何、以及怎样访问和使用这些数据成果。因此，迫切需要采取一定的办法来避免数据的重复性建设，同时协调不同数据部门之间的资源共享，这样随着地理空间数据集的数量、复杂性和多样性的增加，一个适应数据集共享的标准化规范——空间元数据，也就应运而生。

对空间元数据标准内容的研究，国际上主要有美国联邦数据委员会（FGDC）、国际标准化组织地理信息/地球信息技术委员会（ISO/TC211）和开放的 GIS 联盟（OGC）进行，它们从不同侧面对地理空间元数据进行了描述。国内近几年来已经提出了几个元数据标准，如《中国可持续发展信息共享 Metadate 标准》《中国生态系统研究网络元数据标准》和《科学数据库元数据标准》等。

4.3.1　空间元数据的定义及其作用

元数据（Metadate）：数据的数据，是关于数据和信息资源的描述性信息。图书馆的图书卡片就是关于所有书籍的简单的元数据，它记录了每本书的编号、题目、作者、关键字和出版日期等属性。

空间元数据：地理的数据和信息资源的描述性信息。它通过对地理空间数据的内容、质量、条件和其他特征进行描述与说明，以便人们有效地定位、评价、比较、获取和使用与地理相关的数据。空间元数据是一个由若干复杂或简单的元数据项组成的集合。如果说地理空间数据是对地理空间实体的一个抽象映射，那么可以认为，空间元数据是对地理空间数据的一个抽象映射。空间元数据和地理空间数据是对地理空间实体不同层次的描述，是对地理信息的不同深度的表达。

综合起来，空间元数据主要有以下几个方面的作用：

（1）用来组织和管理空间信息，并挖掘空间信息资源，这正是数字地球的特点和优点所在。通过它可以在 Intranet 或 Internet 上准确地识别、定位和访问空间信息。

（2）帮助数据使用者查询所需空间信息。比如，它可以按照不同的地理区间、指定的语言以及具体的时间段来查找空间信息资源。

（3）组织和维护一个机构对数据的投资。通过空间元数据内容，可以充分描述数据集的详细情况，便于数据使用者得到数据的可靠性保证。同时，当使用数据引起矛盾时，数据提供单位也可以利用空间元数据维护其利益。

（4）用来建立空间信息的数据目录和数据交换中心。通常由一个组织产生的数据可能对其他组织也有用，而通过数据目录、数据代理机、数据交换中心等提供的空间元数据内容，用户便可以很容易地使用它们，达到空间信息的共享。

（5）提供数据转换方面的信息。通过空间元数据，人们便可以接受并理解数据集，并可以与自己的空间信息集成在一起，进行不同方面的分析决策，使地理空间信息实现真正意义上的共享，发挥其最大的潜力。

4.3.2　空间元数据的分类

空间元数据按照所描述对象的层次不同可以分为：高层元数据对应数据库，中层元数据对应表，底层元数据对应数据项。各种元数据与描述地理实体的空间数据之间的关系如图 4-19 所示。

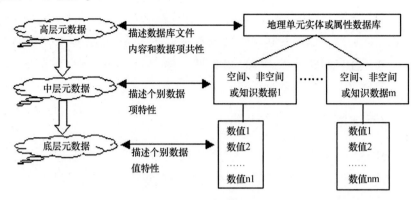

图 4-19　空间元数据的层次

（1）高层元数据（数据集系列 Metadata）。高层元数据是指一系列拥有共同主题、日期、分辨率以及方法等特征的空间数据系列或集合，它是用户用于概括性查询数据集的主要内容。在软件实现上，如果拥有数据集系列 Metadata 模块，则既可以使数据集生产者方便地描述宏观数据集，而且也可以使用户很容易地查询到数据集的相关内容，实现空间信息资源的共享。当然，要获取数据集的详细信息，还需要通过中层元数据来实现。

（2）中层元数据（数据集 Metadata）。数据集 Metadata 模块是整个 Metadata 标准软件的核心，它既可以作为数据集系列 Metadata 的组成部分，也可以作为后面数据集属性以及要素等内容的父 Metadata 数据集系列。在 Metadata 软件标准设计的初级阶段，通过该模块便可以全面反映数据集的内容。然而随着数据集的变化，为了避免重复记录元数据内容以及保持元数据的实时性，需要通过继承关系更新变化了的信息，这时元数据的层次性便显得异常重要。

（3）底层元数据（要素、属性的类型和实例 Metadata）。要素类型是指由一系列几何对象组成的具有相似特征的集合，比如数据集中的道路层、植被层等便是具体的要素类型；要素实例是具体的要素实体，它用于描述数据集中的典型要素。属性类型是用于描述空间要素某一相似特征的参数，如桥梁的跨度是一个属性类型；属性实例则是要素实例的属性，如某一桥梁穿越某一道路的跨度。该 Metadata 模块是元数据体系中详细描述现实世界的重要部分，也是未来数字地球中走向多级分辨率查询的依据。因此，我们通过数据集系列、数据集、要素类型等层次步骤，便可以逐级对地理世界进行描述，用户也可以按照这一步骤，能够沿网络获取详细的数据集内容信息。

空间元数据也可以根据所描述的对象和应用不同分为以下几类：

（1）科研型元数据。用于帮助用户获取各种来源的数据及相关信息。包括数据源名称、作者、主体内容、拓扑关系等。

（2）评估型元数据。用于记录数据利用的评价，如收集情况、获取方法、处理算法、质量控制、采样方法、数据精度、可信度、潜在应用领域等。

（3）模型元数据。包括模型名称、模型类型、建模过程、模型参数、边界条件、作者、引用模型描述、建模使用软件、模型输出等。

（4）数据层元数据。数据集中每个数据的元数据。时间戳、位置戳、量纲、注释、误差标识、数据处理过程等。

（5）属性元数据。属性数据的字典。数据处理规则、采样说明、编码体系、数据处理流程等。

（6）实体元数据。描述整个数据集的元数据。包括采样规则、数据库有效期、数据库时间跨度等。

4.3.3　空间元数据的内容

为了便于不同系统之间的空间数据和空间元数据相互交换，许多机构和组织对空间元数据所要描述的一般内容进行层次化和范式化，指定出可供参考与遵循的空间元数据标准的内容框架。

空间元数据标准由两层组成，其中第一层是目录层，它所提供的信息主要用于对数据集信息进行宏观描述，适合在数字地球的国家级空间信息交换中心或区域以及全球范围内管理和查询空间信息时使用。第二层是空间元数据标准的主体，它由八个基本内容部分和四个引用部分组成，其中基本内容部分包括标识信息、数据质量信息、数据集继承信息、空间数据表示信息、空间参考系信息、实体和属性信息、发行信息、以及空间元数据参考信息八个方面的内容，另外四个引用部分包括引用信息、时间范围信息、联系信息以及地址信息。它们之间的关系如图 4-20。

（1）标识信息。是关于地理空间数据集的基本信息。通过标识信息，数据生产者可以对有关数据集的基本信息进行详细的描述，诸如数据集的名称、作者信息、所采用的语言、数据集环境、专题分类、访问限制等，同时用户也可以根据这些内容对数据集有一个总体了解。

（2）数据质量信息。是对空间数据集质量进行总体评价的信息。通过这部分内容用户可以获得有关数据集的几何精度和属性精度等方面的信息，也可以知道数据集在逻辑上是否一致以及它的完备性，这是用户对数据集进行判断以及决定数据集是否满足需要的主要判断依据。数据生产者也可以通过这部分内容对数据集质量评价的方法和过程进行详细的描述。

（3）数据集继承信息。是建立该数据集时所涉及的有关事件、参数、数据源等的信息，以及负责这些数据集的组织机构信息。通过这部分信息便可以对建立数据集的

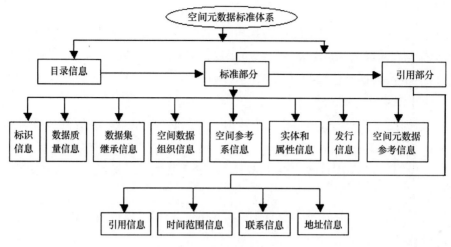

图 4-20　空间元数据标准体系

中间过程有一个详细的描述，比如当一幅数字专题地图的建立经过了航片判读、清绘、扫描、数字地图编辑以及验收等过程时，应对每一过程有一个简要描述，使用户对数据集的建立过程比较清晰，也使数据集每一过程的责任比较清楚。

（4）空间数据表示信息。是数据集中用来表示空间信息的方式的描述，如空间数据类型、空间数据结构、矢量对象描述、栅格对象描述等内容，它是决定数据转换以及数据能否在用户计算机平台上运行的必须信息。利用空间数据表示信息，用户便可以在获取该数据集后对它进行各种处理或分析了。

（5）空间参考系信息。是关于空间数据集地理参考系统与编码规则的描述，它是反映现实世界与地理数字世界之间关系的通道，诸如地理标识码参照系统、水平坐标系统、垂直坐标系统以及大地模型等。通过空间参考系中的各元素，可以知道地理实体转换成数字对象的过程以及各相关的计算参数，使数字信息成为可以度量和决策的依据。

（6）实体和属性信息。是关于数据集信息内容的信息，包括实体类型及其属性、属性值、阈值等方面的信息。通过该部分内容，数据集生产者可以详细地描述数据集中各实体的名称、标识码以及含义等内容，也可以使用户知道各地理要素属性码的名称、含义等。

（7）发行信息。是关于数据集发行及其获取方法的信息，包括发行部门、数据资源描述、发行部门责任、订购程序、用户订购过程以及使用数据集的技术要求等内容。通过发行信息，用户可以了解到数据集在何处，怎样获取、获取介质以及获取费用等信息。

（8）空间元数据参考信息。是关于空间元数据的标准、版本、现时性与安全性等方面的信息，它是当前数据集进行空间元数据描述的依据。通过该空间元数据描述，用户便可以了解到所使用的描述方法的实时性等信息，加深了对数据集内容的理解。

（9）引用信息。是引用或参考该数据集时所需的简要信息，它自己不单独使用，而是被基本内容部分的有关元素引用。它主要由标题、作者信息、参考时间、版本等信息组成。

（10）时间范围信息。是关于有关事件的日期和时间的信息，该部分是基本内容部分的有关元素引用时要用到的信息，它自己不单独使用。

（11）联系信息。是同与数据集有关的个人和组织联系时所需的信息，包括联系人的姓名、性别、所属单位等信息。该部分是基本内容部分的有关元素引用时要用到的信息，它自己不单独使用。

（12）地址信息。是同组织或个人通讯的地址信息，包括邮政地址、电子邮件地址、电话等信息。该部分是描述有关地址元素的引用信息，它自己不单独使用。

空间元数据是基于 Internet 的 GIS（即网络 GIS）必不可少的一部分，通过它可以了解 GIS 系统所提供地理空间数据的情况，如：有什么数据？数据质量如何？数据有哪些格式？以什么方式在哪儿可以得到数据？等等和数据有关的信息。通过这些信息可以实现地理空间数据的不同部门、不同专业领域的网络共享，避免因地理空间数据的重复收集、录入和处理导致的大量时间、人力和物力的浪费。

4.3.4 空间元数据的作用

（1）用来组织和管理空间信息，并挖掘空间信息资源，这正是数字地球的特点和优点所在。通过它可以在 Intranet 或 Internet 上准确地识别、定位和访问空间信息。

（2）帮助数据使用者查询所需空间信息。比如，它可以按照不同的地理区间、指定的语言以及具体的时间段来查找空间信息资源。

（3）组织和维护一个机构对数据的投资。通过空间元数据内容，可以充分描述数据集的详细情况，便于数据使用者得到数据的可靠性保证。同时，当使用数据引起矛盾时，数据提供单位也可以利用空间元数据维护其利益。

（4）用来建立空间信息的数据目录和数据交换中心。通常由一个组织产生的数据可能对其他组织也有用，而通过数据目录、数据代理机、数据交换中心等提供的空间元数据内容，用户便可以很容易地使用它们，达到空间信息的共享。

（5）提供数据转换方面的信息。通过空间元数据，人们便可以接受并理解数据集，并可以与自己的空间信息集成在一起，进行不同方面的分析决策，使地理空间信息实现真正意义上的共享，发挥其最大的潜力。

4.4　渔业数据的获取与处理

4.4.1　渔业 GIS 的目标及所需的数据

GIS 作为规划、管理和监测捕捞渔业和水产养殖活动的工具，其目的在于改进现有的渔业活动，或者保证未来渔业活动的成功。这里的"成功"有很多不同的评价标准：

（1）经济层面。指在渔业活动中最小化成本和最大化收益。

（2）社会层面。指渔业活动能满足社会的需求，增强幸福感和凝聚力等。

（3）物理/生物层面。指满足渔业生态活动在物理和生物层面上的需求。

（4）可持续层面。指渔业和与之相关的其他活动都可以长久的维持。

这些标准之间很可能相互冲突，例如以利润最大化为目标很可能与可持续性目标相冲突，至少在短时间内有冲突。早期，可持续目标在渔业和水产养殖中并不受重视，如 Meaden 和 Kapetsky（1991）就曾指出：水产养殖和内陆渔业必须以利润最大化为目标，因为无法获利就意味着为这些渔业活动寻找最优的地址根本毫无意义。同样地，如果有足够的资本，这些渔业活动几乎可以在任何时间任何地点进行。但随着可持续发展理念的不断深入人心和全世界范围内捕捞渔业的衰落，人们已经意识到渔业唯一的出路是用可持续性目标替代经济最大化的目标，通过生态渔业（the Ecosystem Approach to Fisheries，EAF）来实现渔业活动的可持续性。

因此，渔业 GIS 项目中的数据必须满足上述四个标准，特别是生态渔业的需求。在实际操作过程中，项目的参与和执行者首先需要和项目相关的各方进行协商和研究，以确定 GIS 项目的整体参数，如项目所涉及的地理范围、数据的分辨率等。其次，需要确定对渔业活动的"成功"影响最大的因素或变量。在此基础上，才能进行数据的收集工作。表 4-1 列出了一些对海洋渔业有重要影响的空间变量。

表 4-1　对海洋渔业具有重要影响的空间变量（From FAO）

空间变量	说明
海底沉积物	海底沉积物的类型影响底层鱼类和底栖生物的分布，进而将影响渔具类型
水深	每种鱼类都从生理上适应特定的水深
盐度	不同鱼类适应不同的盐度水平，某些潮间带鱼类能忍受较大的盐度变动
叶绿素	藻类的丰度可作为海水生产力的一个很好的指标
海床切应力	表示了海床上的水流速度，将强烈影响海洋底栖生物的聚集
水温	鱼类对水温也有生理适应性，水温的季节性的变化可能导致鱼群的洄游
锋面	热水团和冷水团的交汇区具有较高的生产力，饵料生物富集，从而吸引鱼群的聚集

续表

空间变量	说明
物种分布	目标鱼种在时间和空间上的高度变动将对捕捞努力量的分布产生影响
育幼和产卵场	育幼和产卵场应加以确认和保护
海洋植物	指海藻森林、海草床、沿岸红树林等，它们能提供独特的和重要的栖息地
洄游路线	高营养级的物种往往进行大规模的洄游，以满足水温、产卵或觅食的需求
掠食者	某些区域具有大量鸟类、鱼或哺乳动物类的掠食者，例如海豹和海鸟
与港口的距离	渔民希望降低油耗，因此渔业生产离港口越近越好；一些港口也是重要的市场
渔业体系	不同国家的渔业体系在宏观和微观上可能具有非常大的不同
捕捞努力量	指特定区域特定时间段内捕捞作业的数量，可通过作业天数和引擎功率等来衡量
产量分布	通常根据单位面积和单位时间内的渔获量来衡量
鱼的价值	不同鱼类的价格相差较大，相同鱼类在不同地区的价格也有差异，这将影响捕捞的目标鱼类的选择
风俗习惯	大多数海洋渔业在特定区域内都有一些特定的习俗，将显著地影响该地区的渔业活动
海洋保护区	海洋保护区内的各种法规一般会限制捕捞活动

从表 4-1 中可以看出，影响海洋渔业的空间变量非常多，既有经济上的考虑如鱼的价值、渔业活动与港口的距离等，也有生态渔业的考虑如育幼和产卵场等。对于内陆渔业来说，重要的空间变量和海洋渔业大致相同，但在水质方面的指标稍有差异，且要求更严格。此外，内陆渔业还需要考虑水量的季节性变化。

大部分情况下，因为技术条件和成本、时间上的限制，不可能收集到上述所有种类的数据，只能找出影响渔业成功的最关键的空间变量，以这些变量的数据作为 GIS 的源数据。确定关键空间变量是一项非常重要的工作，通常由渔业专家来完成。

4.4.2 渔业 GIS 数据的获取和处理

与普通的 GIS 一样，渔业 GIS 数据的获取主要有两种方式：采集新的数据和使用现有的数据。这两种数据也分别被称为原始数据和二手数据。渔业是一种由渔民参与其中的生产活动，因此在原始数据的采集方面也有它特殊的地方，例如很多数据的收集采用的都是采访、填写表格等方式。

1. 采集原始数据

在渔业 GIS 中，原始数据的来源很多，常见的有下面几种：

（1）手绘地图。

手绘地图主要用来收集基于点位的信息，如捕捞位置、捕捞时的水温等，以确定渔业活动或其他空间变量的大致分布，或者对这些分布情况进行更新。图 4-21 是英吉利海峡东部渔业的大致区域。当地渔民根据感觉在底图上绘制出自己的主要作业区域，图 4-21 由这些手绘图汇总而成，图中深颜色区域表示捕捞努力量较多的海区。

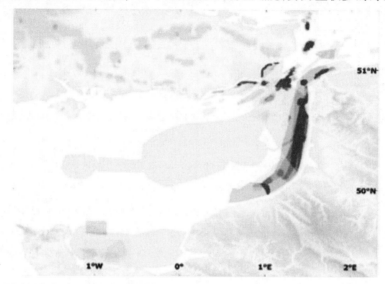

图 4-21　英吉利海峡东部的渔业分布（from FAO）

（2）采访。

在渔业 GIS 中，大量的数据可以通过讨论组（focus groups）对采访对象（经常是当地渔民和居民）面对面的采访得到。这通常也是收集关于社会经济和渔业活动的数据的唯一方式。在很多地区，渔民对本地渔业细节的了解可能比渔业专家更详细，因此是一个很好的数据来源。通过采访得到的数据可以是定量的，也可以是定性的，但这些数据的一大问题就是很难确定客观程度。

（3）问卷调查。

问卷调查是用预先设计好的问卷来采集原始数据的一种方式。问卷调查中非常适合收集有固定选择的或者开放式的信息。调查问卷的答案在汇总之后可以用于统计分析。问卷调查可以面对面，也可以通过电子邮件进行。通常在大规模的调查前，需要进行小规模的测设调查来评估问卷的有效性。

（4）填写表格。

在渔业 GIS 中应用最为广泛的表格就是渔捞日志。渔捞日志可以获取空间位置、渔获量、捕捞努力量、生物学和海洋环境的信息，是渔业资源和渔场学研究和渔业管理、决策最重要的数据来源之一。很多国家的渔业管理部门和国际渔业组织都将填写渔捞日志作为渔业作业许可的必要条件之一。渔捞日志通常是结构化的，数据可以快速填写，并方便的转换为数字格式进行汇总（图 4-22）。目前，也有不少国家和渔业组织正在推行电子渔捞日志。电子渔捞日志方便进行数据汇总，与纸质渔捞日志相比在处理效率上有了很大的提高。

围网生产动态信息日报
（第一百期）

各围网企业：

现将汇总的各围网船组生产动态信息发给你们，以供参考。请你们务必于每天上午10点前将准确的生产信息报工作组。

船组名称	06:00时船位	投网次数	日产量（箱）	平均网产（箱）	累计产量（箱）	青占鱼比例（%）大	中	小	其它鱼种（箱）黄古	鱿鱼	其它	表温（℃）	作业方式	作业水深（米）	动态
沪渔388	088/3				93600										航测
沪渔390	088/9				75000										航测
沪渔394	087/9				84775										航测
沪渔395	088/7				64975										航测
辽渔752					81140										出航
辽渔753					94550										出航
辽渔758					96205										大连港
辽渔724					78960										出航
辽渔723					96130										出航
舟渔637	088/5				69450										抛锚
舟渔638	088/5				72100										抛锚
宁渔651					74200						灯诱				抛锚
宁渔652					72600						灯诱				抛锚
宁渔653					65050						灯诱				抛锚
宁渔654					82450						灯诱				抛锚
苏渔803	186/7	没放网			61750										抛锚
苏渔804	082/7	没放网			60600										抛锚
苏渔805	082/7	没放网			68500										抛锚
苏渔806	082/7	没放网			64000										抛锚
苏渔809	186/7	没放网			55800										抛锚
苏渔810	186/7	没放网			90450										站锚
青渔718					14250										
合计					1616535										

填写要求　1、船位以大小渔区标注；　　　　　　2、鱼体重量暂设以下规格：300克以上为大，100—300克为中，100克以下为小；
　　　　　3、作业方式分瞄准、灯诱二种。　　　4、累计产量指船组截止今日的累加产量。

　　　　　　　　　　　　　　　　　　　　　　　　　　鱿钓工作组
　　　　　　　　　　　　　　　　　　　　　　　　　　2003年10月4日

报：远洋渔业处　　远洋渔业分会

图 4-22　我国大型灯光围网渔船渔捞日志

（5）电子读数设备。

目前，渔业 GIS 中的相当一部分原始数据是通过电子读数设备采集的。电子读数设备是指可以从电子屏幕直接读取数据或将数据记录在内置存储器中的设备。这些设备种类繁多，功能从最简单的数字温度计（图 4-23）到温盐深仪、流速仪等，这些数据包括温度、流速、盐度等。

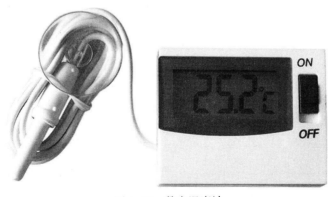

图 4-23　数字温度计

（6）数码相机。数码相机可以采集很多种类的图像信息。

（7）PDA 和其他数据记录设备。

（8）·GPS 接收机。

（9）声呐和其他水下测量设备。

2. 代理数据

另一种解决数据缺乏的方法，也就是使用所谓的"代理"数据。代理数据并非是我们直接需要的数据，但可以作为数据的一种替代数据。

例如，有众多的证据表明气温与河流或湖泊的水温（Smith and Lavis，1975；Balarin，1987）具有密切的关系，因此如果水上的平均气温可以观测到，那就可以作为水温的一种很好的替代品。植物与土壤类型的关系众多，所有植物都表现出或多或少的对酸度的偏好，或者土壤有众多的结构，如排水性好、保水性。因此植被地图可以提供区域内主要的土壤类型的线索。

很多 GIS 相关的工作，如水产养殖业中站点适应性分析工作都是基于这种关系。这种工作的一个例子（Aguilar–Manjarrez and Nath（1998））：非洲鱼塘选址中，土壤适应性，可以通过代理数据（通过 FAO – UNESO 世界土壤地图 www.fao.org/docrep/w8522e/W8522E04.htm#P951_ 45085）推断得到。是否使用代理数据是一项决策，考虑到收集实际数据的时间和费用，以及代理数据得出的实际数据的精度。也需要考虑到代理数据的地理范围。有时候可能最好使用两种或更多的代理数据源，例如土地的花费可能是人口密度和土地质量的函数。这种情况下，两种代理数据需要按约定的方式组合起来。

表 4-2 提供了一些代理数据的例子。

表 4-2　代理数据

所需的数据	可能的代理数据源
土壤质量	特定植物的分布图
水质	多种水生动植物的分布图
水温	气温图或表格
餐饮网点	宾馆和餐厅列表
地下水水质	水文地质或地质图
地价	人口密度图
批发市场网点	城市和大型城镇分布情况
肥料投入	畜禽养殖场地图
可用的投入资金	城市和大型城镇分布情况

表 4-2 中大部分数据都应用于与水产养殖生产和选址有关的陆地制图。当然，也

可以使用代理数据来进行与渔业捕捞方面有关的制图，虽然这些制图结果要比基于陆地的代理地图可靠性要差。原因很简单，在渔业环境中，环境条件本身和其中的动物在微观和宏观尺度上都无时无刻不在变化当中。大多数海洋和海岛水域可以被划分为很多生物地理区（大尺度上的）或水生栖息地（小尺度上的），这两者均基于它们都是表现为物种集和生活于特定环境条件下的水生区域。因此如果特定海洋生物地理区或者水生栖息地的营养网的细节已经知道，则很可能可以根据物种的范围被发现在那里以及局部水体的参数（深度、盐度、水文、底质等）做出更广泛的假设。最近很多的与栖息地适应性或关键栖息地有关的工作，都依赖这些关系。研究表明，西北大西洋中，鳕幼体的生长与海岸和河口的育幼栖息地的质量有直接关系，在水生生物圈中有无数种这样的关系。

第5章 空间分析

5.1 空间数据的叠置分析

叠置分析是地理信息系统最常用的提取空间隐含信息的手段之一，它将有关主题层组成的数据层面，进行叠加产生一个新数据层面的操作，其结果综合了原来两层或多层要素所具有的属性。根据 GIS 数据结构的不同，分为下列两类叠置分析方法。

5.1.1 基于矢量数据的叠置分析

叠置分析是将同一地区的两组或两组以上的要素进行叠置，产生新的特征的分析方法。叠置的直观概念就是将两幅或多幅地图重叠在一起，产生新多边形和新多边形范围内的属性。

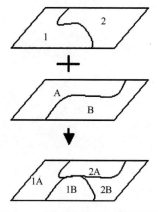

图 5-1 矢量数据叠置分析图示

1. 矢量数据叠置的内容

（1）点与多边形的叠置。

点与多边形的叠置是确定一幅图（或数据层）上的点落在另一幅图（或数据层）的哪个多边形中，这样就可给相应的点增加新的属性内容。

（2）线与多边形的叠置。

线与多边形的叠置是把一幅图（或一个数据层）中的多边形的特征加到另一幅图（或另一个数据层）的线上。

（3）多边形与多边形的叠置。

多边形与多边形的叠置是指不同图幅或不同图层多边形要素之间的叠置，通常分为合成叠置和统计叠置。

合成叠置：是指通过叠置形成新的多边形，使新多边形具有多重属性，即需进行不同多边形的属性合并。属性合并的方法可以是简单的加、减、乘、除，也可以取平均值、最大最小值，或取逻辑运算的结果等。

统计叠置：指确定一个多边形中含有其他多边形的属性类型的面积等，即把其他图上的多边形的属性信息提取到本多边形中来。

例如，土壤类型图与城市功能分区图叠置，可得出商业区中具有不稳定土壤结构的地区有哪些。

2. 多边形叠置的位置误差

进行多边形叠置的往往是不同类型的地图，甚至是不同比例尺的地图，因此，同一条边界的数据往往不同，这时在叠置时就会产生一系列无意义的多边形。而且边界位置越精确，越容易产生无意义多边形。

多边形与多边形叠置算法的核心是多边形对多边形的裁剪。多边形裁剪比较复杂，因为多边形裁剪后仍然是多边形，而且可能是多个多边形。多边形裁剪的基本思想是一条边一条边地裁剪。

如图 5-16，多边形 A {a1，a2，a3，a4，a5} 对多边形 B {b1，b2，b3，b4，b5，b6，b7，b8，b9，b10，b11，b12} 裁剪。则可先用 a1a2 及其延长线对多边形 B 裁剪，在 a1a2 及其延长线上得到交点 P1、P2、P3、P4、P5、P6，则多边形 B 被多边形 A 的 a1a2 裁剪后为 {b1，b2，b3，b4，b5，P3，P2，b7，b8，P1，P4，b11，P5，P6}。当用多边形 A 的每一边顺序对 B 进行裁剪后，就得到了 B 被 A 裁剪后的结果。

但这样构成的被裁剪后的多边形，实际上是一个多边形。因而当一个多边形被裁剪分为几个多边形时，用这种方法就会形成一个在边界有重叠的多边形。虽然对多边形的填充算法没有影响，但有时仍然要把它分成各自独立的多边形。为此，要对被裁剪的多边形定义方向，在计算出每个多边形之间的交点时，都要判断它是出点还是入点，即是从裁剪多边形中出去还是由外边进来，并建立起出入点的索引表。然后根据被裁剪后多边形的点的顺序，从一个出点出发，找与之最近的入点，再从这个入点开始，找出从此点开始的内部线，到一个出点结束，并判断多边形是否闭合。若闭合，则已形成一个多边形，继续进行即可；若不闭合，再找与之最近的入点。直到所有的

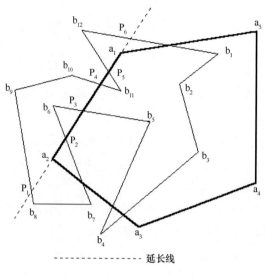

图 5-2　多边形与多边形叠置

内部线都使用过一次。多边形裁剪的具体细节请参阅计算机图形学的有关部分。

5.1.2　基于栅格数据的叠置分析

1. 单层栅格数据的分析

（1）布尔逻辑运算。

栅格数据可以按其属性数据的布尔逻辑运算来检索，即这是一个逻辑选择的过程。布尔逻辑为 AND、OR、XOR、NOT。布尔逻辑运算可以组合更多的属性作为检索条件，例如加上面积和形状等条件，以进行更复杂的逻辑选择运算。

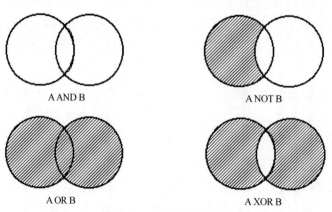

图 5-3　布尔运算示意图

例如可以用条件：（A AND B）OR C 进行检索。其中 A 为土壤是黏性的，B 为 pH
值>7.0 的，C 为排水不良的。这样就可把栅格数据中土壤结构为黏性的、土壤 pH 值大
于 7.0 的，或者排水不良的区域检索出来。

（2）重分类。

重分类是将属性数据的类别合并或转换成新类。即对原来数据中的多种属性类型，
按照一定的原则进行重新分类，以利于分析。在多数情况下，重分类都是将复杂的类
型合并成简单的类型。

如图 5-4，可将各种土壤类型重分类为水面和陆地两种类型。

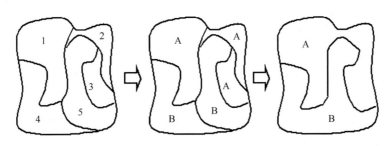

图 5-4　重分类例图

重分类时必须保证多个相邻接的同一类别的图形单元应获得一个相同的名称，并
且这些图形单元之间的边应该去掉，从而形成新的图形单元。

（3）滤波运算。

对栅格数据的滤波运算是指通过一移动的窗口（如 3×3 的像元），对整个栅格数据
进行过滤处理，使窗口最中央的像元的新值定义为窗口中像元值的加权平均值。栅格
数据的滤波运算可以将破碎的地物合并和光滑化，以显示总的状态和趋势，也可以通
过边缘增强和提取，获取区域的边界。

（4）特征参数计算。

在栅格数据中计算距离时，距离有四方向距离、八方向距离、欧几里德距离等多
种意义。四方向距离是通过水平或垂直的相邻像元来定义路径的；八方向距离是根据
每个像元的八个相邻像元来定义的；在计算欧几里德距离时，需将连续的栅格线离散
化，再用欧几里德距离公式计算。

对图 5-5 中的线，用四方向距离计算的距离为 6，用八方向计算的距离为
$2+2\times\sqrt{2}$。

（5）相似运算。

相似运算是指按某种相似性度量来搜索与给定物体相似的其他物体的运算。

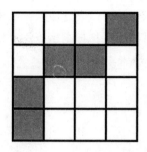

图5-5　特征参数计算例图

2. 多层栅格数据的叠置分析

叠置分析是指将不同图幅或不同数据层的栅格数据叠置在一起，在叠置地图的相应位置上产生新的属性的分析方法。新属性值的计算可由下式表示：$U = f$（A，B，C，……）其中，A，B，C等表示第一、二、三等各层上的确定的属性值，f函数取决于叠置的要求。

多幅图叠置后的新属性可由原属性值的简单的加、减、乘、除、乘方等计算出，也可以取原属性值的平均值、最大值、最小值，或原属性值之间逻辑运算的结果等，甚至可以由更复杂的方法计算出，如新属性的值不仅与对应的原属性值相关，而且与原属性值所在的区域的长度、面积、形状等特性相关。

栅格叠置的作用包括以下几种：

（1）类型叠置：即通过叠置获取新的类型。如土壤图与植被图叠置，以分析土壤与植被的关系。

（2）数量统计：即计算某一区域内的类型和面积。如行政区划图和土壤类型图叠置，可计算出某一行政区划中的土壤类型数，以及各种类型土壤的面积。

（3）动态分析：即通过对同一地区、相同属性、不同时间的栅格数据的叠置，分析由时间引起的变化。

（4）益本分析：即通过对属性和空间的分析，计算成本、价值等。

（5）几何提取：即通过与所需提取的范围的叠置运算，快速地进行范围内信息的提取。

在进行栅格叠置的具体运算时，可以直接在未压缩的栅格矩阵上进行，也可在压缩编码（如游程编码、四叉树编码）后的栅格数据上进行。它们之间的差别主要在于算法的复杂性、算法的速度、所占用的计算机内存等。

5.2 空间数据的缓冲区分析

5.2.1 基于矢量数据的缓冲区分析

1. 缓冲区及其作用

在这里，缓冲区的概念与计算机技术中的缓冲区概念无关，而是指在点、线、面实体的周围，自动建立的一定宽度的多边形，如图5-6。

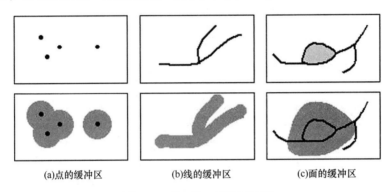

(a)点的缓冲区　　　　　　(b)线的缓冲区　　　　　　(c)面的缓冲区

图 5-6　点、线、面的缓冲区

缓冲区分析是 GIS 的基本空间操作功能之一。例如，某地区有危险品仓库，要分析一旦仓库爆炸所涉及的范围，这就需要进行点缓冲区分析；如果要分析因道路拓宽而需拆除的建筑物和需搬迁的居民，则需进行线缓冲区分析；而在对野生动物栖息地的评价中，动物的活动区域往往是在距它们生存所需的水源或栖息地一定距离的范围内，为此可用面缓冲区进行分析，等等。

在建立缓冲区时，缓冲区的宽度并不一定是相同的，可以根据要素的不同属性特征，规定不同的缓冲区宽度，以形成可变宽度的缓冲区。例如，沿河流绘出的环境敏感区的宽度应根据河流的类型而定。这样就可根据河流属性表，确定不同类型的河流所对应的缓冲区宽度，以产生所需的缓冲区。

2. 缓冲区的建立

点的缓冲区建立时，只需要给定半径绘圆即可。面的缓冲区只朝一个方向，而线的缓冲区需在线的左右配置。下面简介线的缓冲区的建立思路。

在建立线缓冲区时，通常首先要对线进行化简，以加快缓冲区建立的速度。这种对线的化简称为线的重采样。具体的算法设计可采用线的矢量数据压缩算法。

建立线缓冲区就是生成缓冲区多边形。只需在线的两边按一定的距离（缓冲距）

绘平行线，并在线的端点处绘半圆，就可连成缓冲区多边形。

对一条线所建的缓冲区有可能重叠，如图5-7。这时需把重叠的部分去除。基本思路是，对缓冲区边界求交，并判断每个交点是出点还是入点，以决定交点之间的线段保留或删除。这样就可得到岛状的缓冲区。

(a)输入数据　　　　　　(b)缓冲区操作　　　　　(c)重叠处理后的缓冲区

图5-7　单条线的缓冲区

在对多条线建立缓冲区时，可能会出现缓冲区之间的重叠。这时需把缓冲区内部的线段删除，以合并成连通的缓冲区（图5-8）。

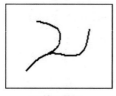  

(a)输入数据　　　　　　(b)缓冲区操作　　　　　(c)重叠处理后的缓冲区

图5-8　多条线的缓冲区

5.2.2　基于栅格数据的缓冲区分析

缓冲区分析在GIS中用得较多，但对矢量数据的缓冲区操作比较复杂，而在栅格数据中可看作是对空间实体向外进行一定距离的扩展，因而算法比较简单。

5.3　空间数据的网络分析

对地理网络（如交通网络）、城市基础设施网络（如各种网线、电力线、电话线、供排水管线等）进行地理分析和模型化，是GIS中网络分析功能的主要目的。

5.3.1　网络图论基础

分析和解决网络模型的有力工具是图论，在此介绍了网络分析中几个概念：图、有向图、回路、连通图、树及其性质，赋权图。

网络分析是 GIS 空间分析的重要组成部分。在网络分析中用到的网络模型是数学模型中离散模型的一部分。

图论中的"图"并不是通常意义下的几何图形或物体的形状图，而是一个以抽象的形式来表达确定的事物，以及事物之间具备或不具备某种特定关系的数学系统。

由点集合 V 和点与点之间的连线的集合 E 所组成的集合对（V，E）称为图，用 G（V，E）来表示。V 中的元素称为节点，E 中的元素称为边。节点集 V 与边集合 E 均为有限的图称为有限图。本章只讨论有限图。

在图 5-9 中，节点集合 V = ｛A，B，C，D｝，边集合为 E = ｛e1，e2，e3，e4，e5，e6，e7，e8｝。连接两个节点间的边可能不止一条，如 e1，e2 都连接 A 和 B。连接同一节点的边称为自圈，如 e8。如不特别声明，本章不讨论具有自圈和多重边的图。

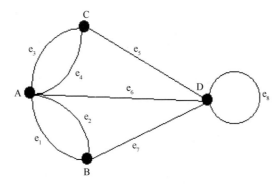

图 5-9　图的构成

如果图中的边是有向的，则称为有向图，如图 5-10 所示。在无向图中，首尾相接的一串边的集合称为路。在有向图中，顺向的首尾相接的一串有向边的集合称为有向路。通常用顺次的节点或边来表示路或有向路。如图 5-11 中，｛e1，e2，e4｝为一条路，该路也可用 ｛v1，v2，v3，v5｝ 来表示。

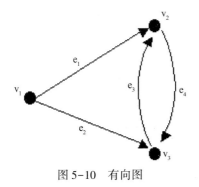

图 5-10　有向图　　　　　　　　　图 5-11　路和树

起点和终点为同一节点的路称为回路（或圈）。如果一个图中，任意两个节点之间都存在一条路，称这种图为连通图。若一个连通图中不存在任何回路，则称为树，如图 5-11。由树的定义，直接得出下列性质：①树中任意两节点之间至多只有一条边；②树中边数比节点数少 1；③树中任意去掉一条边，就变成不连通图；④树中任意添一条边，就会构成一个回路。

任意一个连通图，或者是树，或者去掉一些边后形成树，这种树称为这个连通图的生成树。一般来说，一个连通图的生成树可能不止一个。

如果图中任一边（i，j）都赋一个数 ω（i，j），称这种数为该边的权数。赋以权数的图成为赋权图。有向图的各边赋以权数后，成为有向赋权图。赋权图在实际问题中非常有用。根据不同的实际情况，权数的含义可以各不相同。例如，可用权数代表两地之间的实际距离或行车时间，也可用权数代表某工序所需的加工时间等。

5.3.2　路径分析

GIS 中的路径分析包含了最短路径分析、最小生成树、最小费用最大流等问题：

1. 最短路径分析

在最短路径选择中，两点之间的距离可以定义为实际的距离，也可定义为两点间的时间、运费、流量等，可定义为使用这条边所需付出的代价。因此，可以对不同的专题内容进行最短路径分析。下面介绍的最短路径搜索的算法是狄克斯特拉（Dijkstra）在 1959 年提出的，被公认为是最好的算法之一。它的基本思想是：把图的一顶点分为 S，T 两类，若起始点 u 到某顶点 x 的最短通路已求出，则将 x 归入 S，其余归入 T，开始时 S 中只有 u，随着程序运行，T 的元素逐个转入 S，直到目标顶点 v 转入后结束。

（1）距离矩阵的计算。

GIS 中的网络可以看作是图，可以是有向图，也可以是无向图。对于无向图，可当作有向图来处理。

为了求出最短路径，需先计算两点间的距离，并形成距离矩阵。若两点间没有路，则距离为∞。图 5-12 为网络图及其距离矩阵。

（2）最短路径搜索的依据。

网络图中的最短路径应该是一条简单路径，即是一条不与自身相交的路径。

最短路径搜索的基本依据是，若从点 S 到点 T 有一条最短路径，则该路径上的任何点到 S 的距离都是最短的。

为了进行最短路径搜索，令 d（X，Y）表示点 X 到 Y 的距离，D（X）表示 X 到起始点 S 的最短距离。在下列搜索算法中，还需假定两点之间的距离不为负。

（3）最短路径搜索的步骤。

①对起始点 S 作标记，且对所有顶点令 D（X）=∞，Y=S。

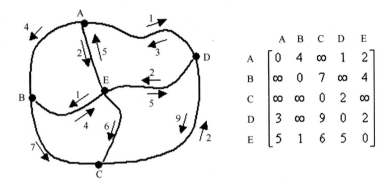

图 5-12　网络图及其距离矩阵

②对所有未作标记的点按以下公式计算距离,

$$D (X) = \min \{D (X), d (Y, X) + D (Y)\}$$

其中 Y 是已确定作标记的点。

取具有最小值的 D (X),并对 X 作标记,令 Y=X。

若最小值的 D (X) 为∞,则说明 S 到所有未标记的点都没有路,算法终止;否则继续。

③如果 Y 等于 T,则已找到 S 到 T 的最短路径,算法终止;否则转②。

例如,对图 5-12,需搜索 A 到 C 的最短路径,则:

①对 A 作标记,按公式计算所有标记点的距离。

结果为 D (B) = 4,D (C) = ∞,D (D) = 1,D (E) = 2。

最小值为 D (D) = 1。

②对 D 作标记,按公式算 D (B)、D (C)、D (E)。

D (B) = min {D (B), d (D, B) + D (D)}

$\quad$ = min {4, ∞+1} = 4

D (C) = min {D (C), d (D, C) + D (D)}

$\quad$ = min {∞, 9+1} = 10

D (E) = min {D (E), d (D, E) + D (D)}

$\quad$ = min {2, 2+1} = 2

③对 E 作标记,计算 D (B),D (C)。

D (B) = min {D (B), d (E, B) + D (E)}

$\quad$ = min {4, 1+2} = 3

D (C) = min {D (C), d (E, C) + D (E)}

$\quad$ = min {10, 6+2} = 8

最小值为 D (B) = 3。

④对 B 作标记，计算 D（C）

D（C）= min｛D（C），d（B，C）+D（B）｝

＝min｛8，7+3｝＝8

⑤根据顺序记录的标记点，以及最小值的取值情况，可得到最短路径为 A→E→C，最短距离为 8。

2. 最小生成树

构造最小生成树的依据有两条：

（1）在网中选择 n-1 条边连接网的 n 个顶点；

（2）尽可能选取权值为最小的边。

下面介绍构造最小生成树的克罗斯克尔（Kruskal）算法。该算法是 1956 年提出的，俗称"避圈"法。设图 G 是由 m 个节点构成的连通赋权图，则构造最小生成树的步骤如下：

（1）先把图 G 中的各边按权数从小到大重新排列，并取权数最小的一条边为 T 中的边。

（2）在剩下的边中，按顺序取下一条边。若该边与 T 中已有的边构成回路，则舍去该边，否则选进 T 中。

（3）重复（2），直到有 m-1 条边被选进 T 中，这 m-1 条边就是 G 的最小生成树。

设有如图 5-13（1）所示的图，图的每条边上标有权数。为了使权数的总和为最小，应该从权数最小的边选起。在此，选边（2，3）；去掉该边后，在图中取权数最小的边，此时，可选（2，4）或（3，4），设取（2，4）；去掉（2，4）边，下一条权数最小的边为（3，4），但使用边（3，4）后会出现回路，故不可取，应去掉边（3，4）；下一条权数最小的边为（2，6）；依上述方法重复，可形成图 5-13（2）所示的最小生成树。如果前面不取（2，4），而取（3，4），则形成图 5-13（3）所示的最小生成树。

5.3.3　最小费用最大流

在地理网络中进行着物质和能量的流动，形成各种各样的流。

设有一个水管网络，只有一个进水口和一个出水口。每个管道用其截面积作为权数，用于反映单位时间内可能通过的最大流量（称为容量）。有稳定水流注入进水口，经过网络从出水口流出。这样的一个稳定的流动称为"流"，具有如下性质：

（1）流是有向的。

（2）管道的流量不可能超过最大流量。

（3）每个内部节点处流入和流出节点的流量相等。

（4）进水口的流量等于出水口的流量。

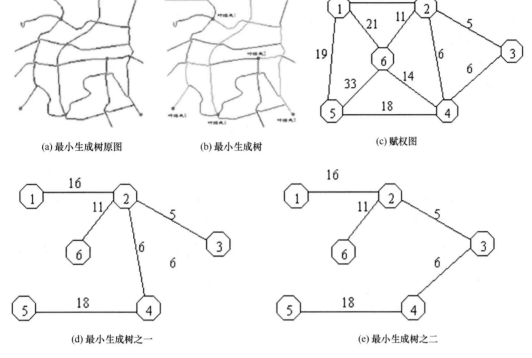

(a) 最小生成树原图   (b) 最小生成树   (c) 赋权图

(d) 最小生成树之一   (e) 最小生成树之二

图 5-13 最小生成树的构造

最大流问题讨论的是，在一个地理网络中怎样安排网上的流，使从发点到收点的流量最大。在实际应用中，不仅要考虑使网络上的流量最大，而且要使运送流的费用或代价最小。这就是最小费用最大流量问题。

网络流的基本问题为：设一个有向赋权图 G（V，E），V = {s，a，b，c，…，s'}，其中有两个特殊的节点 s 和 s'。s 称为发点，s' 称为收点。图中各边的方向和权数表示允许的流向和最大可能的流量（容量）。问在这个网络图中从发点流出到收点汇集，最大可通过的实际流量为多少？流向的分布情况为怎样？

设有一个网络图 G（V，E），V = {s，a，b，c，…，s'}，E 中的每条边（i，j）对应一个容量 c（i，j）与输送单位流量所需费用 a（i，j）。如有一个运输方案（可行流），流量为 f（i，j），则最小费用最大流问题就是这样一个求极值问题：

$$\min_{f \in F} a(f) = \min_{f \in F} \sum_{(i,\,f)\,\in\,E} a(i,\,j) f(i,\,j)$$

其中 F 为 G 的最大流的集合，即在最大流中寻找一个费用最小的最大流。

确定最小费最大流的过程实际上是一个多次迭代的过程。基本思想是：从零流为初始可行流开始，在每次迭代过程中对每条边赋予 c（i，j）（容量）、a（i，j）（单位流量运输费用）、f（i，j）（现有流的流量）有关的权数 ω（i，j），形成一个有向赋权图。再用求最短距离路径的方法确定由发点 s 至收点 s' 的费用最小的非饱和路，沿着该路增加流量，得到相应的新流。经过多次迭代，直至达到最大流为止。

构造权数的方法如下：

对任意边 (i, j)，根据现有的流 f，该边上的流量可能增加，也可能减少。因此，每条边赋予向前费用权 ω^+ (i, j) 与向后费用权 ω^- (i, j)：

$$\omega^+(i, j) = \begin{cases} a(i, j), & 若 f(i, j) < c(i, j) \\ +\infty, & 若 f(i, j) = c(i, j) \end{cases}$$

$$\omega^-(i, j) = \begin{cases} -a(i, j), & 若 f(i, j) > 0 \\ +\infty, & 若 f(i, j) = 0 \end{cases}$$

对于赋权后的有向图，如把权 ω (i, j) 看作长度，即可确定 s 到 s' 的费用最小的非饱和路，等价于从 s 到 s' 的最短路。确定了非饱和路后，就可确定该路的最大可增流量。因此需对每一条边确定一个向前可增流量 Δ^+ (i, j) 与向后可增流量 Δ^- (i, j)：

$$\Delta^+(i, j) = \begin{cases} c(i, j) - f(i, j), & 若 f(i, j) < c(i, j) \\ 0, & 若 f(i, j) = c(i, j) \end{cases}$$

$$\Delta^-(i, j) = \begin{cases} f(i, j), & 若 f(i, j) > 0 \\ 0, & 若 f(i, j) = 0 \end{cases}$$

因此，确定最小费用最大流的具体算法如下：

(1) 从零流开始，令 f≡0。

(2) 赋权

当 $f(i, j) < c(i, j)$，$\begin{cases} \omega^+(i, j) = a(i, j) \\ \Delta^+(i, j) = c(i, j) - f(i, j) \end{cases}$

当 $f(i, j) = c(i, j)$，$\begin{cases} \omega^+(i, j) = +\infty \\ \Delta^+(i, j) = 0 \end{cases}$

当 $f(i, j) > 0$，$\begin{cases} \omega^-(i, j) = -a(i, j) \\ \Delta^-(i, j) = f(i, j) \end{cases}$

当 $f(i, j) = 0$，$\begin{cases} \omega^-(i, j) = -\infty \\ \Delta^-(i, j) = 0 \end{cases}$

(3) 确定一条从 s 到 s' 的最短路

R (s, s') = { (s, i1), (i1, i2), …, (ik, s') }

若 R (s, s') 的长度为 +∞，表明已得到最小费用最大流，则停止；否则转向 (4)。

(4) 确定沿着该路 R (s, s') 的最大可增流量

α = min {Δ (s, i1), Δ (i1, i2), …, Δ (ik, s') }

其中根据边的取向决定取 Δ+或 Δ-。

（5）生成新的流

$$f(i, j) = \begin{cases} f(i, j) + \alpha, & (i, j) \text{ 为向前边} \\ f(i, j) - \alpha, & (i, j) \text{ 为向后边} \end{cases}$$

若 f（i，j）已为最小费用最大流，则停止；否则转向（2）。

第6章　空间数据查询

对空间对象进行查询和量算是地理信息系统最基本的功能之一，也是进行更高层次分析的基础。在地理信息系统中，为了进行高层次的分析，往往需要对空间对象进行定位、获取属性以及进行简单的量算，并使用长度、面积、距离、形状等简单的量测值对空间对象进行描述，这也是地理信息系统进行高层次空间分析的定量基础。空间数据查询和量算可以针对矢量数据和栅格数据。

6.1　矢量数据查询

针对矢量数据的空间数据查询主要有两大类，即"通过属性查图形"和"通过图形查属性"。通过属性查图形，主要是采用 SQL 语句来进行简单和复杂的条件查询。通过图形查属性，包括简单的图形查询和空间关系查询，前者是用鼠标直接从地图中选择感兴趣的对象从而获取对象的各种信息，后者是根据目标对象和源对象的空间关系来查找目标对象。

6.1.1　图形查询

图形查询是最基本的空间数据查询操作之一，一般的地理信息系统软件都提供这项功能。图形查询是指用鼠标直接从地图中选择感兴趣的地物，从而获取这些对象的空间位置、属性、空间分布以及与其他空间对象的空间位置关系等信息。

1. 鼠标点击查询

使用鼠标点击地图中的某个空间对象，就可以得到该对象的相关属性。如图 6-1 所示，点击地图中的上海市，ArcGIS 软件自动弹出对话框，显示出上海市的地理位置、人口、面积等属性信息。

鼠标点击查询时也可以选择多个对象，此时 GIS 软件将以列表的形式显示出这些对象的属性信息。如图 6-2 所示，用鼠标选择上海、江苏、浙江、安徽四个省市时，ArcGIS 软件自动弹出对话框，以列表形式显示出四个省市的地理位置和属性信息。

2. 鼠标拉框或多边形查询

当对区域内的多个空间对象感兴趣时，可以使用鼠标拉框或鼠标画出一个多边形

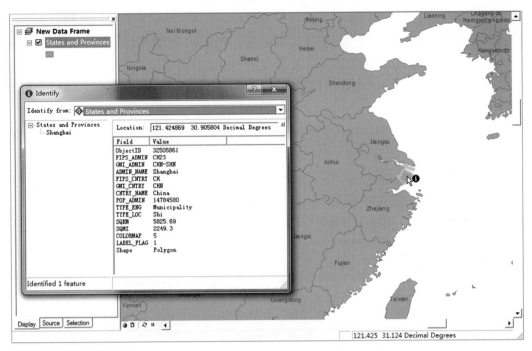

图 6-1　鼠标点击查询（单一对象）

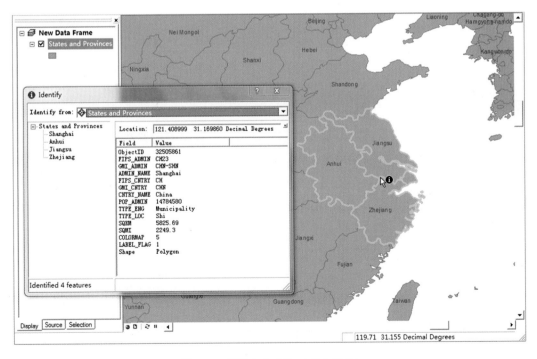

图 6-2　鼠标点击查询（多个对象）

来选择空间对象，从而获取这些对象的信息列表。鼠标拉出的框线可以是圆、矩形或其他规则图形。这种查询过程的实现比较复杂，涉及点、线、面状的图形是否在鼠标拉出的规则图形或画出多边形内或者是否与它们相交的判别计算。如图 6-3 所示，在地图上用鼠标拉出一个矩形框，与该矩形框相交的所有省市都被选中，相应的的属性列表也被显示出来。

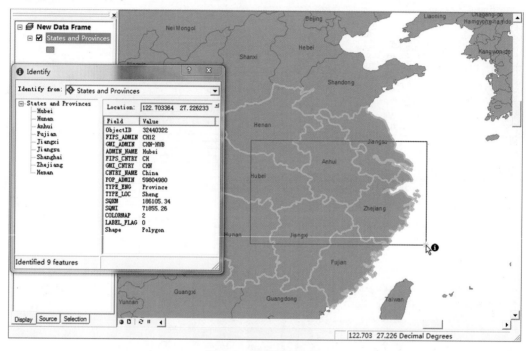

图 6-3　鼠标拉框查询

　　一般的 GIS 软件除了可以以地图的形式显示空间对象的位置数据，也可以以属性表的形式显示地理对象的属性信息。当使用图形查询选中感兴趣的单个或多个空间对象时，除了空间对象本身会在地图中被高亮显示之外，空间对象的属性记录也会在属性表格中被标示出来（图 6-4）。因此图形查询其实是一种"通过图形查属性"的空间查询方式。

6.1.2　属性数据查询

　　属性数据查询也是根据一定的属性条件来查询满足条件的空间对象的位置，是一种比较常用的空间数据查询方法。这种查询方式与普通关系型数据库的 SQL 查询并没有什么区别，只是最后查询的结果需要和地图中的图形关联起来，也就是查询到结果之后，利用空间对象的图形和属性的对应关系，将对象在地图中标示出来。因此属性数据查询是一种"通过属性查图形"的空间数据查询方式。

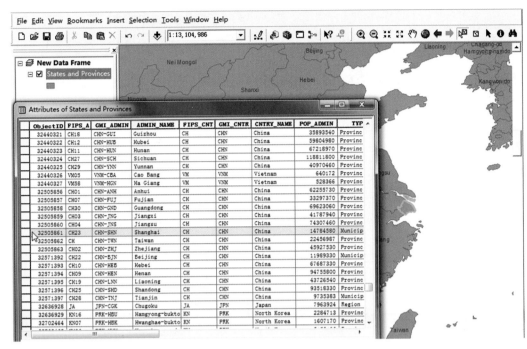

图 6-4　属性表中空间对象的属性记录

1. 简单的属性查询

简单的属性查询是指根据某些属性值直接在属性列表中用鼠标选中感兴趣的记录，就可以在地图中查找到相应的空间对象。简单的属性查询需要用户能很快地从属性表中找出满足条件的对象，因此只适合图层中空间对象数量不多的情况。如图 6-5 所示，从图层 States and Provinces 的属性表中根据名称选中山东省，则山东省就会在地图中高亮显示出来。

2. SQL 查询

当属性查询的条件比较复杂的时候，就需要使用 SQL 查询。GIS 软件一般都支持标准的 SQL 语言。SQL 语言的基本语法如下（SQL 关键字为斜体）：

select　<属性清单>　　*from*　<属性表格>

　　where　<查询条件>

select 关键字表示需要查询的字段，from 关键字表示要从哪个或哪几个表格或图层中查询，where 关键字则用于指定属性查询的条件。

以图 6-5 中的省市区划信息图层 States and Provinces 为例，其属性表包括 ObjectID（对象 ID）、FIPS_ ANMIN（FIPS 国家码）、GMI_ NAME（GMI 地区码）、ADMIN_ NAME（州或省市名称）、POP_ ADMIN（地区人口）等很多字段（图 6-6）。

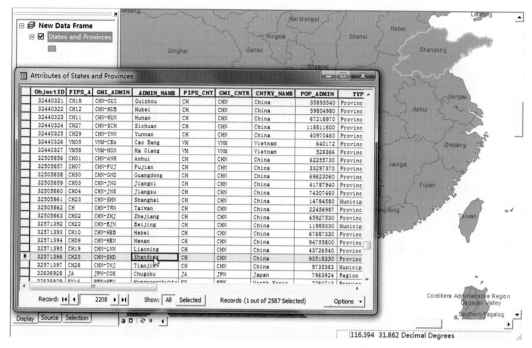

图 6-5　简单的属性查询

Name	Alias	Type	Length	Precision	Scale	Number Format
☑ ObjectID	ObjectID	Object ID	4	0	0	
☑ FIPS_ADMIN	FIPS_ADMIN	Text	4	0	0	
☑ GMI_ADMIN	GMI_ADMIN	Text	254	0	0	
☑ ADMIN_NAME	ADMIN_NAME	Text	42	0	0	
☑ FIPS_CNTRY	FIPS_CNTRY	Text	2	0	0	
☑ GMI_CNTRY	GMI_CNTRY	Text	3	0	0	
☑ CNTRY_NAME	CNTRY_NAME	Text	40	0	0	
☑ POP_ADMIN	POP_ADMIN	Long	4	9	0	Numeric
☑ TYPE_ENG	TYPE_ENG	Text	26	0	0	
☑ TYPE_LOC	TYPE_LOC	Text	50	0	0	

图 6-6　图层 States and Provinces 的属性表中的字段

　　若需要在这个图层中通过名称（ADMIN_ NAME）查询山东省的所有信息，则 SQL 命令如下：

```
select ALL   from States and Provinces
    where  ADMIN_ NAME  =  'Shandong'
```

查询条件可以包含算术表达式和除"＝"（等于）外的其他条件运算符，包括 "＞"（大于）、"＜"（小于）、"＞＝"（大于等于）、"＜＝"（小于等于）和 "＜＞"（不等于），如：

```
select ALL   from States and Provinces
    where ( POP_ ADMIN+200 ) * 2.5 ＞3000
```

　　此外，属性查询有时需要联合多个图层或表格，此时这些表格需要可以根据某些字段进行关联。如表 6-1 和表 6-2 所示，地块表 Land 中的字段有 Land_ ID（地块标号）、Sale_ date（出售日期）、Area（面积）、Type（地块类型），以及 Type_ code（地块类型编号）。业主表格 Owner 有两个字段 Land_ ID（地块编号）和 Owner_ name（业主名称）。两个表格可以根据字段 Land_ ID 进行关联。此时，可以表格的关联进行一些较为复杂的查询，例如查询归属于 Gao 的地块的销售日期：

表 6-1　地块属性表

Land_ ID	Sale_ date	Area	Type	Type_ code
L0001	1997-02-01	2.5	Residential	1
L0002	2003-05-29	3.8	Dry farm	2
L0003	1979-11-04	4.2	Paddy filed	3
L0004	1985-05-17	0.6	Residantial	1
…	…	…	…	…

表 6-2　地块业主属性表

Land_ ID	Sale_ date
L0001	Chen
L0002	Guan
L0003	Gao
L0004	Gao
…	…

```
select Owner.Sale_date   from Land，Owner
     where   Land.LandID  = Owner.LandID   AND
Owner.Owner_name =' Gao'
```

　　上面代码中的 AND 是逻辑运算符，用于连接两个查询条件，表示必须同时满足两个查询条件。用于连接查询条件的逻辑运算符还包括 OR、XOR 和 NOT，其中 OR 表示满足两个条件中的任何一个，XOR 表示仅满足两个条件中的一个（而不是全满足或全不满足）。NOT 则表示不满足某个条件。例如查询面积大于 2.0 或者非住宅区的地块的销售日期：

```
select Sale_date   from Land
     where  Area > 2.0 OR ( NOT Type = Residential )
```

　　GIS 软件一般会提供一个图形界面让用户通过鼠标和键盘输入查询条件，而不需要直接编辑 SQL 语句（图 6-7）。

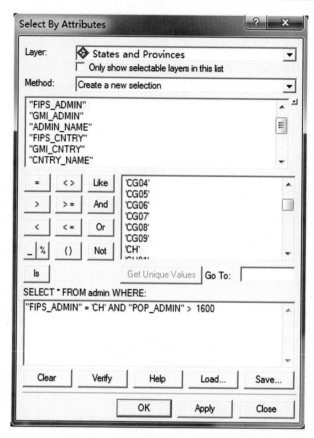

图 6-7 ArcGIS 软件的属性查询界面

　　一般情况下，GIS 软件的属性查询界面只支持对单个表格的查询，如果在查询中需要用到多个表格，就需要在查询之前对表格进行合并（Jion）或关联（Relate）。

6.1.3 空间关系查询

　　空间关系查询也称拓扑关系查询或基于位置的查询，是根据地理实体与源对象的空间关系（主要是拓扑关系）来选择目标对象的查询方法。空间关系查询也是一种"通过图形查属性"的空间数据查询方式。用于空间关系查询的拓扑关系主要有包含（containment）、相交（intersect）和邻近（proximity）/邻接（joint）三种。

1. 包含

　　利用包含关系可以查询被源对象包含的空间对象（图 6-8 a），如查询山东省内的所有城市；或者查询包含源对象的空间对象（图 6-8 b），如查询某个城市所属的省份。包含关系实际上有很多种，如部分包含、全部包含、包含中心等，注意重合也是包含关系的一种特殊情况。

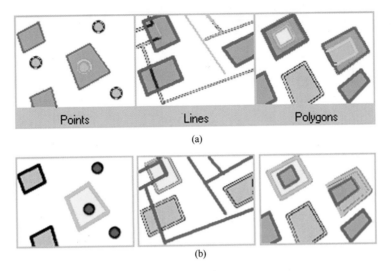

图 6-8　包含关系查询（from ESRI）

注：图 6-8~图 6-10 中红色图形为源对象，亮蓝色边框的对象为查询结果，即目标对象。

2. 相交

利用相交关系可以查询与源对象相交的目标对象，如查找与公路相交的铁路。注意重合也是相交关系的一种特殊情况。

3. 邻近/邻接

利用邻近关系可以查询与目标对象具有邻近关系的对象（图 6-11），如查询离学校距离在 1 千米之内的网吧。邻近和邻接关系可分为很多种情况，如距离不远、边界邻接等，缓冲区分析也是邻近关系查询的一种。注意重合也是邻接关系的一种特殊情况。

很显然，标准的 SQL 语言并不支持对空间关系的描述，因此 GIS 软件一般会对 SQL 语言的谓词进行扩展，使其支持空间关系查询和运算。表 6-3 是开放地理空间联盟规范（OGC 规范）所规定的 SQL 空间扩展谓词。现有的 GIS 软件对于空间关系查询的支持不尽相同，如 ArcGIS 软件支持的邻近/邻接关系包括 "are within a distance of"（与目标对象在一定距离之内）、"share a line segment with"（与目标对象具有公共边界）、"touch the boundary of"（边界相邻）以及 "are identical to"（重合）。

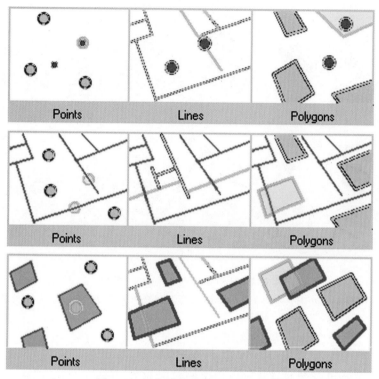

图 6-9　相交关系查询（from ESRI）

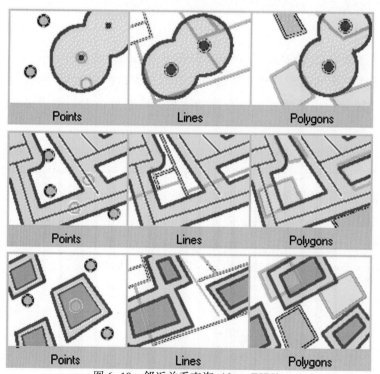

图 6-10　邻近关系查询（from ESRI）

表 6-3　OGC 规范中的 SQL 空间扩展谓词

扩展 SQL 谓词	意义
Equal	重合
Disjoint	不相交
Intersect	相交
Touch	边界相交
Cross	线和面内部相交
Within	被包含
Contain	包含
Overlap	重叠

　　同样的，GIS 软件一般也会提供一个图形界面让用户通过鼠标和键盘输入空间关系查询的查询条件，而不需要直接编辑 SQL 语句。图 6-11 是 ArcGIS 软件中的空间关系查询的图形界面。

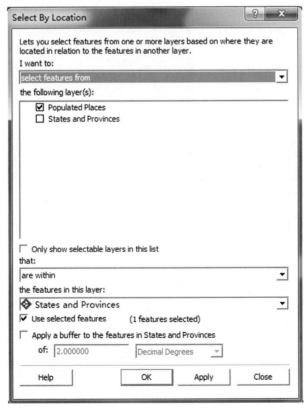

图 6-11　ArcGIS 中基于空间关系的查询界面

空间关系查询一般分两个步骤：首先，确定源对象，源对象一般是图形查询、属性查询或者空间关系查询的查询结果；其次，确定要查询的目标对象和源对象之间的空间拓扑关系，然后进行查询操作。例如，如果需要查询山东省内的所有城市，则首先要利用图形查询或基于名称属性的查询选择山东省作为源对象（如图6-5），然后确定目标对象所在的图层以及和源对象（山东省）的位置关系（如图6-11，这个例子中目标对象被源对象包含），查询的结果如图6-12所示。在空间关系查询中，目标对象和源对象可以在同一个图层，但更普遍的情况是二者分属不同的图层，如本例中目标对象属于点要素图层 Populated Places，而源对象属于面要素图层 States and Provinces。

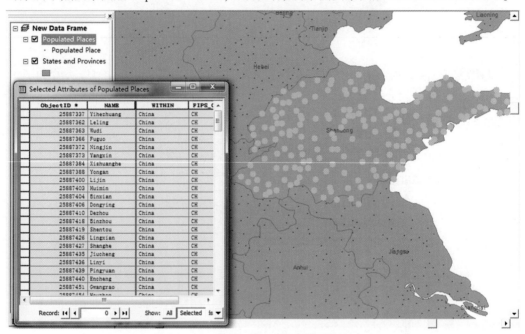

图6-12　山东省内的所有城市的查询结果

6.1.4　属性和空间关系联合查询

在大多数情况下，需要同时用到属性查询和空间关系查询。例如，查询在山东省内高速公路出口5千米内的有97号汽油出售的加油站。假设已有山东省的加油站分布图和高速公路地图，则至少有两种方法能完成查询：

（1）确定山东省内所有高速公路出口的位置，利用空间关系查询，选择与高速公路出口距离在5千米内的所有加油站。然后使用属性查询，找到有97号汽油出售的加油站。

（2）确定山东省所有加油站的位置，通过属性查询选中所有出售97号汽油的加油站。然后利用空间关系查询，缩小加油站的选择范围，找到位于高速公路出口5千米以内的加油站。

这两种方法中，第一种方法先使用空间关系查询，后使用属性查询。第二种查询方法正好相反。在现实世界中，加油站的数量比高速公路出口要多得多，这时候采用第一种方法效率更高，特别是需要连接外部数据库查询加油站的其他属性，如年营业额等的情况。

属性和空间关系相结合的查询拓宽了数据查询的可能性，二者的结合可以完成很多非常复杂的查询操作，在众多图层和属性表中找出用户感兴趣的对象或区域。

6.2 栅格数据查询

对于数据查询而言，栅格数据和矢量数据在概念和方法上都基本相同，但二者的实际应用则存在差别。对于栅格数据的空间查询主要是针对栅格图像中像元值的查询。

6.2.1 简单像元值查询

简单像元值查询是指用鼠标直接点击栅格图像中的某个像元，从而获取该像元的属性值。简单像元值查询是最基本的栅格数据查询操作，GIS 软件一般都提供这项功能。如图 6-13 所示，当在 ArcGIS 软件中用鼠标点击高程栅格 Height 中的某个像元时，该像元的坐标、高程等信息就直接显示出来了。

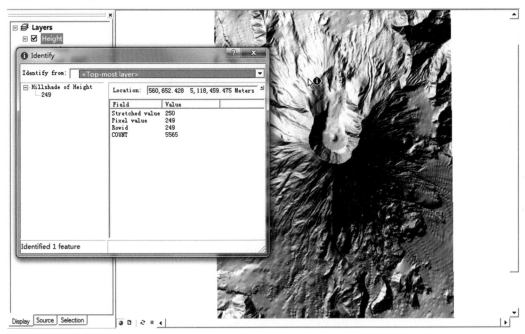

图 6-13 ArcGIS 中的简单像元值查询

6.2.2　基于条件的像元值查询

栅格数据中，像元值代表了该像元所在区域的特性的属性值，如高程、植被类型等。基于条件的像元值查询是将满足查询条件和不满足查询条件的像元值区分开来，这种查询会生成一个新的栅格图层，栅格中满足条件的像元值为1，不满足条件的像元值为0。

基本的查询条件是条件表达式，如［Road］= 1，表示查询栅格图层 Road 中数值为1的像元。另一个表达式［Height］< 500 表示查询栅格图层 Height 中像元值小于500的像元。一般来说，基于条件的像元值查询操作对栅格图层的数值类型没有要求，但在使用"="（相等）条件时需要注意，对于浮点型的栅格数据，"="条件很可能查不到任何结果。

栅格数据查询也可以使用逻辑运算符 AND、OR 和 NOT 将多个条件表达式连接起来。含有多个条件表达式的查询条件可以用于单个栅格，也可以用于多个栅格，栅格的数据类型也可以有多种。如条件（［Height］> 4500）AND（［Height < 6000］）表示高程栅格 Height 中高程在4500和6000之间的像元，这个条件作用于单个栅格（图6-14）。而条件（［Height］< 400）OR（［Slope < 45］）表示高程值小于400或坡度小于45的像元值，这个条件作用于两个栅格（图6-15）。直接查询多个栅格图层的像元值是栅格数据特有的。对于矢量数据，包含多个图层的查询条件必须用于同一个属性表或者经过合并或关联的属性表内。

图6-14　单个栅格像元值查询，左：Height，右：红色部分为查询结果

GIS 软件一般会提供一个图形界面让用户执行基于条件的像元值查询。图6-16 是 ArcGIS 软件中的基于条件的像元值查询的栅格计算器（Raster Calculator）界面。

图 6-15 多个栅格像元值查询，左：Height，中：Slope，右：红色部分为查询结果

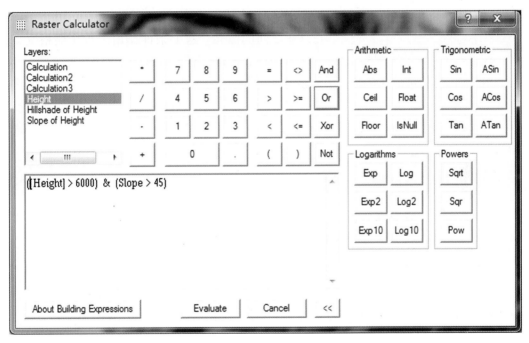

图 6-16 ArcGIS 中基于条件的像元值查询界面

很多栅格数据分析操作都必须通过基于条件的像元值查询来实现，特别是一部分栅格叠加分析操作实际上就是基于条件的像元值查询。因此很多 GIS 软件中基于条件的像元值查询和栅格数据分析使用的是同一个界面。例如 ArcGIS 的栅格计算器同时也是栅格数据分析的界面之一。

第7章 空间统计分析与空间插值

探索性空间数据分析方法（Exploratory Spatial Data Analysis，ESDA）是一种典型的 GIS 数据分析方法，能够有效探测空间数据中潜在的关联关系并发现数据分布趋势。除了传统的描述性统计量之外，一般将空间统计分析分为点模式分析和空间自相关分析。

空间插值是指通过已知点的值推求与其空间相关位置上数值的方法，是渔业地理信息系统中具有基础并广泛应用的一种数据处理方法。

7.1 探索性空间数据分析

针对矢量数据的空间数据查询主要有两大类，即"通过属性查图形"和"通过图形查属性"。通过属性查图形，主要是采用 SQL 语句来进行简单和复杂的条件查询。通过图形查属性，包括简单的图形查询和空间关系查询，前者是用鼠标直接从地图中选择感兴趣的对象从而获取对象的各种信息，后者是根据目标对象和源对象的空间关系来查找目标对象。

7.1.1 描述性统计量

最简单的探索性数据分析就是计算基本统计量，这种计算是针对空间数据的，描述的是矢量数据的属性值或者栅格数据的像元值的统计特征。

1. 描述性统计量的概念

基本统计量也称为描述性统计量，它用于概括数据集的数值。最常用的基本统计量有：最大值、最小值、极差、均值、中值、总和、众数、种类、离差、方差、标准差、变差系数、峰度和偏度等。这些统计量反映了数据集的范围、集中情况、离散程度、空间分布等特征，对进一步的数据分析起着铺垫作用。

基本统计量主要包括数据的集中趋势、数据的离散程度和数据的分布形态等。

（1）属性数据的集中特征数。

反映属性数据集中特性的参数有：频数和频率、平均数、数学期望、中数及众数。

①频数和频率。

将变量 x_i（$i=1, 2, \cdots, n$）按大小顺序排列，并按一定的间距分组。变量在各组出现或发生的次数称为频数，一般用 fi 表示。各组频数与总频数之比叫做频率，按如下公式计算：

$$\begin{cases} \omega^-(i, j) = -a(i, j) \\ \Delta^-(i, j) = f(i, j) \end{cases}$$

根据大数定理，当 n 相当大时，频率可近似地表示事件的概率。

计算出各组的频率后，就可作出频率分布图。若以纵轴表示频率，横轴表示分组，就可作出频率直方图。用以表示事件发生的频率和分布状况。

$$d = x_i - \bar{x}$$

②平均数。

平均数反映了数据取值的集中位置，常以 $\bar{X}$ 表示。对于数据 Xi（i=1，2，…，n）通常有简单算术平均数和加权算术平均数。

简单算术平均数的计算公式为：

$$\bar{X} = \frac{1}{n} \sum_{i=1}^{n} x_i$$

加权算术平均数的计算公式为：

$$\bar{X} = \sum_{i=1}^{n} P_i x_i / \sum_{i=1}^{n} P_i$$

其中 Pi 为数据 xi 的权值。

③数学期望。

以概率为权值的加权平均数称为数学期望，用于反映数据分布的集中趋势。计算公式为：

$$E_x = \sum_{i=1}^{n} P_i x_i$$

其中 Pi 为事件发生的概率。

④中数。

对于有序数据集 X，如果有一个数 x，能同时满足以下两式：

$$\begin{cases} P(X \geq x) \geq \dfrac{1}{2} \\ P(X \leq x) \geq \dfrac{1}{2} \end{cases}$$

则称 x 为数据集 X 的中数，记为 Me。

若 X 的总项数为奇数，则中数为：

$$M_e = X_{\frac{1}{2}(n-1)}$$

若 X 的总项数为偶数，则中数为：

$$M_e = \frac{1}{2}\left(X_{\frac{n}{2}} + X_{\frac{n-1}{2}}\right)$$

⑤众数。

众数是具有最大可能出现的数值。如果数据 X 是离散的，则称 X 中出现最大可能性的值 x 为众数；如果 X 是连续的，则以 X 分布的概率密度 P（x）取最大值的 x 为 X 的众数。显然，众数可能不是唯一的。

（2）属性数据的离散特征数。

在分析 GIS 的属性数据时，不仅要找出数据的集中位置，而且还要查明这些数据的离散程度，即它们相对于中心位置的程度，同时，还要分析它的变化范围。为此，必须要引入刻划离散程度差异的统计特征数，主要有极差、离差、方差、方差的平方根标准差和变差系数等。

①极差。

极差是一组数据中最大值与最小值之差，即

$$R = \max\{x_1, x_2, \cdots, x_n\} - \min\{x_1, x_2, \cdots, x_n\}$$

②离差、平均离差与离差平方和。

一组数据中的各数据值与平均数之差称为离差，即

$$d = x_i - \bar{x}$$

若把离差求平方和，即得离差平方和，记为

$$d^2 = \sum_{i=1}^{n} (x_i - \bar{x})^2$$

若将离差取绝对值，然后求和，再取平均数，得平均离差，记为

$$md = \sum_{i=1}^{n} |x_i - \bar{x}| / n$$

平均离差和离差平方和是表示各数值相对于平均数的离散程度的重要统计量。

③方差与标准差。

方差是均方差的简称，是以离差平方和除以变量个数求得的，记为 σ^2，即：

$$\sigma^2 = \sum_{i=1}^{n} (x_i - \bar{x})^2 / n$$

标准差是方差的平方根，记为：

$$\sigma = \sqrt{\sum_{i=1}^{n} (x_i - \bar{x})^2 / n}$$

④变差系数。

变差系数用来衡量数据在时间和空间上的相对变化的程度，它是无量纲的量，记为 C_v：

$$C_v = \frac{\sigma}{\bar{X}} \times 100\%$$

其中，σ 为标准差，$\bar{X}$ 为平均数。

2. 描述性统计量的图形显示

基本统计量可以使用不同类型的图形进行显示，这些图形包括条形图、线形图、散点图、直方图、箱线图、QQ 分布图、趋势面图等。在应用中，一般要根据数据的内涵选择合适的图形，以便很好地反映出数据的特征。

条形图（Bar plot）是用平行的矩形块来表现数据的图形。条形图每个矩形块的高度（水平图是宽度）代表属性值的大小。条形图用于比较属性值的大小，或表现趋势。图 7-1 是爱达荷州 175 个气象站的 30 年平均降雨量（ANN_ PREC）的条形图。

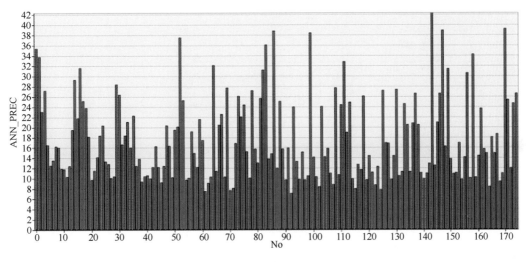

图 7-1　条形图

线形图（Line plot）以线条的方式表示数据，用于表现属性之间的关系。图 7-2 是一个线形图的例子，它的 Y 轴表示平均降水量，X 轴表示经度。

散点图（Scatter plot）是用符号沿 X、Y 两个轴点绘两个变量的数值，散点图也常用来表现变量之间的相关关系。图 7-3 是一个散点图，从图中可以看出平均降雨量与纬度之间呈现出一定的正相关关系。

直方图（Histogram）是一种特殊的条形图，它一般是按等间隔对采样数据进行分级，统计采样点落入各个级别中的个数或百分比，然后通过条形图的形式将其表现出来。直方图可以直观的反映采样数据分布特征和总体规律，也可以用来检验数据分布和寻找数据离群值。图 7-4 是对爱达荷州 175 个气象站的 30 年平均降雨量（ANN_ PREC）的统计直方图。

箱线图（Box plot）也称盒状图或盒须图（box and whisker），用于概括数据集中 5 个统计量的分布，即最小值、第一四分位值、中位数、第三四分位数和最大值。通过各个统计量在箱线图中的位置，可以判断数据集的分布状况，比如是对称的还是偏态

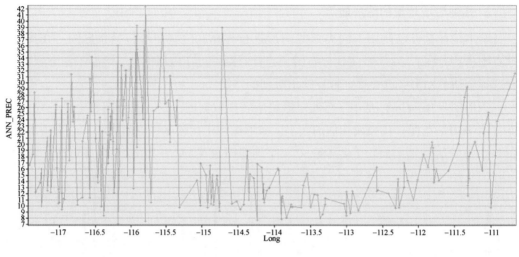

图 7-2　线形图

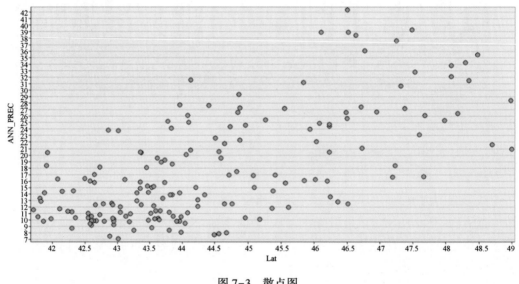

图 7-3　散点图

的，或者数据集是否存在明显的偏高或偏低值（数据可能有错误）。图 7-5 的箱线图显示了爱达荷州下属各县 1990 年的人口（pop1990）分布。图中黑色的圆点和星号代表明显偏大的值，这说明人口的分布并不平均，一些县的人口数量非常高。

除了上述这些图形外，还有一些图形更为专业化。分位数散布图（Quantile-Quantile Plot），也就是 QQ 图，用于将数据集的实际累积分布与理论分布进行对比，如果数据集中的数据遵循理论分布，则 QQ 图中的各点就是一条直线。如果理论分布选择正态分布，便是正态 QQ 图（Normal QQPlot）。在正态 QQ 图中，如果数据集满足正态

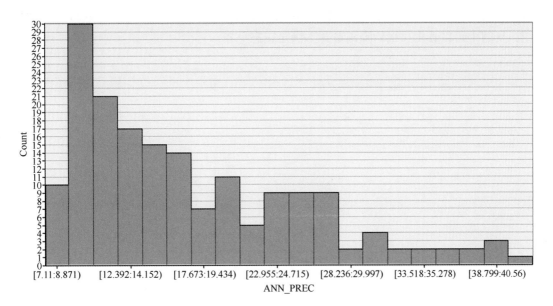

图 7-4　直方图

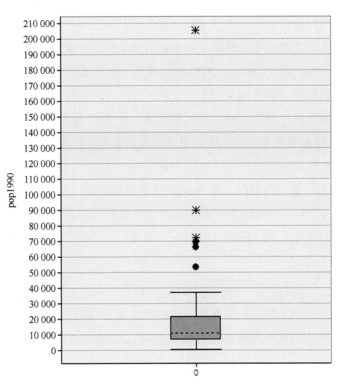

图 7-5　箱线图

分布，则图中的点构成一条直线。图 7-6 是爱达荷州各气象站的平均降雨量的正态 QQ 图，从图中可以看出，平均降雨量并不满足正态分布。

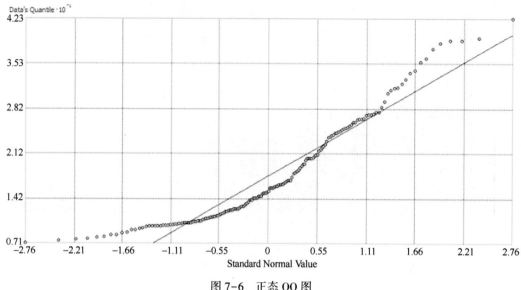

图 7-6　正态 QQ 图

　　当 QQ 图不使用已知的随机分布（如正态分布），而是使用另一个数据集来对比累积分布，就是普通 QQ 图（General QQPlot）。普通 QQ 图通过对比两个数据集的累积分布，以揭示两个数据集（属性或变量）之间的关系。在普通 QQ 图中，如果图中的点是一条直线，则说明两个属性之间呈现线性关系。图 7-7 是爱达荷州下属各县 2000 年人口和 1990 年人口的普通 QQ 图，从图中可以看出二者并没有严格的线性关系。

　　大部分 GIS 软件都会提供用于绘制图形的工具。图 7-8 是 ArcGIS 软件中的绘图工具，它可以绘制线形图、条形图、面域图、饼图、散点图、直方图等图形。一些专业的统计分析软件如 SAS、SPSS、S-Plus、R 和 Excel 中的绘图工具功能一般更为强大，有时候将数据从 GIS 导出到这些统计分析软件中进行分析制图可能更有效。

3. 动态图形

　　如前面所述，GIS 软件可以对空间数据的属性进行简单的统计并绘制图形，这种操作仍然属于一般的统计操作，并没有从空间的角度去审视数据，而这正是 GIS 的强项。在 GIS 软件中，可以将统计图形、图形数据和属性表格进行链接，此时数据以不同的形式被显示在多个动态链接的窗口，称为动态图形。当在某一个窗口中选中一些数据时，这些数据在所有的窗口中都被选中而高亮显示。动态图形方便通过查看多个窗口中被选中的数据，推断这些数据中存在的关系或数据的分布格局，是一种理想的数据查询框架。

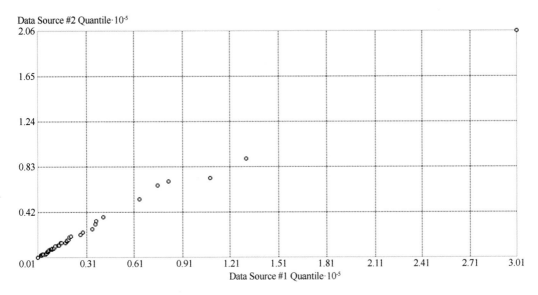

图 7-7　普通 QQ 图

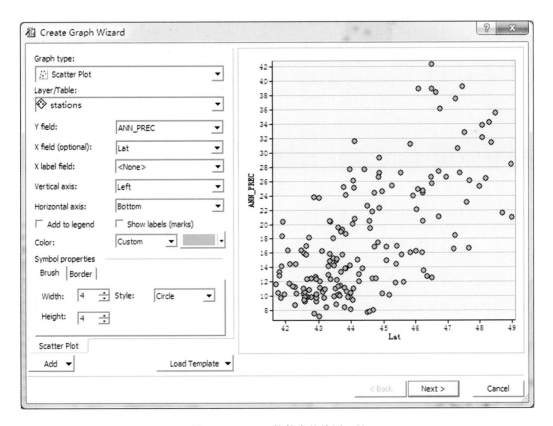

图 7-8　ArcGIS 软件中的绘图工具

　　在动态图形中，当在一个窗口选中一些数据时，这些数据在其他窗口也会被选中，这种操作动态图形的方法称为刷亮（Brushing），刷亮可以延伸到地图和属性表中。图7-9 是一个刷亮操作的例子。图中所使用的数据是爱达荷州气象站点的 30 年平均降雨量数据，当在散点图中选中 4 个数据点时，相应的 4 个气象站点在地图中也被高亮显示，同时属性表中这 4 个站点的记录也被选中。

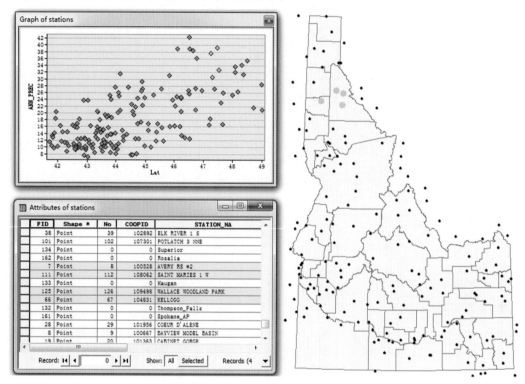

图 7-9　动态图形的刷亮

7.1.2　离群点检测

　　离群点分为全局离群点和局部离群点两大类。全局离群点是指对于数据集中所有的点而言，具有非常高或者非常低的值的观测点。局部离群点是指对于整个数据集而言观测点的值处于正常范围，但与其相邻的观测点相比，又偏高或偏低的观测点。对于空间数据来说，离群点是指一个或多个属性值与其余对象或相邻对象存在显著差异的空间对象。

　　离群点的属性值可能是正确的，也可能存在某种错误。如果离群点的值本身有错误，则可能是由测量或编码等操作错误引起的，在进行进一步的分析处理之前，需要将这些点删除或将其值改正。相反地，如果离群点的值是正确的，则这个点可能就是研究和理解某些现象的最重要的点，可能代表着矿物富集点、污染源、疾病高发点等。

1. 利用直方图检测离群点

检测离群点最简单的方法是使用直方图。在直方图中，当使用合适的分段时，离群点在直方图上一般表现为孤立存在或被显著不同的值包围。但这些点是否离群点还需要更进一步的判断。如图 7-10 所示，直方图最右边的一个柱状条可认为是该数据集的离群值，对应的数据在地图上也被刷亮。

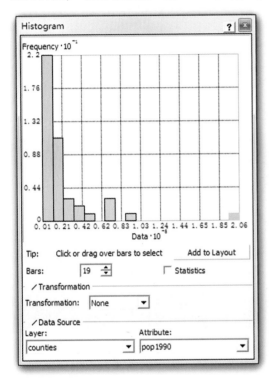

图 7-10　直方图检测离群点

2. 使用箱线图检测离群点

箱线图是检测离群点最常用的一种方式，如图 7-5 所示，在箱线图中，值超出一定界限之外的点会被标出，这些点很可能就是离群点。

3. 使用半变异/协方差云图检测离群值

数据集中如果存在离群点，则其余点与这个点形成的样点对，无论距离远近，在半变异/协方差云图中都具有很高的值（图 7-11 左图）。

4. 使用 Voronoi 图查找局部离群值

用聚类和熵的方法生成的 Voronoi 图可以用来检测离群点。熵值是量度相邻单元相异性的指标。而通常情况下距离近的事物比距离远的事物具有更大的相似性。因此局部离群点可以通过高熵值的区域识别出来（图 7-11 中图）。同理，聚类方法也可以将与周围单元不相同的单元识别出来。

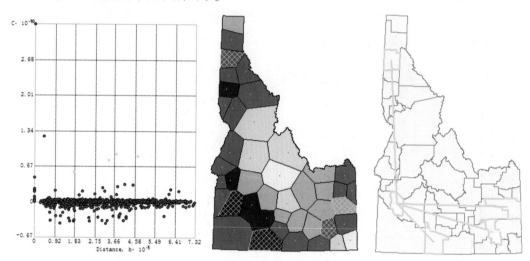

图 7-11　协方差云图和 Voronoi 图检测离群点

7.1.3　趋势面分析

趋势面分析（Trend Analysis）是利用数学曲面模拟数据集在空间上的分布及变化趋势的一种数学方法。趋势面分析本质上是一种回归分析，它运用最小二乘法拟合一个二维非线性函数，模拟地理要素在空间上的分布规律，展示地理要素在地域空间上的变化趋势。以上节中所使用的爱达荷州 175 个气象站的 30 年平均降雨量观测数据为例，以降雨量数据 $z_i(i = 1, 2, \cdots, 175)$ 为因变量，站点的经纬度 (x_i, y_i) 为自变量，趋势面的拟合值为 $\hat{z_i}$，则有：

$$z_i(x_i, y_i) = \hat{z_i}(x_i, y_i) + \varepsilon$$

也就是趋势面分析的观测面由趋势面部分和残差部分组成。其中趋势面部分反映了空间数据总体的变化情况，受全局性、大范围的因素影响。残差部分是实测值与趋势函数对应值之差，反映局部变化情况。

趋势面分析的一个基本要求，就是所选择的趋势面模型应该是趋势值最大而残差部分最小，这样拟合才具有足够的准确性。在选择趋势面模型时，对于变化较缓和的资料，可用低次数的趋势面进行拟合；而对于变化复杂、起伏较多的资料，可用高次数的趋势面进行拟合。图 7-12 是对上述平均降雨量观测数据的趋势面分析透视图。从透视图中可以看出，爱达荷州的平均降雨量在 XZ 和 YZ 两个面上呈现出不同的趋势。在 XZ 面上，降雨量从西向东先降低，然后略微上升。而在 YZ 面上，降雨量从北向南逐渐降低。透视图还给出了两个面上的拟合曲线，这里两个面上拟合的都是低阶曲线。

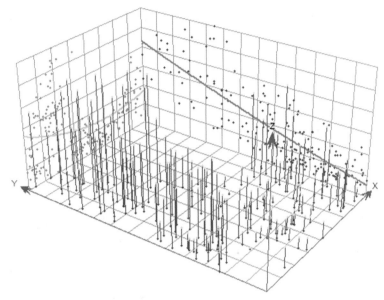

图 7-12　趋势面分析透视图

7.1.4　条件分布图

在分析多个区域性变量之间关系的时候，一个常用的方法就是生成这些变量的空间分布图。但通常情况下，这些分布图很难进行比较和解释。例如，在分析以县为单位的肺癌发病率和吸烟率之间的关系时，往往很难从肺癌发病率的空间分布图和吸烟率的空间分布图发现什么规律。此时，更好的方法是针对不同水平吸烟率下的肺癌发病率生成一系列的空间分布图。此时，吸烟率这个变量成为肺癌发病率信息显示的条件变量或控制变量，这种地图称为条件分布图。当条件变量为分类变量时，条件分布图的实现较为简单。而当条件变量为连续变量时，则需要先对该变量进行分级，然后针对不同的级别进行制图。

条件分布图中，条件变量可以有多个。图 7-13 是美国以县为单位的肺癌死亡率的条件分布图，其条件变量有两个，分别是年降雨量和贫困人口比例。地图中不同的颜色代表不同肺癌死亡率水平；同一行代表相同级别的经济水平，且从下到上的贫困人口比率从低到高；同一列代表相同级别的年降雨量，且从左到右降雨量从低到高。由于年降雨量和贫困人口比例都是连续型变量，因此将这两个变量都被分成了三个级别。

死亡率数据也分成了三个级别以方便显示。

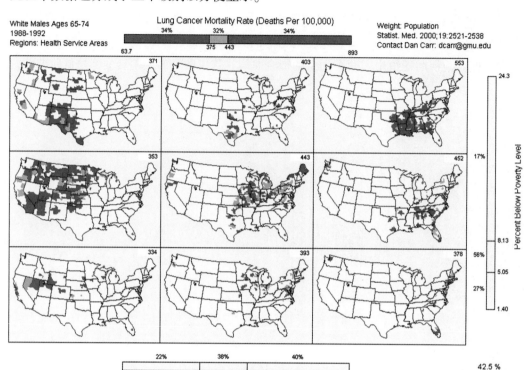

图 7-13 肺癌死亡率条件分布图 （from CCMaps）

条件分布图可以帮助人们从中发现其他显示方式难以展现的规律、进行新的假设、方便人们进行归纳分析，是一种很有用的探索性数据分析工具。

7.2 空间自相关分析

7.2.1 点模式分析

许多地理现象可以以点的形式在地图上表示，比如城市的位置、喀斯特地区的漏斗、水体的污染源等等。地理学家对点模式感兴趣的原因很多，但主要是因为他们认为：点表示了一种现象的源，有助于更深刻地了解现象本身及其产生过程。点模式包含两类成分：代表研究目标体的点和目标体所在的地理区域。其基本特征是：模式的大小，即点模式所包含的点的数目；研究区域的维数；研究区域的形状和边界状况；点的研究区域中的区位特征，即点的扩散性；点的相对区位，即点的排列特征。在自然界中，点状事件的空间分布主要有三种模式，即随机、离散、聚集。

7.2.2 空间自相关和热点分析

1. Moran's I

Moran's I 是一种常用的参数，用于计算全局空间自相关。Moran' I 指数通过下式进行计算：

$$I = \frac{\sum_{i=1}^{n} \sum_{i=1}^{n} w_{ij}(x_i - \bar{x})(x_j - \bar{x})}{S^2 \sum_{i=1}^{n} \sum_{j=1}^{m} w_{ij}}$$

在随机模式下，Moran' I 指数接近于 E（I）。若 Moran' I 指数大于 E（I），则相邻的点趋于相近的值；反之，相邻的点趋于不等的值，则小于 E（I）。与最近邻分析相似的，也可以用 Z 值来进行检验。

2. 热点分析

热点分析是根据在一定的分析规模内的所有要素，计算每个要素 Getis-Ord G_i^* 统计值，得到每个要素的 z 得分和 p 值，要成为热点需要两个条件，首先是要素值为高值，但可能不是统计学上的显著性热点；其次被同样高值的要素包围，成为统计学上的显著性热点。通过热点分析，可得知鲣鱼资源高值或者低值在空间上发生聚类的位置。

Getis-Ord G_i^* 局部统计可表示为：

$$G_i^* = \frac{\sum_{j=1}^{n} w_{i,j} x_j - \bar{X} \sum_{j=1}^{n} w_{i,j}}{S \sqrt{\frac{n \sum_{j=1}^{n} w_{i,j}^2 - \left(\sum_{j=1}^{n} w_{i,j}\right)^2}{n-1}}}$$

其中 x_j 是要素 j 的属性值，$w_{i,j}$ 表示要素 i 和 j 之间的空间权重（相邻为 1，不相邻为 0），n 是样本点总数。$\bar{X}$ 为均值，S 为标准差，G_i^* 统计结果是 z 得分。表示如果 z 得分值为 +2.5，表示结果是 2.5 倍标准差。统计学上的显著性正 z 得分表示热点，z 得分越高，表示热点聚类就越紧密；负值表示冷点，z 得分越低，冷点的聚类就越紧密。

7.3 渔业资源的空间自相关和空间异质性分析

鱼类常以个体、种群、群落的形式分布在特定空间上，具有高度的空间自相关性和空间异质性。经典统计学受基本假设的限制，在研究个体、种群和群落空间异质性或空间自相关方面具有较多缺陷。从空间角度研究海洋渔业资源，是现代渔业生态研究的重要方向。空间数据的两个重要的本质特征即空间自相关性和空间异质性。空间自相关性好，表明变量的空间分布较好地被表达和记录，能够较好地被模拟和预测。而空间异质性能够定量解答变量的空间分布的方向性、结构性特征和变量分布的随机性与结构性比例等问题。

　　传统 GIS 可直观表达渔业资源的空间分布，并通过数据或语言文字进行位置分布的描述，但却无法挖掘和揭示渔业资源的全局空间分布模式和内在的空间关联关系。迄今，渔业资源相关空间问题的深层次研究仍属鲜见，如有关渔业资源的空间聚类、渔业生态学过程和格局的空间异质性等问题。针对渔业资源的空间问题，国内学者利用遥感、GIS、空间分析和地学关联规则等方法，对东海区鱼类资源的时空格局和变化进行了一系列研究，展示了 GIS 空间分析与地统计方法在渔业资源研究中的广阔前景。

7.3.1　应用实例：柔鱼的热点分析（聚类）和空间异质性分析

　　柔鱼广泛分布于西北太平洋海域，是一种经济大洋性头足类，已成为日本、韩国、中国（台湾省）等国和地区的重要捕捞对象。

1. 研究区域与数据

　　以西北太平洋柔鱼资源为研究对象，研究范围为 150°E—160°E、38°N—45°N（图7-14）。数据获取时间为 2007 年和 2010 年，其中 2007 年为 5—11 月，2010 年为 5—12月。本文采用的是原始数据，即每个数据点的位置就是捕捞渔船所记录的空间位置，2007 年获取 2 212 个数据点，2010 年获取 7 918 个数据点。将数据点的值换算为单位捕捞努力量渔获量（Catch Per Unit Fishing Effort，CPUE），用以代表每个年度的柔鱼资源丰度。本文采用的 CPUE 换算公式为 C/E，其中 C 表示一艘渔船一天的产量（吨），E 表示其对应的作业次数。此外，为了准确地获取柔鱼资源空间热点范围，利用 GIS 中的 TIN（Triangulated Irregular Network）不等边三角网方法建立渔获量数据范围（图7-14）。通过建立 TIN 能够剔除无渔获量的海域并产生有效数据区域，从而使热冷点的分析不受或少受无数据区域的影响，从而提高空间分析的可靠性。

2. 全局空间自相关分析方法

　　为研究柔鱼资源在全局空间上可能存在的聚集、离散或随机模式，采用 ESDA 方法中的全局空间自相关统计量 Moran's I 进行度量，其计算公式如下：

$$I = \frac{n \sum_{i=1}^{n} \sum_{j=1}^{n} [w_{ij}(x_i - \overline{X})(x_j - \overline{X})]}{(\sum_{i=1}^{n} \sum_{j=1}^{n} w_{ij}) \sum_{i=1}^{n} (x_i - \overline{X})^2}, \quad (i \neq j) \tag{1}$$

　　式中，n 是参与分析的要素数量（即样本数量），x_i 是要素 i 的属性值，x_j 是要素 j 的属性值，$\overline{X}$ 是全部要素的平均值，w_{ij} 是空间权重矩阵，表示要素 i 和 j 的邻近关系，

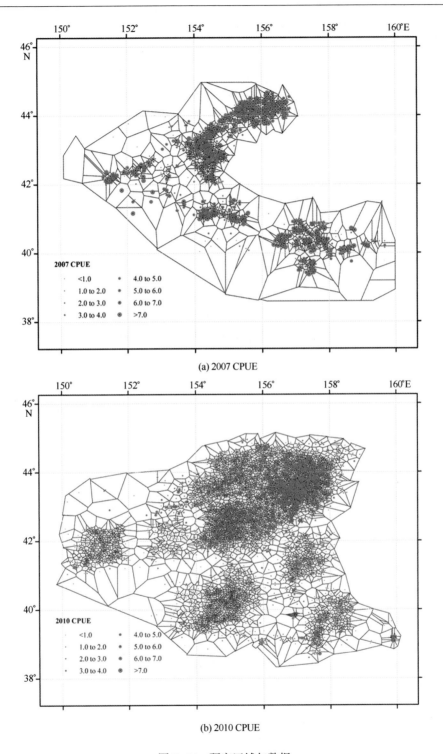

(a) 2007 CPUE

(b) 2010 CPUE

图 7-14　研究区域与数据

它可以根据邻接标准或者距离标准来度量。$w_{ij}=1$ 表示第 i 和 j 个要素相邻，$w_{ij}=0$ 表示第 i 和 j 个要素不相邻。

全局空间自相关 Moran's I 值域范围为 [-1，1]，该值大于 0 表示正相关，小于 0 表示负相关；Moran's I 绝对值越大表示空间分布的自相关程度越高，表明空间分布呈现聚集现象；Moran's I 绝对值越小代表空间分布的自相关程度越低，说明空间分布呈现分散格局；当 Moran's I 值等于 0 时，表示空间分布呈现随机分布。一般地，在实际计算中 Moran's I 返回另外两个值：Z 得分和 p 值。其中，Z 得分是 I 标准差的倍数，当 Z 较大时表示要素呈聚集分布状态。p 值表示样本空间模式是某一随机分布的概率，当 p 值很小时表示探测所得的空间模式不太可能是随机分布，当 p 值较大则表示空间模式为随机分布的概率较大。

3. 局部空间自相关分析方法

全局空间自相关统计量 Moran's I 反映的是柔鱼资源空间整体自相关状态，侧重于柔鱼资源的全局空间模式，但是却无法揭示资源局部的分布状态。此外，全局空间自相关还存在一些局限性，例如整体聚集的情况下可能存在局部的随机分布，同样整体随机分布的情况下也可能存在局部聚集分布。因此，通过局部空间自相关统计量分析不仅可以识别局部分布特征，更能探测柔鱼资源的热点和冷点区域。

Getis-Ord G_i^* 是空间热点分析中常用的方法，该统计量产生两个值：即每个要素的 Z 得分和显著性 p 值。Getis-Ord G_i^* 统计量的计算公式如下：

$$G_i^* = \frac{\sum_{j=1}^{n} w_{ij}x_j - \overline{X}\sum_{j=1}^{n} w_{ij}}{S \times \sqrt{n\sum_{j=1}^{n} w_{ij}^2 - \left(\sum_{j=1}^{n} w_{ij}\right)^2 / (n-1)}} \tag{2}$$

式中，x_j 是要素 j 的属性值，w_{ij} 表示要素 i 和 j 之间的空间权重，其意义与式（1）相同，n 是要素数量，$\overline{X}$ 为均值，S 为标准差。G_i^* 统计结果返回 Z 得分和 p 值，其意义与全局空间自相关类似。当 Z 得分大于 2 倍标准差，表示空间热点区域；当 Z 得分介于 1 倍与 2 倍标准差之间、-2 倍与-1 倍标准差之间，均表示可能出现一定的热冷点分布，但不能否定随机分布的可能；当 Z 得分介于-1 倍与 1 倍标准差之间，则表示空间模式有极大可能是随机分布；当 Z 得分小于 - 2 倍标准差，表示空间冷点区域。此外，热点区域表示要素高值被高值包围，而冷点表示要素低值被低值包围，可用于揭示柔鱼资源渔获量高值或者低值在空间上发生聚类的位置。

4. 柔鱼资源空间热冷点格局的评价方法

与传统研究不同，本文侧重从地理信息科学的视角去解释渔业资源空间格局及其变动。GIS 中图层叠置方法（Overlay）是空间分析的经典方法，在遥感与 GIS、资源与环境等领域中应用广泛。

　　同时，从生态学和空间科学的角度来看，柔鱼资源热冷点分布图的基本组成单元是斑块（Patch），因此是一种典型的景观镶嵌图，故而非常适合于利用景观指数（Landscape Metrics）来评价和分析其结构。景观指数是能够高度浓缩景观格局信息，反映其结构组成和空间配置的简单定量指标。景观指数包括景观层次（Landscape-level）、类型层次（Class-level）和斑块层次（Patch-level）3 种指标，可从不同层次评价渔业资源的空间热冷点结构。

5. 常规统计与全局空间自相关分析

　　为了解柔鱼资源整体情况，对其获取的样本数据进行常规统计量及全局空间自相关统计量测算（表 7-1）。结果显示，柔鱼样本在 2007 年和 2010 年的偏态 Sk 均大于 0，频数分布均为正偏；2007 年的峰态 Ku 小于 3，呈现平峰分布，表明高产值海域较多，2010 年的峰态 Ku 大于 3，呈现尖峰分布，表明 2010 年低产值海域较多；变异值 Cv 显示，柔鱼样本量在 2007 年和 2010 年的 Cv 值均大于 0，表明不同空间位置柔鱼资源差异较大，而 2010 年差异程度大于 2007 年；此外，2007 年和 2010 年的 S^2/m 值均大于 1，表明柔鱼资源呈现较强的聚集分布特征。

　　全局自相关 Moran's I 统计量表明，西北太平洋柔鱼资源在 2007 年和 2010 年均为正相关，且呈现一定的聚集特征，印证了 S^2/m 的计算结果。同时，两个年份的 Z 得分均非常高，且 p 值均为 0，表明柔鱼资源呈现出显著的聚集分布模式。

表 7-1　西北太平洋柔鱼资源样本统计参数及全局空间自相关

年份 Year	最大值 Max.（单位：T/d）	均值 m（单位：T/d）	标准差 S Std deviation	偏态 skewness	峰态 kurtosis	Cv=s/m	S^2/m	Global Moran's I*	Z 得分 Z-score*	P 值 P-value*
2007	18	5.2114	2.7278	0.9835	1.3936	0.5234	1.4278	0.1619	177.8163	0.0000
2010	15	2.0018	1.4959	1.9772	6.8805	0.7473	1.1179	0.2453	409.6437	0.0000

　　＊：Global Moran's I、Z-score 和 P-value 均为全局空间自相关统计量。

6. 局部空间自相关与空间热冷点分布格局

　　根据上述理论和方法，在 ArcGIS 桌面软件中对 2007 年和 2010 年进行计算和渲染，所得的热冷点区域分布如图 7-15 所示。其中，GiZscore 即表示 Getis-Ord G_i^* 值的 Z 得分，点状 GiZscore 是利用 ArcGIS 渲染之后的可视化图形，而面状 GiZscore 为经过 ArcGIS 克里金插值方法得到的可视化结果。

　　图 7-15 表明，2007 年柔鱼资源的空间热点有 8 个区域，但面积足够大且视觉上可见的只有 3 个，其中心位置分别为 156°E/44°N（A 区）、152°E/ 42°N（B 区）和 158°

E /40°N（C 区），其中 A 区柔鱼资源高值最为密集，C 区密集度次之但范围最大，而 B 区密集度最低且范围最小；同时 2007 年具有 3 个冷点区域，但只有 1 个冷点区域范围较大且视觉上可见，其中心位置为 154°E/43°N（D 区）。图 7-15 表明，2010 年柔鱼资源的空间热点有 1 个区域，其中心位置为 157°E/43°N（E 区），与 2007 年空间热点 A 区在空间距离上较为接近，但其范围和密集度大于 2007 年 A 区；此外，2010 年具有 5 个冷点区域，其中 4 个区域视觉上可见，中心位置分别为 151°E /42°N（F 区）、153° E/42°N（G 区）、155°E/40°N（H 区）和 157.5°E/39.5°N（I 区），其中 H 区范围最大且资源低值的密集度也较大，G 区范围最小且低值密集度也最小。

7. 空间热冷点的构成

为了研究柔鱼资源空间热冷点的构成及百分比，基于面状的空间热点区域，对 GiZscore 值包含的 5 种类型和 "No sample" 数据区进行统计如图 7-16 所示。图 7-16 表明，2007 年无数据区域占研究区范围 46.1%，2010 年无数据区则仅占 26.8%。2007 年热点区域占 10.4%，2010 年仅占 3.8%，表明柔鱼资源高值被高值包围的范围减少；2007 年冷点区域占 11.3%，2010 年占 13.1%，比之 2007 年增加了近 2%，表明柔鱼资源低值被低值包围的范围有所增大；不管是 2007 年还是 2010 年，其余非热点和冷点（即聚集性不显著或呈随机分布）所占的面积较大，尤其是 2010 年 GiZscore 值在 [-2.0, -1.0] 范围内的面积达到了 31.0%，表明研究区内大部分渔获量并不高。对比 2010 年原始点位数据，CPUE≤2.0 的数据点为 4 048 个，占总数据量的 70.5%。

8. 空间热冷点的变动

基于 GIS 的空间叠置分析，本文检测了柔鱼资源热冷点在空间位置上的变动（图 7-17）。图 7-17 中包含 4 种类型，分别是："2007 hot spot 2010 hot spot"，即某区域 2007 年为热点且 2010 年也为热点；"2007 hot spot 2010 cold spot"，即由 2007 年的热点变为 2010 年的冷点；"2007 cold spot to 2010 cold spot"，即 2007 年为冷点且 2010 年也为冷点；"Other" 表示介于 [-2, 2] 之间的 GiZscore 值在时间上的变化。

图 7-17 表明，对比 2007 年和 2010 年仅有 1 个区域为空间热点不变，其中心位置为 156.5°E/44°N；从 2007 年空间热点变成 2010 年空间冷点的区域有 2 个，中心点分别位于 151.5°E/42°N 和 157.5°E/39.5°N；对比 2007 年和 2010 年呈现空间冷点不变的区域有 1 个，其中心位置为 156.5°E/44°N。此外，聚集性不显著或呈随机分布的非热点和冷点区域之间的变动，在研究区域占据了主导地位，但是热点和冷点之间的变动是本区域的柔鱼资源的关键性信息。

7.3.2 应用实例：金枪鱼的热点分析（聚类）和空间异质性分析

1. 材料来源

印度洋黄鳍金枪鱼围网数据来自印度洋金枪鱼委员会（IOTC）的统计数据库（ht-

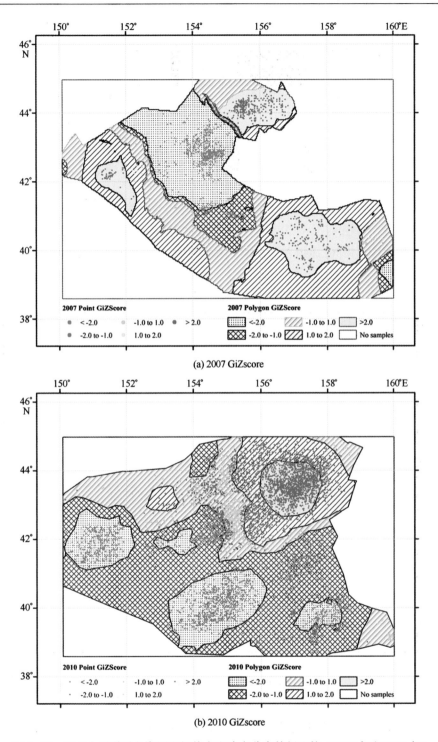

(a) 2007 GiZscore

(b) 2010 GiZscore

图 7-15 西北太平洋柔鱼资源空间热点和冷点分布特征比较（2007 年和 2010 年）

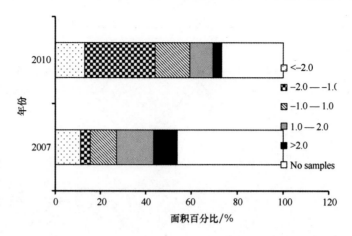

图 7-16　2007 年和 2010 年西北太平洋柔鱼资源热冷点构成

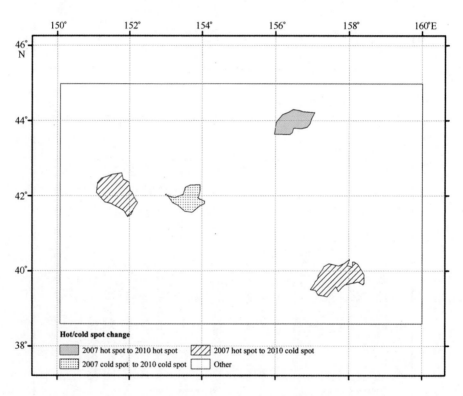

图 7-17　2007 年和 2010 年西北太平洋柔鱼资源热冷点变动的比较

tp：//www.iotc.org）。该资料主要以经纬度 1°×1°为统计单位，记录了包括印度洋海域作业各国船队的分月作业实况，包括年、月、作业区域、分品种产量以及捕捞努力量和作业方式等信息，本文选取了时间自 1999 年 1 月至 2004 年 12 月的数据。温度时间序列数据源于美国国家海洋与大气局（NOAA）气候预报中心（CPC）提供的同期对应月份的 Niño3.4 区的月平均海表温度距平（SSTA）序列（http：//www.cpc.noaa.gov）。

2. 数据处理

IOTC 数据中几个主要捕捞国家和地区的捕捞努力量采用无法统一的单位，同时围网作业方式具有较高空间分辨率，本文采用围网的渔获量作为研究对象。

考虑到黄鳍金枪鱼围网作业空间分布的连续性，本文分析区域选择黄鳍金枪鱼渔业的主要传统渔场所在的空间区域（18°N—10°S，40°E—75°E）之间，对于空间距离的计算，各个网格均以中心点经纬度坐标为采样点坐标，纬度不变，经度坐标值根据该点的纬度值进行转换后获得新的坐标值，具体公式如下：

$$x_{Long\_New} = \cos(y_{Lat\_Old} * \pi/180) * x_{Long\_Old}$$

其中，x_{Long_New} 转换后的经度值，x_{Long_Old} 和 y_{Lat_Old} 为变换前的经度和纬度值。

3. 地统计方法

运用地统计学分析步骤：

（1）对渔获量数据用单样本 Kolomogorov-Semirnov（K-S）检验进行正态分布检验，由于不符合要求，对其进行对数转换达到地统计分析要求；

（2）对数转换后数据进行变异函数的计算、定义和检验。

地统计的基本原理和方法可以参考许多文献中的比较详细描述。在地统计学中，变量 Z 是一个区域化变量，变量 Z 的空间异质性可分解为空间自相关部分和随机变异两部分，可通过变异函数的分解定量化。

4. 西印度洋黄鳍金枪鱼围网渔获量的空间分布特征

空间格局表示种群个体在空间相对静止的分布型式。它揭示了种群个体某时刻的行为习性和环境因子的叠加影响，本文绘制了各月黄鳍金枪鱼围网渔获量的时空分布图。其中 1 月份和 8 月份的分布图见图 7-18。发现年份和月份不同，空间格局分布类型，集聚强度和纹理特征都存在差异。1 月份，空间集聚强度较强，空间分布类型具有集群型特征；8 月份空间集聚强度较弱，分布类型中随机部分更强。纹理特征上，1 月份主要分布呈现东西向水平分布特征，主要集中在 5°S 左右。8 月份主要分布呈现东北-西南向分布特征，相对于 1 月份，空间分布整体向西向北移动。总体上看，分布范围存在季节性摆动，冬季向南，夏季向北；空间格局受到季节变化和年际变化共同作用，且季节变化对空间格局的影响要明显强于年际变化。

5. 空间分布格局的地统计特征

对于空间分布格局，地统计方法是利用样点之间空间距离和变量差异关系，将空间分布特征从另一个角度定量地进行了描述，从而获得一些具有生态意义的指标值。对 72 个月黄鳍金枪鱼渔获量变异函数理论模型得到相应参数。

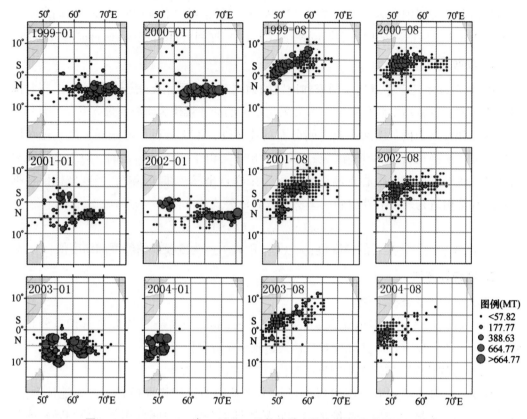

图 7-18　　1999—2004 年 1 月和 8 月份黄鳍金枪鱼围网渔获量空间分布

（1）变异函数模型。

根据地统计学原理，空间变异函数模型表示空间分布的总体特征类型，在生态学中不同函数模型可以反映物种对环境背景的适应性特征的反应。其中指数模型意味变量相关性距离较大，聚集程度相对较弱；高斯模型表示个体在中间特定区间空间相关性大，而前后阶段都较弱；球状模型表示个体间的聚集性较强，空间相关距离较小。

从月份来看分布模型有几个特征：指数模型主要出现在 11 月和 3 月份；高斯模型主要出现在 1 月份；而球形模型 2、4、5 和 6 月份出现比例都高于 50%；7—10 月份，三种模型比例较为稳定。根据 ENSO 周期将月份分为厄尔尼诺、拉尼娜和正常三种类型，从图 7-19 中发现：在正常月份和厄尔尼诺月份指数模型出现次数最多，正常年份中指数模型出现比例超过一半；在拉尼娜月份，球状模型比例明显增加；在厄尔尼诺月份，高斯模型比例有所增加。

（2）变异函数各参数特征。

基台值即全部样点的总变异，其变化幅度 1.49～3.641，表现出明显的季节和大气候背景的变化，这种变化源自于气候变化和季节变化背景下产生的温度、营养盐和海

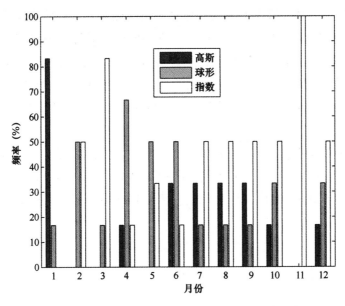

图 7-19　各月渔获量空间变异函数模型的频次分布

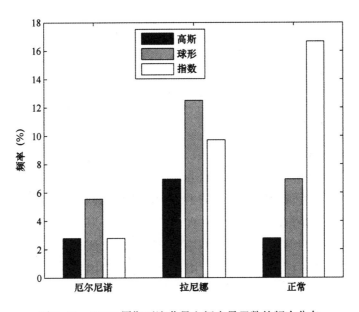

图 7-20　ENSO 周期下渔获量空间变异函数的频次分布

流等因子变化和一些随机因素。从图 7-20 中的平均值发现：1 月份基台值最高，其次为相邻的 12 月份和 2 月份。块金值（随机误差）表示由实验误差或小于实验取样尺度引起的变异，较大的块金值说明在该尺度下存在着重要的生态过程。从图 7-21 中可发现，块金值平均值 6 月和 12 月份较高，其次月份相差较小。空间异质性由随机性和结构性引起。空间变异系数值表示随机性比例。结构性变异占总体变异比例多年平均为74.68%。从图7-21中平均值看，结构性因素占空间异质性的50%以上，处于主导地位。1月份空间结构性最强，空间变异系数平均值15%左右，6—7月份和11—12月份空间结构性最弱，空间变异系数平均值大约为40%。从箱式图可以发现，在1—3月份空间变异系数年际差异大。说明了在结构性上的年际变化主要体现在1—3月和6月份，其他月份相对较小。

变程 a 表示如果两点间的间隔 $h<a$，两点处的个体是相互影响的；反之则无相互影响，表示空间相关性消失。从各月平均情况看，相关距离在 1 000 nm 左右，12—翌年 3 月份相关距离在 600 nm 以内。从年际变化看，10 月和 11 月年际变化大，其他月份较小。

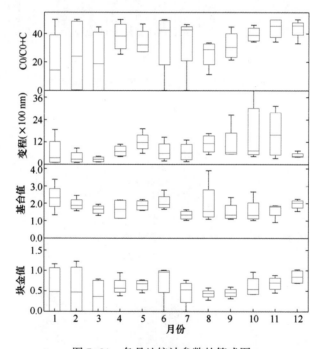

图 7-21　各月地统计参数的箱式图

其中 A：C0/C0+C，B：变程（单位海里），C：基台值和 D：块金值

注：箱中间横线表示中值，箱高度可表示年际变化程度。

6. 西印度洋黄鳍金枪鱼渔获量的方向异质性特征

本文分别计算各月渔获量空间分布的分维数。分维数是一个无量纲数，数值介于1~2之间，可以用于反映空间异质性程度的度量，数值越小表示这个方向相关性越强，该方向上生态过程影响也明显。以正北方向为0°，按照顺时针方向增加。

从图7-22中可以看出各向差异上，2、6和10月份空间的方向性差异最小，而7、

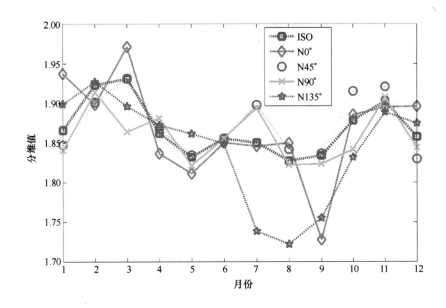

图 7-22　各月份渔获量在各方向上分维数

注：图中 ISO 表示各向同性，N0°—N135°依次表示南-北，东北-西南，东-西和
西北-东南向。

8 和 9 月份差异较大。东南-西北方向（N135°）上，在 7—9 月份表现非常强烈的空间
相关性，渔获量在此方向的相关性远强于其他方向。南北向（N0°）和东西向（N90°）
上，在 3 月份南北向相关性最弱，东西向相关性最强（值最小）。在各向同性（ISO）
的情况下，在 5—9 月份空间异质性较强。

7. 渔获量与地统计参数关系

对比各月地统计参数平均值和渔获量均值，只有基台值和渔获量具显著性统计相
关性，结果见图 7-23 左图。统计检验表明两者相关系数 R 为 0.930，通过显著性检验
（置信度 p 为 0.00001172）。可见两者具有较高一致性，渔获量越高基台值也越高，可
以解释为当渔获量增加时，在所有对应样点中，差异也就越大，基台值也就高。

对比各月各向分维数 D 与平均渔获量关系，统计检验表明，只有南北（N0°）向
的分维值和渔获量通过显著性统计相关性。两者的相关系数 0.5055，通过显著性检验
（置信度 p 值为 0.09366），结果见图 7-23 右图。图中可发现如果去掉在 3 月份和 9 月
份的 N0°方向分维值的突变外，相关性更好。说明南北向的海洋环境过程对渔获量有直
接影响，而且南北向海洋过程越强烈（分维值 D 越小）渔获量越小。其次为西北-东
南向（N135°），具有较弱的相关性（相关系数为 0.393，p 值为 0.2067）。

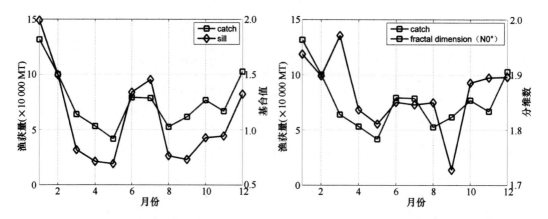

图 7-23　西印度洋黄鳍金枪鱼各月渔获量和基台值（左图）、N0°分维值（右图）间关系

7.4　空间插值

插值是指通过时空上已知点的值推求与其时空相关位置上数值的方法，是渔业地理信息系统中具有基础并广泛应用的一种时空数据处理类别，空间插值的方法在许多地理信息系统或相关学科中均有较为详细的论述，时间一维上的插值在许多时间序列分析的著作中有专门的阐述。

空间插值法用一个简单的线性回归方程来估计未知点的值：

$$z_j = \sum_{i=1}^{n} \lambda_i z_i$$

式中是 z_j 未知点的估计值，也就是说是一个简单的加权平均。其权重满足条件：

$$\sum_{i=1}^{n} \lambda_i = 1$$

与空间插值相关的两个概念是网格化（Gridding）和绘制等值线（Contour）。空间插值法包括确定性插值方法和不确定性插值方法。

7.4.1　确定性插值法

1. 距离倒数加权法

距离倒数加权法（Inverse Distance Weighting，IDW）假设未知点的值受权重与样点和估计点的距离增加而减少。梯度倒数加权法的一般公式为：

$$z_0 = \sum_{i=1}^{n} \lambda_i z_i$$

其中，z_0 为待插值点的估计值；z_i 为已知点的值；λ_i 为计算过程中的权重；n 是预测点周围样点的个数。其计算公式为：

$$\lambda_i = \frac{\dfrac{1}{d_i^{\alpha}}}{\displaystyle\sum_{i=1}^{n}\dfrac{1}{d_i^{\alpha}}}$$

幂控制了局部影响的程度。指数幂为 1 指点之间的数值变化率，为恒定不变（线性插值）。指数幂大于等于 2.0 意味着越靠近已知点，数值变化率越大；远离已知点时，则趋于平稳。很多 GIS 软件支持自动选择最优的幂值。

　　根据相邻近似的原则，已经点和观测点越近，它们就越相似，随着已知点与观测点之间距离的增加，样点的值与预测点值的相关性就越低。为了加快计算的速度，可以将距离预测点较远且对预测点的影响很小的点值视为 0。在进行插值时，通常在预测点确定一个搜索的邻近区域，以便限定使用的样点的数量。对同一个预测点来说，在预测过程中，随着搜索邻近区域的形状不同，包含的参与插值的点的数量和位置也会不同。

　　IDW 插值的特征是所有预测值都介于已知点的最大值和最小值之间。很多 GIS 软件都支持 IDW 方法，这种方法很容易理解和实现。

2. 自然邻域法

　　自然邻域插值可找到距查询点最近的输入样本子集，并基于区域大小按比例对这些样本应用权重来进行插值（Sibson，1981）。该插值也称为 Sibson 或 "区域占用"（area-stealing）插值。该插值方法的基本属性是它具有局部性，仅使用查询点周围的样本子集，且保证插值高度在所使用的样本范围之内。该插值方法不会推断趋势且不会生成输入样本尚未表示的山峰、凹地、山脊或山谷。该表面将通过输入样本且在除输入样本位置之外的其他所有位置均是平滑的。如果采用 "TIN 转栅格" 的插值方式，可使用断裂线增大表面，以在适当的位置（例如沿路边和水体）创建线性不连续的地形。该插值方法根据输入数据的结构进行局部调整，而无须来自用户的与搜索半径、样本计数或形状有关的输入。对于规则和不规则分布的数据，它的效果一样好（Watson，1992）。

　　所有点的自然邻域都与邻近 Voronoi（泰森）多边形相关。最初，Voronoi 图由所有指定点构造而成，并由橄榄色的多边形表示。然后会在插值点（红星）周围创建米色的新 Voronoi 多边形。这个新的多边形与原始多边形之间的重叠比例将用作权重。

　　相比之下，基于距离的插值器［如反距离加权（IDW）］会根据距插值点相同的距离为最北部的点和最南部的点分配相同权重。但是，自然邻域插值会根据重叠百分比将权重分别指定为 19.12% 和 0.38%。

3. 径向基与样条函数法

　　在数学学科数值分析中，样条是一种特殊的函数，由多项式分段定义。样条的英

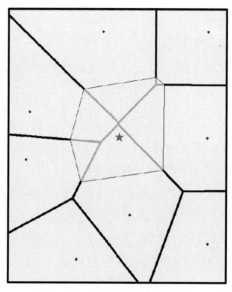

图 7-24　自然邻域法插值

语单词 spline 来源于可变形的样条工具，那是一种在造船和工程制图时用来画出光滑形状的工具。在中国大陆，早期曾经被称做"齿函数"。后来因为工程学术语中"放样"一词而得名。

在插值问题中，样条插值通常比多项式插值好用。用低阶的样条插值能产生和高阶的多项式插值类似的效果，并且可以避免被称为龙格现象的数值不稳定的出现。并且低阶的样条插值还具有"保凸"的重要性质。

在计算机科学的计算机辅助设计和计算机图形学中，样条通常是指分段定义的多项式参数曲线。由于样条构造简单，使用方便，拟合准确，并能近似曲线拟合和交互式曲线设计中复杂的形状，样条是这些领域中曲线的常用表示方法。

从概念上讲，采样点被拉伸到它们数量上的高度；样条函数折弯一个橡皮页，该橡皮页在最小化表面总曲率的同时穿过这些输入点。在穿过采样点时，它将一个数学函数与指定数量的最近输入点进行拟合。此方法最适合生成平缓变化的表面，例如高程、地下水位高度或污染程度。

基本形式的最小曲率样条函数插值法在内插法的基础上增加了以下两个条件：表面必须恰好经过数据点。表面必须具有最小曲率——通过表面上每个点获得的表面的二阶导数项平方的累积总和必须最小。

基本最小曲率法也称为薄板插值法。它确保表面平滑（连续且可微分），一阶导数表面连续。在数据点的周边，梯度或坡度的变化率（一阶导数）很大；因此，该模型不适合估计二阶导数（曲率）。通过将权重参数的值指定为 0，可将基本插值法应用到样条函数法工具。

4. 多项式回归和局部多项式回归法

多项式插值法又称"多项式内插法"，是利用函数 f (x) 在某区间中已知的若干点的函数值，作出适当的特定函数，在区间的其他点上用这特定函数的值作为函数 f (x) 的近似值，这种方法称为插值法。如果这特定函数是多项式，就称它为多项式插值。常用的几种多项式插值法有：直接法、拉格朗日插值法和牛顿插值法。

7.4.2　地统计学插值法

克立金法（Kriging）是法国地理数学家 Gerges Matheron 和南非矿业工程师 D. G. Krige 创立的地质统计学中矿品位的最佳内插方法，近年来已广泛用于 GIS 中的空间内插。克立金法与最小二乘配置比较类似，也是将变量的空间变化分为趋势、信号与误差三个部分，求解过程也比较相似。不同之处在于所采用的相关性计算方法上，最小二乘采用协方差矩阵，而克立金法采用半方差，或者称为半变异函数。克立金法的内蕴假设条件是区域变量的可变性和稳定性，也就是说，一旦趋势确定后，变量在一定范围内的随机变化是同性变化，位置之间的差异仅仅是位置间距离的函数。通过不同数据点之间半方差的计算，可作出半方差随距离的变化的半方差图，从而用来估计未采样点和采样点之间的相关系数，进而取出内差点的高程。

克里金法类型分常规克里金插值（常规克里金模型/克里金点模型）和块克里金插值。常规克里金插值，其内插值与原始样本的容量有关，当样本数量较少的情况下，采用简单的常规克里金模型内插的结果图会出现明显的凹凸现象；块克里金插值是通过修改克里金方程以估计子块 B 内的平均值来克服克里金点模型的缺点，对估算给定面积实验小区的平均值或对给定格网大小的规则格网进行插值比较适用。

块克里金插值，块克里金插值估算的方差结果常小于常规克里金插值，所以，生成的平滑插值表面不会发生常规克里金模型的凹凸现象。按照空间场是否存在漂移（drift）可将克里金插值分为普通克里金和泛克里金，其中普通克里金（Ordinary Kriging，简称 OK 法）常称作局部最优线性无偏估计。所谓线性是指估计值是样本值的线性组合，即加权线性平均，无偏是指理论上估计值的平均值等于实际样本值的平均值，即估计的平均误差为 0，最优是指估计的误差方差最小。

第 8 章　空间信息可视化

8.1　空间信息与可视化

地理空间中的信息具有广阔的范畴，丰富的内容和复杂的结构。为了系统而又本质地表述、传输和使用地理空间信息，必须把握住它们的基本特征，可视化能够全面且本质地把握住地理空间信息的基本特征，便于最迅速、形象地传递和接收它们，因此空间信息从来离不开可视化；而可视化技术成为空间信息阅读、理解进而交互作用最重要的工具手段。

空间信息是指地理空间的信息，可视化是将符号或数据转化为直观的图形、图像的技术，它的过程是一种转换，它的目的是将原始数据转化为可显示的图形、图像，为人们视觉所感知到。

8.1.1　空间信息基本特征

任何地理空间信息都有其主体，它们是地理的事物或现象，也即是地理实体或若干实体的集合，如前述，其空间信息一般均具有其下列基本特征。

1. 属性特征

空间信息的属性特征是指质量和数量特征。例如对于土地信息而言，土地名称、类型、分级编码、土地的宜林宜农性质或者更具体地对于某一农作物适宜性的程度，其肥力状况、土壤的性质等均可视为质量特征，而相应地，面积、长度、坡度、坡向、沟谷密度、地表粗糙度等均可视为数量特征。

不同的信息均具有各自的属性特征系列，也有如名称，分类分级编码和面积、长度等是共同的。人们对于地理信息的了解、认识和使用，往往是从用途开始的，总是不可避免地与属性相关联，没有无属性的地理信息。

2. 时间特征

空间信息均各自具有长短不一的生命周期，时间属性是我们了解人类社会和自然界随着时间发展变化的历史和预测未来趋势的依据。

地理空间是一个随时间变化的空间，任何空间信息均各自具有长短不一的生命周期，例如蝗虫灾害、沙害、冰河期地貌等，城市地理景观信息是这方面最典型的事例，城市随着建设的发展而日新月异，城市信息的时间特征十分明确，抓住两个时间段的信息，就能迅速反映在这两个时段差的时间内，城市信息的动态变化、发展，各种要素的迁移方向、速度及其他特征。

3. 空间特征

空间特征是区别地理信息与其他一般信息的根本标志。地理实体在空间的存在有其确定的空间位置、形状和分布，是其几何性质的体现。

空间特征是区别地理信息与其他一段信息的根本标志。实际上，空间特征与时间特征一样，是任何事物与现象的固有特征，只是一般信息中，空间特征并不起特别重要的作用，例如一个中小企业的人员信息、低值易耗器材信息、产品生产信息等均是一些不具有地理信息空间特征的一般信息。可以认为，一般信息增添空间特征时，问题也就骤然复杂起来，一般信息系统也须扩展为地理信息系统。

空间特征主要可分为几何特征、拓扑特征和其他特征。

（1）几何特征：是空间特征量方面的表现，诸如位置（也即坐标数值）、形状、大小、方向、远近以及内部的几何结构；特征点分布、纹理、图案、花纹等。这些性质均是多维特性，而且数据量巨大。

（2）拓扑特征：它是空间特征质方面的表现，诸如几何分量点、线、面的数目以及它们之间的关系（欧拉公式），空间图形的连通性、包含性，以及相互之间的毗邻关系，均是拓扑特征。空间中实体本身数据量大，十分复杂，相对而言，空间中实体的相互关系就更加复杂得多，描述它们的数据量也大得多。

以二维空间为例，二维空间中的点、线、面以及相互之间的"位""邻""近""势"关系，与属性数据是有差别的，不是一些简单的数据或字符所能全面概括和本质地表示的。

更进一步，空间的图形和图像的阅读、判别和理解，是属于约束性不充分问题，不同的人根据本身的知识和经验，往往有不同的理解。世界上事物的多样性，事物各种特征的多样性，使得采用最适宜的方法表示各种特性，达到全面而本质地表示空间信息，进而如何正确而又本质地获取这些信息，最后又如何采取合适的途径与它们交互，研究如何掌握和影响它们成为地理信息中一个极为重要而又内容丰富的问题，这就是空间信息的可视化问题。

4. 多媒体特征

空间实体具有其自然、生动、变化的特性，其信息是多方面的。多媒体特征补充了其他特征所不能表现的空间信息全面生动的一面。

上述属性特征、时间特征及空间特征都是空间信息某一方面的表现、抽象，当一幅图形、图像、动画、电视、声音生动而又形象地表示出地理客体"活"的特征时，它在很大程度上补充了其他特征所不能表现的事物的全面生动的一面，这些图形、图像、动画、电视、声音等多种形式媒体，称之为多媒体。

8.1.2　空间信息可视化

人类是信息科学的主体。信息是由人来感知、处理和利用的。客观的事物及其运动通过人的视、听、嗅、味、触的感官被感知，同样的人类及实践活动的结果，其实验、资料、成果、经验等也只能被上述各种感官所感知，从而由人脑进行推理、分析、判断和决策。据估计，人类信息 70% 以上是通过视觉来获取的。很明显，视觉在信息世界中有一定的特殊地位。

1. 科学计算可视化

科学计算可视化是指运用计算机图形学和图像处理技术，将科学计算过程中产生的数据及计算结果转换为图形和图像显示出来，并进行交互处理的理论、方法和技术。它不仅包括科学计算数据的可视化，而且包括工程计算数据的可视化，它的主要功能是从复杂的多维数据中产生图形，也可以分析和理解存入计算机的图像数据。它涉及计算机图形学、图像处理、计算机辅助设计、计算机视觉及人机交互技术等多个领域。它主要是基于计算机科学的应用目的提出的，它侧重于复杂数据的计算机图形。

实现科学计算可视化将极大地提高科学计算的速度和质量，实现科学计算工具和环境的进一步现代化；由于它可将计算中过程和结果用图形和图像直观、形象、整体地表达出来，从而使许多抽象的、难于理解的原理、规律和过程变得更容易理解，枯燥而冗繁的数据或过程变得生动有趣，更人性化；同时，通过交互手段改变计算的环境和所依据的条件，观察其影响，实现对计算过程的引导和控制。

科学计算可视化的应用领域十分宽广，几乎可包括自然科学和工程计算所包括的一切领域，也自然包括空间信息领域。

（1）地质勘探：寻找矿藏的主要方式是通过地质勘探了解大范围内的地质结构，发现可能的矿藏构造，并且通过测井数据了解局部区域的地层结构，探明矿藏位置及其分布，估计蕴藏量及开采价值。由于地质数据及测井数据的数量极大且不均匀，无法依据纸面上数据进行分析，利用可视化技术可以从大量的地质勘探及测井数据中构造出感兴趣的等值面，等值线，显示其范围及走向，并用不同色彩、符号及图纹显示出多种参数及其相关关系，从而使专业人员能对原始数据作出正确解释，得到矿藏存在、位置及储量大小等重要信息。它可以指导打井作业、节约资金，大大提高寻找矿藏效率。

（2）气象预报：气象直接影响国家经济，各种工程建设以及亿万人民的生活。气象预报的准确性依赖于对大量数据的计算和计算结果的分析。科学计算可视化一方面可将大量的数据转化为图像，显示某个时刻的等压面、等温面、风力大小与方向、云层的位置及运动、暴雨区的位置与强度等，使预报人员对天气作出准确分析和预报；另一方面根据全球的气象监测数据和计算结果，可将不同时期全球的气温分布、气压分布、雨量分布及风力风向等以图像形式表示出来，从而对全球的气象情况及变化趋势进行研究和预测。

（3）计算流体动力学：汽车、船舶、雷达等的外形设计都必须考虑在气体、流体高速运动的环境中能否正常工作。过去必须将所设计的机体模型放入大型风洞中做流体动力学的物理模拟实验，然后根据实验结果修改设计，再实验修改，直至完成，这种做法设计周期长，资金耗费大。现在已可在计算机系统上建立机体几何模型，并进行风洞流体动力学的模拟计算。为理解和分析流体流动的模拟计算结果，必须利用可视化技术尽快将结果数据动态地显示出来，并将各时刻数据（不管是全局的、局部的）精确显示及分析，将是机体设计关键性的步骤。

（4）分子模型构造：分子模型构造是生物工程，化学工程中先进的最有创造的发展技术，今天科学计算可视化已经是学术界和工业界研究分子结构并与其相互作用的有力武器，它使分子模型构造技术发生了革命性的变化，过去的复杂和昂贵的方法，已经变成了可控性强、操作简易可靠的有效工具。例如在遗传工程的药物设计中，使用彩色三维立体显示来改进已有药物的分子结构或设计新的药物，以及构造蛋白质和DNA 等高度复杂的分子结构。

显然科学计算可视化在学科的广泛程度上包括了空间信息的可视化，这是因为从复杂的多维数据中产生图形是空间信息可视化的基本内容，不管是空间数据的显示，空间分析结果的表示，空间数据的时空迁移，以及每一空间数据处理的过程无一不是这一基本内容。然而空间信息的可视化与科学计算可视化毕竟存在一些不同，显著的一点即是图形符号化的概念。因此必须讨论一下空间信息的可视化。

2. 空间信息的可视化

可视化在信息世界中具有特殊地位。在人机交互中，视觉是信息传输和接收的主要渠道，尤其对于多维信息，可视化具有独特优点而空间信息正是多维的，前面所述地质勘探、气象预报也是空间信息可视化若干典型事例，但分子模型构造显然不是，因此这两个科学概念的异同必须讨论清楚。粗略而言，科学计算可视化的学科概念更广泛一些，它从分子、原子、汽车、建筑到地球、宇宙，其可视化内容也不仅是空间信息，而且还包括频率、强度等科学研究的各项指标，其可视化的要求更加专业、单一，以其形象、逼真为最高境界；而空间信息可视化其学科范围是地学环境，其研究对象的大小颗粒是与地理相匹配的，其可视化的内容是地学环境空间中的具有环境特性的事物，与之相适应的，其可视化的要求还有对研究对象的综合抽象，有数字化和符号化的特征过程。这样，从本质上讲两个概念具有不少共同之处和紧密的联系，但应用范畴和可视化要求是有差别的，因而，在实现方法技术上也有一些显著的差别。

空间信息可视化是一个全新的概念，在这里，我们初步给出其定义：空间信息可视化是指运用地图学、计算机图形学和图像处理技术，将地学信息输入、处理、查询、分析以及预测的数据及结果采用图形符号、图形、图像，并结合图表、文字、表格、视频等可视化形式显示并进行交互处理的理论、方法和技术。采用声音及触觉、嗅、味等多种媒体方式可以使空间信息的传递、接收更为形象、具体和逼真，但是暂时看来，有的对地理空间信息意义并不大，如嗅、味、触媒体渠道，而声音、音频媒体方式也主要起辅助作用，因而有的学者把可听、可嗅、可味、可触也归入可视化，狭义的理解上应不属可视化范畴。目前，我们把它列入可视化范畴。

在上述含义下，空间信息的可视化与科学计算可视化的紧密联系和主要差别也一目了然。也可以说，空间信息可视化是科学计算可视化在地学领域的特定发展。

3. 空间信息的可视化形式

地图是空间信息可视化的最主要的形式，也是最古老的形式。在计算机上，将空间信息用图形和文本表示，是在计算机图形学出现的同时就出现了。这是空间信息可视化的较为简单而常用的形式，可以说是一维形式，多媒体技术的产生和发展，使空间信息可视化进入一个崭新的时期。可视化的形式也五彩缤纷，呈现多维化的局面，并正在发展，现把空间信息可视化主要形式介绍于下。

（1）地图。

它有两种形式：纸质或其他介质地图及屏幕上的电子地图。由于计算机技术的发展，这两种形式仅是计算机上数字地图的硬、软拷贝的差别。硬拷贝的是纸质地图，软拷贝——屏幕上的电子地图比前者具有更多的优点：其制作灵活，形式极其多样，修改制作方便，周期短，色彩丰富，动态性强，查询方便、快捷。从而使人们能从不同的高度、不同的方式、不同的角度和不同的详细程度来观察空间客体信息。

（2）多媒体地学信息。

综合、形象地表现空间信息的使用文本、表格、声音、图像、图形、动画、音频、视频各种形式逻辑地联接并集成为一个整体概念，是空间信息可视化的重要形式。各种多媒体形式能够形象、真实地表示空间信息某些特定方面，作为全面地表示空间信息的不可缺少的手段。

（3）三维仿真地图。

三维仿真地图是基于三维仿真和计算机三维真实图形技术而产生的三维地图，其具有仿真的形状、光照、纹理……也可以进行各种三维的量测和分析。

（4）虚拟现实。

虚拟现实是空间信息可视化进一步研究和发展的新方式。它是由计算机和其他设备如头盔、数据手套等组成的高级人—机交互系统，以视觉为主，也结合听、触、嗅甚至味觉来感知的环境，使人们有如进入真实的地理空间环境之中并与之交互作用。

8.2 地图符号

表示地图信息各要素空间位置、大小、数量和质量特征，具有不同颜色的、特定的点、线和几何图形等图解语言称为地图符号。地图符号是表达地图内容的一种手段，符号设计的好坏不但影响内容的充分表达，也影响用户浏览阅读图形的效果。因此符号设计是电子地图中非常重要的一环。

8.2.1 地图符号认知

地图符号种类很多，但任何一种符号都具有图形、尺寸和颜色三个要素，这三个要素的变化和组合可产生各种各样地图符号，因此将图形、尺寸和颜色称为地图符号的三个基本要素。

符号的图形（形状）主要表达地理要素的形状和特征，具有象形、艺术性的特点。符号的尺寸（大小）反映地理要素的数量和对比关系、要素的空间分布和重要性等。符号的颜色弥补了符号的形状、尺寸两要素的不足，改变了单色绘图中符号数目繁多、形状和尺寸分级过多的现象，提高了地图的表现力和艺术效果。上述三要素地图中表现不是孤立的，它们还受地图内容、用途、比例尺、目视分辨率等因素的影响。对具体的电子地图符号设计，上述三要素紧密结合是基础。

地图符号作为人类表达思维活动中各种符号的一种，同样具有别的符号所有基本属性，即约定俗成。例如：河流、道路用相应的线状符号，林地和草地用绿色，水域用蓝色等。约定俗成的过程便逐步形成了我们所遵守的图例。到目前为止，应用电子地图的成熟的图例还没有形成，传统的符号图例对电子地图只是起到一个参考作用。设计符合电子地图的屏幕特点的符号系统，是电子地图发展的重要环节。

电子地图的符号设计由于受到显示器等硬件设备的限制，在设计过程中应重新考虑用户视觉感受的心理和生理特点。

8.2.2 地图符号的分级

在专题地图表示数量特征和区域差异时，可使用多种视觉变量及其组合，包括色彩的深浅、明暗，符号的大小，线划的粗细，符号密度等。但是从制图符号的角度出发，制图对象的符号表达主要有两种分级模式：连续分级和离散分级。分级时要考虑专业上的要求，例如海洋渔业的有关标准；另外也要考虑所表达区域的特征，如近海和远洋的分级可能要有一定差别；最后要考虑制图的要求，包括分级数一般不超过 8~

10 级之间。这是因为，分级太少，尺寸视觉变量缺乏变化达不到分级的目的；分级数过多，超过了人眼视力的区分能力限度，影响对目标类型和属性的判别。

离散分级：通过指定分级指标与符号大小、颜色的对应关系确定一个对照表，对照表便反映了离散分级的情况。这个对照表通过人工建立，也可以利用自动聚类的方法建立。

连续分级：按分级指标量的连续变化映射符号的大小变化和颜色变化。这种变化的对应关系在指标量的变化范围内是连续的，当然这种变化不一定是线性的，如符号梯尺实现连续分级的方法。

8.3 电子地图

随着信息系统、计算机硬、软件技术的发展，一种新型地图——电子地图以它卓越性能发展为地理信息科学中的新领域。地图是地理信息的图形符号模型，也是各种 GIS 最主要的数据源。地图与 GIS 之间的桥梁则是数字地图，它是以数字形式表示的地图，是地图的数字形态。

电子地图是数字地图与 GIS 软件工具结合后的产物，它是一种处于运动状态的数字地图，这种运动状态或是输入、输出，或是显示、检索分析。它以电磁材料为存储介质，并依托于空间信息可视化系统再现。在较新的技术基础上，它使用几乎一切 GIS 技术工具，并且可以提供传统 GIS 的大范围、多要素的综合分析技术手段。这些，在电子地图集中得到更为集中的反映。

电子地图集是为了一定用途，采用统一、互补的制作方法系统汇集的若干电子地图，这些地图具有内在的统一性，互相联系，互相补充，互相加强。

8.3.1 电子地图的基本特征

（1）能够全面继承并发展了地图科学中对地学信息进行多层次智能综合加工、提炼的优点。

（2）很强的空间信息可视化性能；系统而严密的教学基础，科学而系统的符号系统，强有力的可视化界面，支持地图的动态显示，并可采用闪烁、变色等手段增强读图手段和提高效果。

（3）支持空间信息的多种查询、检索和阅读。

（4）支持基本的统计、计算和分析。

（5）大多数电子地图支持"所见即所得"地编辑和输出硬拷贝，支持电子出版。

（6）大多数电子地图支持多媒体信息技术。

8.3.2　电子地图与地理信息系统的关系

电子地图极大地保留了传统地图的优点，大大地扩展了传统地图的作用范围，并包含了 GIS 的主要功能，其中较完善的空间信息可视化功能和地图量算功能是一般 GIS 所欠缺的。但是相对而言，一些电子地图难于使其可视子空间均具有统一的空间数学基础，因而空间分析功能相对 GIS 而言较为薄弱，这也是两者的分水岭。

概略地说，电子地图是一种新型的、内容广泛的 GIS 产品，而电子地图系统则是一些内容广泛、功能各异的新型 GIS 系统。

陈述彭（1999）曾指出：电子地图是地理信息系统的一部分；地理信息系统是电子地图之上的超结构。从二者的发展过程可以看出，它们都是以地图作为最基础的入口，都是以空间数据库的空间信息表达、显示、处理为目的；但二者也有一定的差别：电子地图强调的是符号化与显示，而地理信息系统却注重于信息的分析。

8.3.3　电子地图的组成

电子地图系统主要包括计算机网络系统、电子地图软件及数据库、用户。

（1）计算机网络系统。计算机网络系统包括硬、软件两个方面。硬件是指中央处理器（CPU）、数据存储设备、数据输入设备、数据输出设备、网络设备。软件包括操作系统、商用大型数据库管理系统、网络服务系统等。上述的软件、硬件是电子地图的基础。

（2）电子地图软件及数据库。电子地图软件是连接数据库与外部的核心软件，用户通过该软件与数据库进行交互，完成数据的获取、显示、分析、传播等。目前具有完成以上功能的电子地图平台较多。数据库由几何数据和属性数据构成。几何数据的表达可采用栅格和矢量两种形式，几何数据描述了地理空间实体的位置、大小、形状、方向及拓扑关系；属性数据表达了物体的性质、多少、质量、特征等。

（3）用户。电子地图系统的用户可以分为电子地图创作者和电子地图阅读者两大类。

8.3.4　电子地图系统中的基本概念

地图实际上是将地理要素经过抽象归纳，并使之分类、分级的符号化表示。地图创作过程就是将地理要素按层根据其属性用特定的符号表达出来的过程。

（1）地图：它是电子地图创作过程的阶段或最终产品。地图以文件形式存储，由多个图层叠加而成。在地图文件中主要存储各类参数、各图层文件所在位置、层特征等信息，而像点、线等图形数据分别储存在相应的层之中。

（2）图层：为表达某一幅地图的主题内容，需将主题内容划分为许多子主题，每一子主题所表示的内容为逻辑上相关和几何形态上一致的地理要素，同类别的地理要素可在同一层中统一创作和管理，这样地图的创作就划分为多个单层图的创作。此处的单层图就是所谓的图层。根据地理要素的类别，创作系统将图层划分为：点层、线层、面层、图像层、栅格层、信息统计类图层，各图层的叠加即构成地图。图层文件的内容包括图层名称、图层显示的比例、图层范围、空间图形数据、绘图符号等。

（3）图层模板：图层模板是图层创作过程中基于参数化形式来设置某层图形表现形式的机制。用户可利用某个模板创作出许多个图层，也可对图层模板稍作修改用于新层的创作，节约大量的图层创作时间。模板文件主要存储相应图层创作的各类参数。

（4）模板库：为方便初级用户的使用和进行同类图层的创建工作，系统提供了模板库机制，为便于已有模板的统一组织和管理，系统将图层模板的路径、文件名称及相应的信息注册进模板库中，并且采用树形结构进行组织和管理。

（5）数据源：在 ODBC 中，数据源就是数据的源。它可能是台式数据库的单个文件，如 MS Access 或 Foxpro，或者是商用关系数据库处理系统（RDBMS），如 Oracle 或 SQL Server。数据源的基本原理就是使用户不必知道资源的详细信息，仅通过资源名就可使用数据。在数据模型的框架下，可采用统一外部接口（如动态链接库 DLL）技术，实现各种各样的外部数据模型到内部数据模型的转换。由于采用了标准定义的统一外部接口，使得电子地图可以接受几乎所有的外部数据模型的数据。同时，由于采用了 ODBC 技术，系统可以访问所有的 ODBC 数据库存储的属性数据。

（6）OLE 数据：用 OLE Item 方式记录联接或嵌入到电子地图中的其他系统（如多媒体）的数据。

8.3.5　动态地图

自然界和人类社会的很多现象都具有移动变化的特征，用动态地图可以很好地表现这些动态的过程。讲述动态地图的特征、作用、表示方法及设计。

伴随着电子地图的发展，集中而又形象地表示空间信息的时空变化状态和过程的地图也正迅速地发展起来，发挥出越来越重要的作用，这就是动态地图。动态地图的产生和发展是时空 GIS 的发展的必要基础和前提。

1. 动态地图的特征和作用

目前动态地图基本上是以电子地图形式出现的，其主要特征是逼真而又形象地表现出地理信息时空变化的状态、特点和过程，也即是运动中的特点。

（1）动态模拟，使重要事物变迁过程再现；如地壳演变，冰河地貌的形成及模拟。流水地貌的形成，人口增长与变化等，在这些复杂的动态过程中，动态地图是一个有力的武器，它可以通过增加或减低变化速度，暂停变化以仔细观察某一时间断面，改变观察地点和视角，获取运动过程中的各种信息。

（2）运动模拟，对于运动的地理实体：人、车、船、机、星、弹，运行状态测定和调正，以及环境测定和调正，都是由动态地图来帮助完成的。

（3）实时跟踪，这方面在运动物体上安装全球定位系统 GPS 是一个明显的例子，它能够显示运动物体各时刻的运动轨迹，使空中管制、交通状况监控、疏导，战役和战术的合围、围堵，均具有可靠的时空信息保证。

2. 动态地图表示方法

表示地理实体的运动状态和特点，可采用各种方法及组合。

（1）利用传统的地图符号和颜色等表示方法，例如采用传统的视觉变量——大小、色相、方位、形状、位置、纹理和密度，组成动态符号，结合定位图表，分区统计图表法以及动线法来表示之。这方面军事上事例更多，行军、战斗、战役等动态过程都需要并能够采用传统方法予以表示。

（2）采用定义了动态视觉变量的动态符号来表示。基于动态视觉变量：视觉变量的变化时长、速率、次序及节奏，可设计相应一组动态符号，并加上相应电子地图手段：闪烁、跳跃、色度、亮度变化反映运动中物的矢量、数量、空间和时间变化特征。

（3）采用连续快照方法作多幅或一组地图。这是采用一系列状态对应的地图来表现时空变化的状态，这一方法在状态表现方面是较为全面的；但对变化表达不够明确，同时数据冗余量较大。

（4）地图动画。其制作方法与上一方法是一样的，仅仅是它适当地在空间差异中内插了足够密度的快照，使状态差异由突变变为渐变。这一方法弥补了上一方法中变化表达不够明确，时间维上拓扑关系模糊的缺点，是动态地图表现较为丰富的形式，缺点是数据量大。

3. 动态地图的设计

动态地图的设计是与电子地图密不可分的，在电子地图的设计要求和方法总的框架下，就动态部分的设计过程，应着重考虑以下几点：

（1）明确了解动态地图的要求：了解它所表示的时、空变化是全面性的还是局部性的要素；它所关注的变化是变化后的状态，还是变化的过程。

（2）分析动态地图要求，拟定表达方法和设计动态符号。一般讲，对于局部性要求，采用变化的动态符号法和分区统计图表法，动线法就能够妥善解决问题；对于全局性的状态性要求用连续快照法；而对于相当多数的侧重于表现变化过程的动态现象则要综合采用计算机地图动画、动态符号、闪烁、漫游和其他方法，并结合电子地图等各种技术方法和分区统计图表、动线方法等。

（3）精心制作动画地图。动画地图在表达动态的地理要素上具有全面、形象、明确的特点，但是其制作及使用特别耗工、耗时、耗资源，尽管其制作已有相当多的商品化软件，较为方便，质量也有保证。必须精心设计，精心制作。做到少而精，画龙点睛，服务总体。

　　动态地图是空间信息可视化中一个蓬勃发展的分支，它和 4 维 GIS，或者说时空
GIS 有着极为密切的联系。地理信息时空变化的抽象、夸大、取舍、化简等与动态地图
的设计和制作直接相关，也是亟待研究的问题。

8.4　渔场制图

　　渔场图也称渔捞制图，是指导渔业生产的科学参考图册。在渔业中，制图类型主要
包括渔场图、生物和基因数据图、产卵场制图、环境变化图、鱼类洄游路线图、鱼类重
要栖息地制图等。我国所编制的渔场图基本内容包括：渔场的概况、渔场环境、经济鱼
类各生活阶段的生物学特征和渔获量统计等，实际已经包含了渔业制图的大多数类型。

8.4.1　渔捞日志或渔获量采样制图

　　通过 GIS 绘制渔业产量地图包括许多要素：每种捕捞工具捕捞量的地理分布，每种
捕捞工具上岸数据，捕捞工具活动区域（捕捞船舶分布从船舶监测系统或者采集主要的
捕捞船舶的活动区域），捕捞工具对目标物种的压力，主要捕捞区域和物种出现区域。

　　这些简单 GIS 技术揭示了变化渔业数据的空间和时间要素，提供重要的物种时空
分布信息。根据物种和渔业，捕捞和上岸数据地理分布可能分布在大范围区域或者集
中在特定小的区域。这些技术可能揭示捕捞和上岸数据和相应捕捞区域的地形特征
（例如水深），根据采样的渔业数据，这些方法提供关于特定区域生产潜能通过特定捕
捞工具，这些对于渔业管理者来说是无价的，用于开发空间元素的管理策略（例如，
确定季节性过度捕捞区域或者提出合适的海洋保护区域）。

　　绘制采样的渔业生物学数据（例如长度、重量、性别等）地图对于方便渔业资源
评估是非常重要的以及确定过度捕捞区域，特别是结合了捕获量/努力量数据。GIS 应
用综合这样的数据有助于确定小鱼捕捞区域和物种补充区域。此外，GIS 绘制基因数据
地图有利于确定在不同资源、杂交繁殖地理范围和种类差异的地理范围。这些数据提
供基因流动信息并对种群基因结构给出全面描述。

8.4.2　产卵场制图

　　找出和绘制物种季节性的产卵场对于种群数量的重建、保护和管理是非常重要的。
产卵场是物种栖息地的重要部分，由非常敏感区域组成，这些区域常和特定的环境变
量相联系（例如温度和盐度、底质类型和水深）。GIS 绘制这些敏感区域，通过综合许
多数据库来记录物种偏爱的产卵条件。在通过 GIS 绘制产卵场过程中的一个重要问题
是根据早期记录对底层沉积物类型地图进行绘制。底质的栅格数据和温度分布（SST）、

盐度（SSS）、水深数据综合在一起，利用生命历史数据关于物种产卵喜好的 SST、SSS、水深范围和底质类型作为限制参数综合发现潜在的物种产卵场。

8.4.3 渔场环境制图

海洋环境能够以至少两种方法影响鱼类种群的分布。水体移动能够使鱼类在水平方向和垂直方向不同距离内移动。水体温度、氧含量、到陆地距离、营养物质和盐分及其他要素，或者吸引鱼类或者驱散鱼类。两种影响的理解对确定合适的鱼类栖息地、找出物种偏好的生活环境条件并预报鱼类种群的丰度和分布都是必须的。现在，渔业资源分布和丰度的空间和时间趋势，至少在一定程度上，和环境变化相关得到日益认可。对大眼金枪鱼的资源评估研究，例如，主要的深水延绳钓渔业的目标物在太平洋海域，要求利用捕捞数据作为物种丰度的一个重要指数。由捕捞数据确定的渔业（大部分重要的商业种类都是这样）不必要表现种群丰度，而宁愿用资源的可捕量。反过来，可捕量是独立的，在相当程度上依赖于海洋环境条件的变动。海洋变化能够显著影响温跃层深度和大眼金枪鱼最有可能出现的深度。从生物学研究可知大眼金枪鱼偏好的索食栖息地的水温在 $8 \sim 15℃$，在温跃层底部附近，很明显，绘制物种数量随环境的变动地图的重要性在于它是管理和保护物种在生命过程中的特定阶段很关键。另一个例子是鱿鱼和章鱼，非常容易受温度和盐度影响物种。绘制某个区域物种数量随环境变化关系的地图能够提供非常有价值的物种信息关于喜好的环境条件和季节性的聚集栖息地。

一个明智的管理方法是开发海洋条件和变化地图，叠加历史和当前渔业捕捞数据在每个专属经济区或者任何商业渔业活动经常出现的区域。渔业数据分析由于在采样过程中的时空限制常常很复杂。渔业数据经常是不完全的或者某些区域没有充分地采样。这样，渔业数据的时间分析应该综合空间概念。利用 GIS 处理广泛的渔业和环境数据整合可能能够揭示隐藏模式和关系，对于渔业保护和管理政策的发展是非常有价值的。

8.4.4 洄游路线制图

利用 GIS 模拟渔业种群的移动（例如产卵或者觅食移动）是一个应用性主题，最近才刚刚开始。移动的类型（水平或者垂直）和移动尺度（大或者小）在绘制物种迁徙通道地图上是非常重要的。另一个重要的因素，和表层物种产卵或者觅食迁徙有关的就是环境在聚集区域和产卵或者觅食场的不同。这些变化可以整合在 GIS 迁徙模型中。例如，调查沙丁鱼，飞鱼，秋刀鱼和鲭鱼鱼群沿着日本群岛的迁徙路线等。

8.4.5 栖息地制图

栖息地是概括性词汇，用来描述物理、生物和生态的有机体世界。海洋物种，在它们的整个生命过程中，包括了某些地理区域里繁殖、补充、觅食和成熟。绘制这些区域季节性的地图对于物种监测和基于信息的管理是非常重要的。在美国，Magnuson/Stevens 渔业保护和管理条例要求地区渔业管理部门记录和确定物种的 EFH 在联邦渔业的管理计划。EFH 被确定并记录根据物种生命阶段通常出现的区域并包括那些水体和感光层对于鱼类产卵、繁殖、觅食和生长为成体。为了解释 EFH 定义，"水体"包括水生区域和它们相关的物理、化学和生物学特性，这些被鱼类利用，"感光层"包括沉淀物、水体下面的底部构造和相应生物群落，"必需品"指的是栖息地要求支持可持续发展渔业和保护的物种有利于健康生态系统和"产卵、饲养、觅食或者生长发育"包括物种的整个生命过程。确定和记录 EFH，美国国家海洋渔业中心的指导方针要求分析存在的信息在四个层次的细节：①物种的地理范围的分布数据的存在和缺乏；②物种栖息地相关浓度；③在栖息地内的生长、繁殖和存活率；④栖息地生长率。特别关注的栖息地区域（HAPC）是 EFH 的子集。这些区域特别容易受到人类导致的退化、生态重要性或者位于环境重点区域。一般，HAPC 包括高值潮间带和河口栖息地，离岸高栖息地值或者垂直地貌和用于迁徙、产卵和养殖鱼类和贝类的栖息地。

8.5　渔业和海洋虚拟现实技术

信息技术的发展为人们提供了更好的人机交互方式，其中虚拟现实是一种在 GIS 中有着重要价值的交互方式。

8.5.1　虚拟现实技术简介

虚拟现实技术（VR）是计算机硬件、软件、传感、人工智能、心理学及地理科学发展的结晶。它是通过计算机生成一个逼真的环境世界，人可以与此虚拟的现实环境进行交互的技术。

从本质上讲，虚拟现实技术是一种崭新的人机交互界面，是物理现实的仿真。它的出现彻底改变了用户和系统的交互方式，创造了一种完全的、令人信服的幻想式环境，人们不但可以进入计算机所产生的虚拟世界，而且可以通过视觉、听觉、触觉，甚至嗅觉和味觉多维地与该世界沟通。这是一种具有巨大意义和潜力的技术，正在迅速地发展之中。

8.5.2　VR 的意义

VR 具有极为深远的意义。它将组成人们的环境——一个极其广阔的世界级环境，它本身是共享的，协同的，分布的。这个环境是虚拟的现实，必须是真实世界的仿真，因而地理信息的可视化将是第一位的。

世界是不能试验的，大的环境工程也不能试验。甚至小到一个雕塑、一个零件，进而一栋房屋，一项工程，大而言之一场战争，其实际运作需要很多时间和经费，而且大型的过程无法重新进行，现在可以在虚拟现实中进行模拟和实验，找出最佳方案。VR 技术使用前景是无可估量的，其意义是极其巨大的，它是影响整个 21 世纪及未来的信息技术。

要制造好一个虚拟现实，就必须加深理解我们的现实世界，尤其是地学环境，这是不可缺的。途经几千年历史长河的地学科学，它对地学环境的描写，对浩瀚信息的综合概括，层次化图形符号的模型化表达是正在迅速发展中 VR 的基石和向导。相对而言 VR 技术的发展，对地理信息的可视化将提出更高、更复杂的要求。

8.5.3　VR 技术的应用与 VR-GIS

VR 技术最先进的应用领域就是军事国防。

飞行模拟：飞行员的飞行训练是一件十分昂贵、危险和困难的事，由于飞行费用昂贵，飞行均在高速中进行，天空中对飞行员的保护又很有限，对飞机的保护几近于零。一个细小的疏忽，就会造成机毁人亡的严重事故。因此，世界上 VR 的应用均首先从飞行模拟开始。飞行员戴上头盔，坐在 VR 装备的飞行座舱内，由 VR 制作的飞行"气氛"和电子地图及飞行仪表的显示，以及驾驶员进行操作，机械和仪表的相应运作及反馈，使飞行员在虚拟的飞行状态中进行各种训练，大大提高了飞行员训练密度、强度和质量以及降低了训练的费用。

战斗模拟：VR 应用不仅用于飞机，而且还用于船舰、坦克通讯及步兵演习。随着网络 VR 技术的出现，美军得以在被其称为"防御模拟互联网"的全球范围内实施 Simnet 坦克战斗计划。最先广泛应用的场合是海湾战争，Simnet 几乎可以使每场战斗或战役之前在 VR 中进行模拟训练。海湾战场已变成大规模的电子沙盘实景，用于其中的地形环境仿真。

实际上，今后的 VR 技术利用电子地图技术制作大型电子沙盘实景，给出战斗、战役的地形地貌环境，使每场战斗之前能够进行模拟演习，将大大提高战争艺术，减少伤亡，对争取胜利是十分有利的。

制作虚拟现实环境与利用地理信息，制作数字地图，三维电子地图，具有直接的联系，在 VR 技术中，存放在"世界数据库"中的 VR 环境数据是不可缺少的部分。VR 是一个正在迅速发展的技术领域，其前景无可限量。

第9章　地理信息系统模型与建模

地理信息系统的主要目的在于利用计算机和空间数据库的支持为用户解决现实世界的各种问题。就渔业而言，则主要解决的是作为渔业管理、渔业监控和渔业作业的辅助决策工具。要实现这些功能，有时候简单的空间分析无法达到要求，这就需要建立代表渔业问题的各种模型，这些模型一般是基于一定的数学基础，可以在计算机中实现。和空间分析不同，地理信息系统模型可以对真实世界的渔业问题进行模拟，为决策者提供不同场景下的决策支持。

9.1　地理信息系统模型的基本元素

9.1.1　模型的分类

GIS 用户所用的许多模型是很难进行分类的。

模型可以是描述的或者规则的。描述模型描述空间数据的现有情况，而规则模型则对将会出现的情况提供预测。

模型可以是确定性或随机的，确定性模型的变量具有唯一值，而随机模型假定变量遵循某些概率分布。

模型可以是动态或静态的，动态的模型把时间作为变量，静态模型不考虑时间。

模型可以是推论的或归纳的，推论模型基于理论，归纳模型基于经验数据。

在渔业地理信息系统中，经常用到的模型有很多，包括一般的数学统计模型和机器学习模型等。

9.1.2　建模过程

GIS 建模需要一系列的步骤：

（1）明确建模目的，即给研究的问题一个定义。

（2）将模型分解成各种元素。

（3）模型的应用和校正。

模型校正（model calibration）是指建立预报模型方程之后，对于模型系数的估值

（estimation）以及模型的调整（adjustment）。Rykiel 曾将模型校正定义为"对模型参数和常数进行估计和调整"。在渔情预报模型中，除了模型参数和常数之外，模型校正还包括对自变量（即用于预报的环境因子）的调整。Harrell 的研究表明，为了增加预测模型的准确度，自变量的个数不宜太多。在利用海洋环境要素进行渔情预报时，选择哪些环境因子是一项比较重要也非常困难的工作。除了自变量的选择之外，对于现代统计学方法，模型调整还包括自变量的变换、平滑函数的选择等。根据预报模型的不同，模型参数估值的方法也不一样。例如对于各类统计学模型，回归系数主要采用最小方差、最小偏差或极大似然估计等方法进行估算。而对于人工神经网络模型，权重系数则主要通过模型迭代计算至收敛而得到。

（4）模型的评价。

模型评价（model evaluation）主要是对于预测模型的性能和实际效果的评价。模型评价的方法主要有两种：一种是使用相同的数据进行模型校正和模型评价，采用变异系数法或自助法评价模型；另一种方法则是采用全新的数据进行模型评价，评价的标准一般是模型拟合程度或者某种距离参数。

9.1.3　渔业 GIS 建模的思路

一种是基于渔业生物学的思路，即通过分析各种环境条件（包括生物条件和非生物条件）对于鱼类行为的影响，建立起鱼类相对于单个环境要素变化的适应范围或响应函数（或适应范围），然后选取对于鱼类行为影响较大的关键环境因子，综合而得到模型。从生态学观念来看，这些模型主要以基础生态位（fundamental niche）或资源选择函数（resource selection function，也称为物种响应函数，species response function）为基础。其中，基于基础生态位的模型主要以环境阈值法（environmental envelope，也可称为多因子叠加法）来实现，基于资源选择函数的模型则主要以环境距离法（environmental distance，如各类栖息地适应性指数方法）来实现。这两类方法都是以统计学手段得到鱼类的基础生态位或物种响应函数的。

另一种是知识发现的思路，即以现有的渔业调查和渔业生产数据以及海洋卫星遥感等手段获取的海洋环境数据为基础，通过各类机器学习方法在数据中发现渔场形成的规律，建立基于规则、决策树、人工神经网络、元胞自动机等形式的模型。

总的来说，基于统计学的预测模型以"回归"（regression）为中心，其模型结构是预先设定好的，主要通过已有数据估计出模型系数，然后用这些模型进行渔场预测，可以称之为"模型驱动"（model-driven）的模型。而基于机器学习方法的模型则以模型的"训练"（training）为中心，主要通过各种方法从数据中提取渔场形成的规则，然后使用这些规则进行渔场预报，是"数据驱动"（data-driven）的模型。过去十年以来，统计学和计算方法都发生了巨大的变化，传统的统计学方法与监督分类方法的区别实际上已经变得模糊。

9.2　渔情分析和渔场预报模型

9.2.1　基于统计学的模型

1. 一般线性回归模型

早期或传统的渔业 GIS 模型主要采用以经典统计学为主的回归分析、相关分析、判别分析和聚类分析等模型方法。其中最有代表性的是单变量或多变量的一般线性回归模型，通过分析海表面温度（SST）、海表温度梯度（GST）、海水盐度（SSS）、叶绿素（CHL）等海洋环境要素与历史渔获量或者 CPUE 之间的关系，建立回归方程：

$$Catch(orCPUE) = \beta_0 + \beta_1 \cdot SST + \beta_2 \cdot CHL + \cdots + \varepsilon$$

一般线性回归模型采用最小二乘法对回归方程中的参数 β_i 进行估计，然后利用这些方程进行预报。

2. 广义线性（Generalized linear models，GLM）模型和广义加性（Generalized additive models，GAM）模型

由于海洋渔业数据结构复杂，常常无法满足一般线性模型中对于样本数据的假设，因此在渔业资源领域中，由一般线性模型扩展而来的 GLM 和 GAM 模型应用更为广泛。

GLM 模型通过对响应变量（即模型的输出变量）进行一定的变换，将基于指数分布（包括二项分布、负二项分布、泊松分布和指数分布）的回归与一般线性回归整合起来，可以对不同误差结构的数据进行处理。GLM 模型的回归方程如下：

$$g(E(Y)) = LP = \beta_0 + \sum_{i=1}^{p} \beta_i \cdot X_i + \varepsilon$$

方程中的 LP 或 $g()$ 称为连接函数，根据响应变量 Y（渔获量、CPUE 或者是好渔场的概率）的分布的不同而变化。例如当 Y 代表好渔场的概率时，其数学期望可能满足二项分布，可以选择连接函数 $LP = \log(\dfrac{E(Y)}{1 - E(Y)})$。

GLM 模型另一个扩展之处是对于自变量的扩充处理。GLM 模型可以对自变量进行各种形式的变换，另外也可以加上一些反映自变量之间相互关系的函数项。这样 GLM 模型实际上以线性的形式实现了非线性回归。自变量的变换包括多种形式，如多项式、分段函数等，多项式形式的 GLM 模型回归方程如下：

$$g(E(Y)) = LP = \beta_0 + \sum_{i=1}^{p} \beta_i \cdot (X_i)^p + \varepsilon$$

GAM 模型是 GLM 模型的非参数扩展。其回归方程形式如下：

$$g(E(Y)) = LP = \beta_0 + \sum_{i=1}^{p} f_i \cdot X_i + \varepsilon$$

GLM 模型中的回归系数 β_i 被平滑函数 f_i 所取代。这里的 f_i 一般是某种局部散点平滑函数，如移动平均、样条平滑、局部多项式回归等。与 GLM 模型相比，GAM 更适合处理非线性问题。

3. 贝叶斯统计方法

贝叶斯统计理论基于贝叶斯定理，即通过先验概率以及相应的条件概率计算后验概率。其中先验概率是指渔场形成的总概率，条件概率是指渔场为"真"时环境要素满足某种条件的概率，后验概率即当前环境要素条件下渔场形成的概率。贝叶斯理论在分类方面的应用中效果显著，已经被广泛地应用于生物分布预测，在渔情预报中也已经有少量应用。

4. 时间序列分析

时间序列（time series）是指具有时间顺序的一组数值序列，对于时间序列的处理和分析具有静态统计处理方法无可比拟的优势，随着计算机以及数值计算技术的发展，已经形成了一套完整的分析和预测方法。

5. 空间分析和插值

空间分析的基础是地理实体的空间自相关性，即距离越近的地理实体相似度越高，距离越远的地理实体差异性越大。空间自相关性被称为"地理学第一定律"（First Law of Geography），生态学现象也满足这一规律。空间分析主要用来分析渔业资源在时空分布上的相关性和异质性，如渔场重心的变动、渔业资源的时空分布模式等。但也有部分学者使用基于地统计学的插值方法（如克里金插值法）对少量的渔获量数据进行插值，在此基础上对渔业资源总量或空间分布进行估计。值得说明的是，空间分析的功能偏重于分析而不适合于预测。早期的统计预报模型一般很少考虑渔获量数据相对于位置（经纬度）的信息，随着人们对空间自相关性的认识，大多数渔情预报模型在进行统计回归时都已经将经纬度作为自变量代入了模型。

6. 地理加权回归模型

地理加权回归就是用回归原理研究具有空间（或区域）分布特征的两个或多个变量之间数量关系的方法，在数据处理时考虑局部特征作为权重。地理加权回归的特点是通过在线性回归模型中假定回归系数是观测点地理位置的位置函数，将数据的空间特性纳入模型中，为分析回归关系的空间特征创造了条件。

9.2.2 机器学习方法

关于空间的渔场预测也可以看成是一种"分类"（classification），即将空间中的每一个网格分成"渔场"和"非渔场"的过程。这种分类过程一般是一种监督分类（supervised classification），即通过不同的方法从样本数据中提取出分类的规则，也就是渔场形成的规则，然后使用这些规则对实际的数据进行分类，将海域中的每个点分成"渔场"和"非渔场"两种类型。提取分类规则的方法有很多，一般都属于机器学习方法。机器学习（Machine learning）是研究计算机怎样模拟或实现人类的学习行为，以获取新的知识的方法。机器学习方法很多，包括决策树、人工神经网络、遗传算法、最大熵值法、元胞自动机、支持向量机、组合方法（分类器聚合法）等。目前在渔情预报方面应用最广泛的模型主要有人工神经网络模型、基于范例推理的模型两类。

1. 人工神经网络模型

人工神经网络（Artificial neural networks，ANN）模型是由模拟生物神经系统而产生的。它是由一组相互连接的结点和有向链组成的网络，分为输入层、输出层和隐藏层。人工神经网络的主要参数是连接各结点的权值，这些权值一般通过样本数据的迭代计算至收敛得到，收敛的原则是最小化误差平方和。确定神经网络权值的过程称为神经网络的学习过程。当神经网络结构较为复杂时，学习相当耗时，但在预测时速度很快。人工神经网络模型可以模拟非常复杂的非线性过程，在海洋和水产学科已经得到广泛应用。在渔情预报方面，人工神经网络模型也是应用最广泛的模型之一。

2. 基于范例推理的预报模型

范例推理（Case-based reasoning，CBR）模拟人们解决问题的一种方式，即当遇到一个新问题的时候，先对该问题进行分析，在记忆中找到一个与该问题类似的范例，然后将该范例有关的信息和知识稍加修改，用以解决新的问题。在范例推理过程中，面临的新问题称为目标范例，记忆中的范例称为源范例。范例推理就是由目标范例的提示，而获得记忆中的源范例，并由源范例来指导目标范例求解的一种策略。这种方法简化了知识获取，通过知识直接复用的方式提高解决问题的效率，解决方法的质量较高，适用于非计算推导，在渔场预报方面有广泛的应用。

9.3　栖息地适应性指数模型

一般而言，栖息地是生物的个体或种群居住的场所，又称生境。指生物出现在环境中的空间范围与环境条件总和，包括个体或群体生物生存所需要的非生物环境和其他生物。20世纪中期以前的美国生态学家克列门茨和谢尔福德认为："所谓生境，是仅包括与生物或生物群落相应的物理和化学因素的场所。"这是基于把生物群落看成是统一体，生物因素是与生物相互作用有联系的统一体内在的东西，而不该属于环境的观点方法。1998年Morrison认为栖息地是指动物栖息的生态地理环境而言。在渔业资源研究中，很重要的一点是要对鱼类栖息地进行研究，研究的主要内容是生物栖息环境的变化对生物活动的影响，因此在渔业中，栖息地一般是指鱼类及其他水生动植物出现的物理化学环境，但近年来，越来越多的研究发现，只考虑非生物因子的影响，会出现一些生物栖息地分布无法解释的现象或斑块，因此一些生物因子也逐渐被考虑进来。

动物的生存环境是动物生存的首要条件，动物从其所生存的周围环境中取得一切必要的生存条件，如水、食物、隐蔽地和繁殖场所。每一种动物都有它所需要的特定的栖息地，一旦动物所赖以生存的栖息地缩小或消失，动物的数量也随之减少或灭绝。保护和管理好一个栖息地的重要前提是正确分析和评估栖息地的优劣，而栖息地适宜性指数（Habitat Suitability Index，HSI）是一种评价野生生物生境适宜度程度的指数。研究生境适宜度指数常取三个环境变量的几何平均值，所评价的生境要素取值范围为 0~1。HSI 模型最早由美国鱼类与野生动物局开发，用来描述鱼类与野生动物的生境质量。HSI 是一个从 0.0 至 1.0 的数量指数，0.0 表示不适宜生境，1.0 表示最适宜生境（U. S. Fish and Wildlife Service，1981）。它主要立足于生境选择、生态位分化和限制因子等生态学理论。依据动物与生境变量间的函数关系构建，因此，HSI 模型特别适于表达简单而又易于理解的主要环境因素对物种分布与丰富度的影响。近年来国内学者也对环境变量的选择及指数综合的方法做了进一步研究。

栖息地指数广泛运用于陆生生态系统濒危野生动物的丰富度及分布方面，在水生环境中运用相对较少。本文阐述了栖息地指数在渔业中的应用原理及方法，着重从渔业保护区、渔场分析、生态养护与管理以及资源量估算等几个方面综述了栖息地指数在渔业中的应用，最后对目前的研究结果和现状进行了分析和总结，并提出展望，为更好地把握栖息地指数在渔业中的应用方向提供基础。

9.3.1 研究原理和方法

影响渔业栖息地指数的因子有很多，包括环境因子和生物因子以及人类的影响，河道及河口环境和海洋环境对因子的选择略有不同。在河道和河口中，主要考虑的环境因子有静水深、水底地质、水温、水体流速、潮汐等，生物因子主要是与研究对象相关的捕食者和竞争者；在海洋环境中，主要的非生物因子包括海洋表面温度、盐度、水深、波浪能量、海底形态、叶绿素、沉积物等，生物因子包括浮游生物量、海草、珊瑚和捕食者等。针对特定的水环境研究对象，并不是考虑其所有的非生物和生物因子，其研究方法也不同。大多数研究仅仅考虑单个环境因子对生物分布的影响，这个与现实的情况是不相符合的，虽然我们无法测量到影响生物分布的所有变量，但是如果可以把影响生物分布的主要因素对生物分布进行整体研究，如此将有利于提高研究结果的精确度，更好地理解生物体与周围环境之间的关系，从而了解生物体的具体分布。因此，越来越多的学者对影响水生生物分布的水环境要素的综合影响进行了研究。

1. 单因子影响

分析单个因子对生物分布的影响，是渔业栖息地研究中最基本的方法，其构建模式也相对比较简单。其中所指的数学理论算法有很多，包括一般线性回归（generalized linear modeling，GLM）、线性相加模型（generalized addictive modeling，GAM）、多元线性回归（multiple linear regression，MLR）、逻辑斯蒂克回归（logistic regression，LR）、分位数回归（quantile regression，QR）、模糊神经网络（fuzzy neural network）等，最终建立生物 HSI 模型。针对栖息在不同水域的生物特性，其运用的数学理论算法有所不同（见图 9-1）。

图 9-1　单因子 HSI 模型构建示意图

2. 相互独立的多因子综合影响

生物栖息地是一个非常复杂的生态系统，综合考虑多个因子的影响能更好地解释并预测生物的分布。但是数据的收集需要大量的人力、物力及时间，不可能将所有的因子都考虑进来，因此变量的选择是至关重要的，这些变量应该被考虑进将来的管理计划中，因为它们能指示出物种的栖息场所。通过主成分分析、相关性分析或经验值选择等方法选择其中几个最为重要的因子或与生物分布显著相关的因子再做进一步分析。

在不考虑各主要因子之间的相互作用的前提下，HSI 模型构建示意图如下所示。数学理论算法类似单因子分析方法，由此计算出各因子的 SI，最后利用指数综合算法得出 HSI 模型，其中综合方法一般包括连乘法（continued product，CP）、最小值法（minimum，Min）和几何平均法（geometric mean，GM）、算术平均法（arithmetic mean，AM）（见图 9-2）。

3. 相互作用的多因子综合影响

在因子选择过程中，某些因子可能单独考虑时对生物分布没有影响或影响不显著，但与其他因子共同考虑时对生物分布影响显著，说明这些因子之间可能存在相互作用，共同对生物分布产生影响，这时可以通过双因子或多因子相关性分析将这些影响考虑进来。

（1）不受时间影响的多因子综合影响。

在不考虑时间影响的前提下，对存在相互作用的多因子综合影响生物分布进行分

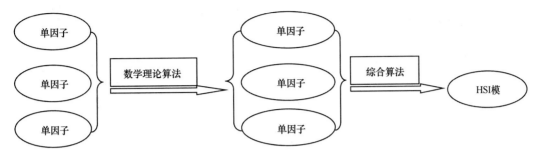

图 9-2　相互独立的多因子 HSI 模型构建示意图

析，可以将数据依据情况按年、季度、月等通过合适的数学理论方法分别算出不同时间尺度下的 HSI 模型，最后将这些模型综合成一个总的 HSI 模型（见图 9-3）。

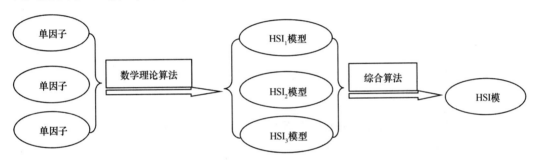

图 9-3　相互作用的不受时间影响的多因子综合影响

（2）受时间影响的多因子综合影响。

然而，对水生生物而言，在其不同的生活史阶段可能其栖息的环境不同，并且对商业性渔业而言，还存在鱼汛季节，因此根据不同的数据，应采取不同的分析方法。考虑受时间影响的相互作用的多因子综合分析流程如图 9-4 所示。

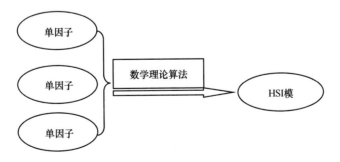

图 9-4　受时间影响的相互作用的多因子综合分析流程

9.3.2　栖息地指数的应用

栖息地指数在陆生动植物中得到了广泛运用，在水生动植物的应用也越来越多，以下就分别从保护区、渔场分析、生态养护与管理及资源量估算等方面阐述栖息地指数在渔业中的应用。

1. 栖息地指数在渔业保护区的应用

渔业保护区作为渔业管理工具对开发和保护稚鱼和成鱼是有用的，特别对濒危物种，栖息地指数在建立渔业保护区并评价其作用等方面起到很重要的作用。地中海特有种——濒危帽贝铁锈笠螺（*patella ferruginea*）的栖息环境用量化的环境因子（水体流动、泥沙淤积和悬浮固体）及 70 个断面对其进行了估计。在西南大西洋鲨鱼海洋保护区，Garla 等研究了加勒比礁鲨（*carcharhinus perezi*）的最适栖息水深和栖息底质等。在加拉帕戈斯海洋保护区，利用 MODIS 卫星数据（叶绿素）及叶绿素浓度、硝酸盐、盐度和温度等实测数据分析了浮游植物的分布及对富饶的栖息地进行了鉴定。在法国罗纳河的鲟鱼恢复计划中，环境研究表明罗纳河可能存在鲟鱼的适宜栖息地，主要是产卵场和摄食场。Embling 等利用静水深及持续的水文变化等物理因子建立 GAMs 对苏格兰西海岸大陆架水域的港口鼠海豚（*phocoena phocoena*）高密度区域进行了预测。

2. 栖息地指数在渔场分析中的应用

能够准确地描述和预测渔场的分布能节省开发和利用渔业资源的成本并提高经济效益。Gore 等利用液压应力模型中的指数多项式模型分析了淡水螯虾（*orconectes neglectus*）的生境适宜性及其时空变化。Eastwood 等用分位数回归模型分析了舌鳎（*solea solea*）肥育场的空间分布。Freeman 等利用主成分分析和 GAM 相结合的方法基于一系列物理因子构建了大型底栖动物（棘皮动物和甲壳类等）的生境特征，这种方法用来预测物种个体的生境偏好，进一步描绘物种可能出现在不同生境的范围，即生境包络（habitat-envelope）。河口肥育场中的温带比目鱼（*pseudopleuronectes americanus*）在其生活史的不同阶段，包括仔鱼期、稚鱼早期及稚鱼期，其栖息环境处于动态变化中。Gillenwater 等针对水坝拆除和河流恢复，研究了大眼梭鲈（*sander vitreus*）的产卵场栖息地的适宜性。由于鱼类栖息地选择是由多种环境因子相互作用影响的，使得很难将物理环境和生境偏好联系起来，因此，Fukuda 等利用模糊神经网络模型对日本青鳉（*oryzias latipes*）栖息地进行了预测。Sullivan 等用麦考尔流域模型对底栖鱼类的生境适宜性进行了估计。Gómez 等对默氏牙银汉鱼（*odontesthes bonariensis*）的适宜的物理化学生境进行了探讨，研究了水质特征与该鱼的分布，并提出一套不管在人工还是自然条件下的银汉鱼驯养的最佳水质指标。由于肥育场的密度依赖效应，稚鱼期鱼类栖息地对补充群体及成鱼是非常重要的，Rooper 等对太平洋鲈深海肥育场生境利用做了评估。Stoner 等用多变量统计分析和 GIS 相结合研究了稚鲽在肥育场的空间分布与环境变量之间的关系。Anderson 等研究了底栖鱼类的空间分布和丰度与栖息地结构组成之间的关系。Nañez 等研究表明漠斑牙鲆在靠近海湾入口的覆盖有植被的沙质区域丰富度较高，而远离入口无植被的淤泥底质丰富度较低。Tian 等比较了基于 CPUE 的 HSI 模型和基于捕捞努力量的 HSI 模型，得出基于捕捞努力量的 HSI 模型能更好地定义西北太平洋褶柔鱼（*ommastrephes bartramii*）的最适栖息地。Durieux 等利用寄生虫最适宜生境的自然标志研究了舌鳎肥育场的栖息地特征及其空间分布。

3. 生态养护与管理

目前在海洋生态中，大范围空间预测物种的分布及栖息地的适宜性模型是一个很大的挑战，由此产生的知识可以大量运用到支持环境法规的实行、海岸带综合管理及生态系统渔业管理中。HSI 模型已经被广泛接受为一种生态管理方法用来预测压力及恢复措施对栖息地和种群的影响。Shields 等研究通过增加木本植被与石头结构重建被毁坏了的水生生物栖息地。北太平洋中上层鱼类标记计划中，收集了 20 种目标鱼种的环境信息与个体行为，研究它们对大洋栖息地的利用。Vinagre 等比较了葡萄牙塔古斯河口的两种舌鳎的适宜栖息地，为物种管理定义了变量。Le Pape 等比较了法国塞纳河河口与其他河口和海岸的比目鱼肥育场功能来确定人为干扰对栖息地的影响。海岸与河口系统一直受到人类活动的威胁，其生态功能被毁坏，特别是对许多海洋物种的肥育行为，生态系统的保护成为渔业资源管理中的关键问题，为此，Nicolas 等对稚鱼期舌鳎肥育场的栖息地适宜性及其质量做了评估。Tomsic 等利用耦合生态水动力学模型预测了水质敏感鱼类及大型无脊椎动物在水坝拆除前后的栖息地变化。Bradbury 等划定了纽芬兰海岸大西洋鳕离散且非常重要的栖息地要求，为管理决策提供大致的空间范围。Degraer 等对北海比利时海域的大型底栖动物群落的空间分布做了研究，为生态可持续海洋管理提供支持。Galparsoro 等基于海底地形、波浪能量和水深测量等利用生态—生态位因子分析方法预测了欧洲龙虾（*homarus gammarus*）的适宜栖息地。Mouton 等利用优化后的模糊栖息地适宜性模型对水生无脊椎动物及鱼类进行了分析，为更多相关生态模型的建立以及生态管理做出了贡献。

4. 资源量估算

随着栖息地指数的发展及运用，各国学者开始从定性分析转向定量分析。为管理决策者提供有效信息与参考。Le Pape 等对舌鳎（*solea solea*）的栖息地适宜性做了定量描述，指出这种定量分析方法在舌鳎肥育场中的重要性，并证明了肥育场栖息地的能力（河口的范围）与补充群体之间的关系。Vincenzi 等基于 GIS 的 HSI 模型估计了地中海沿岸湖泊中马尼拉蛤的经济产量。2007 年，Le Pape 等进一步基于底表栖息的动物对该物种生境适宜性做了定量分析，填补了用以往的模型无法解释舌鳎分布中存在变异的一些信息。Loots 等基于 SST、水深及表面叶绿素 a 的浓度用 GAM 与 GIS 相结合预测和用地图表示了南极电灯鱼（*electrona antarctica*）的资源量。2007 年，Vincenzi 等进一步对该物种的经济产量进行了估算，对基于专家意见的 HSI 模型、基于观测数据的 HSC（habitat suitability conditional）模型和基于专家知识与回归分析的 HSM（habitat suitability mixed）模型作了比较。

栖息环境与生物分布的关系研究中，从环境因子数据的收集——因子的选择——因子 SI 的计算——综合 HSI 模型的建立的整个过程，每一个步骤都显得十分重要，因为都有可能影响最终的结果，这个过程也存在很多困难与不足，如数据的收集是项很浩大的工程，因子的选择也可能漏掉对生物分布影响很重要的因子，因子 SI 的计算方法中各自也存在不足之处，综合 HSI 模型仅通过简单的数学方法构建。如何克服这些困难，从而准确分析和预测生物分布，成为今后研究的重点。

尽管 HSI 模型存在着一定的问题和局限性，但其优越性也是其他生境模型所无法相比的。因此栖息地指数在渔业中的应用受到保护者、立法者、管理者及广大渔民的关注与重视。结构复杂的栖息地在温带海洋环境中变得越来越少，事实上海岸和海洋世界越来越平坦，有些地方海洋栖息地完全丧失，很多情形下，这种丧失是一个循序渐进的过程，由复杂生境到简单生境，生境结构的丧失一般导致生物量的降低，通常降低物种的丰度。不仅在温带海洋中栖息地受到威胁，在其他海域及内陆水域中水生生物的栖息地也可能受到同样的威胁。栖息地指数能够指示生物的最适环境条件、预测生物分布、估算资源量及评价生物生境适宜度等，从而在保护区的建立与评价、渔场分析、资源量估算和生态养护与管理等方面作出贡献。

9.4　元胞自动机

元胞自动机（Cellular Automata，CA），也称为细胞自动机或单元自动机，是一种基于微观个体相互作用、在时间和空间上都离散的动力学系统，最早由美国数学家 Ulam 和 Neumann 于 20 世纪 40 年代提出，后来英国计算科学家 Wolfram 给出了其正式定义并将 CA 应用于复杂系统。20 世纪 80 年代以来，元胞自动机广泛应用于地学领域，产生了地理元胞自动机（Geographical Cellular Automata，Geo-CA）。

9.4.1　元胞自动机基本概念

1. 元胞自动机的定义

在 CA 模型中，散布在规则格网（Lattice）中的每一个元胞取有限的离散状态，遵循统一的转换规则，依据确定的局部规则作同步更新。大量元胞通过简单的相互作用而构成动态系统的演化。元胞自动机不同于一般的动力学模型，它不是由严格定义的物理方程或函数确定，而是用一系列模型构造的规则构成，凡是满足这些规则的模型都可以算作是元胞自动机模型。因此，元胞自动机是一类模型的总称，或者说是一个方法框架。Geo-CA 是 CA 在地学领域的应用，它保留了 CA 的基本性质同时增加 CA 的地理特性，是传统城市模型的动力学可视化方法，是对 GIS 空间分析的重要补充。

2. 元胞自动机的基本要素

CA 的四个基本要素为元胞、状态、邻居以及转换规则，而其他非基本要素则包括元胞空间和时间。

（1）元胞（Cell）。又称为细胞或单元，是元胞自动机的最基本的组成部分。元胞分布在离散的一维、二维或多维欧几里德空间的晶格点上。在 Geo-CA 的城市模拟中，元胞指土地单元，即栅格影像的一个像素，根据所用的地图尺度，元胞所代表的土地面积会存在差异。

（2）状态（State）。状态可以是二进制形式，或是离散集，实际应用中每个元胞可以拥有多个状态变量。城市发展模拟中，存在城市、非城市及水域等多种状态，在复杂土地模拟中，每种土地利用类型代表一种元胞状态，根据土地分类详细程度，将存在更多的元胞状态。

（3）元胞空间（Lattice）。元胞所分布的空间网点集合。元胞自动机按空间维数可以分为一维、二维及三维。一维 CA 理论和应用发展已经很完善，如生命游戏、格子气自动机等，但是一维 CA 在地理现象的模拟中应用十分有限。在地理现象的模拟中，通常元胞空间均为二维，本研究也不例外。

（4）邻居（Neighbor）。在一维元胞自动机中，通常以半径来确定邻居，距离为 1 的所有元胞，均被认为是该元胞的邻居。二维元胞自动机的邻居定义较为复杂，但是距离半径仍然作为判断依据，半径不同，得到的邻居数量也不同。在地理元胞自动机的城市模拟中，通常采用 Moore 型或扩展 Moore 型邻居。

（5）规则（Rule）。根据元胞当前状态及其邻居状况确定下一时刻该元胞状态的动力学函数，即状态转换函数（Transition Function）。转换规则是元胞自动机的核心，也是 CA 研究关注的焦点。

（6）时间（Time）。元胞自动机是一个动态系统，它在时间维上的变化是离散的，即时间是整数值，而且连续等间距。元胞在 $t+1$ 的状态，由 t 时刻的状态直接决定。在城市模拟中，每一次循环代表一个固定的时间长度，但是该时间长度究竟相当于多长的实际时间，需要通过模拟结果与城市实际发展对比来确定。

9.4.2　Geo-CA 的基本原理

1. 元胞的邻居

邻居是元胞自动机的基础规则，中心元胞通过综合自身及其邻居的状态来计算下一时刻的状态。常用的几种 CA 邻居如下（见图 9-5）。

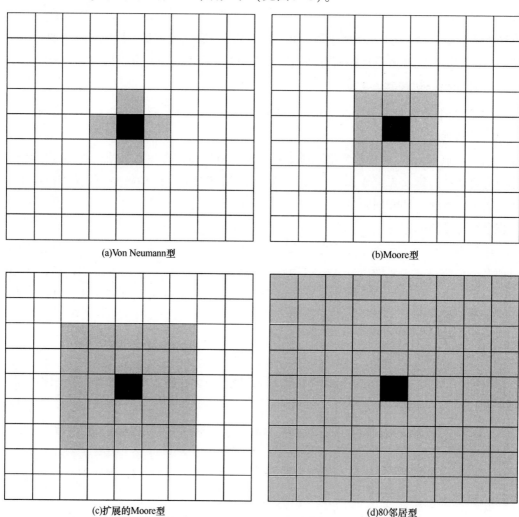

图 9-5　常见的几种元胞邻居定义

（1）Von Neumann 型。

一个元胞上下左右相邻四个元胞为其邻居，半径为 1，邻居数为 4，其数学定义为：

$$N = \{v_i = (v_i^x, v_i^y) \mid |v_i^x - v_o^x| + |v_i^y - v_o^y| \leqslant 1, (v_i^x, v_i^y) \in z^2\}$$

其中 v_i^x, v_i^y = 邻居元胞的行列坐标值

v_0^x, v_0^y = 中心元胞的行列坐标值

（2）Moore 型。

一个元胞的上、下、左、右、左上、右上、左下及右下的八个元胞为其邻居，邻

居半径为 1，邻居数为 8，其数学定义如下：

$$N = \{v_i = (v_i^x, v_i^y) \mid \mid v_i^x - v_o^x \mid \leqslant 1, \mid v_i^y - v_o^y \mid \leqslant 1, (v_i^x, v_i^y) \in z^2\}$$

其中 v_i^x，v_i^y = 邻居元胞的行列坐标值

v_0^x，v_0^y = 中心元胞的行列坐标值

（3）扩展的 Moore 型。

把 Moore 型的邻居半径扩展为 2，扩展后的邻居数为 24，其数学定义如下：

$$N = \{v_i = (v_i^x, v_i^y) \mid \mid v_i^x - v_o^x \mid \leqslant 2, \mid v_i^y - v_o^y \mid \leqslant 2, (v_i^x, v_i^y) \in z^2\}$$

其中 v_i^x，v_i^y = 邻居元胞的行列坐标值

v_0^x，v_0^y = 中心元胞的行列坐标值

（4）80 邻居型。

80 邻居型是扩展 Moore 型的一种，把半径扩展到 9，邻居数为 80，其数学定义如下：

$$N = \{v_i = (v_i^x, v_i^y) \mid \mid v_i^x - v_o^x \mid \leqslant 9, \mid v_i^y - v_o^y \mid \leqslant 9, (v_i^x, v_i^y) \in z^2\}$$

其中 v_i^x，v_i^y = 邻居元胞的行列坐标值

v_0^x，v_0^y = 中心元胞的行列坐标值

2. Geo-CA 转换规则

Geo-CA 是在二维元胞空间上运行的，通常情况下会将模拟空间划分成为一致的规则网格。元胞的状态集是有限的，某一时刻 t 的元胞状态只能是该有限状态集当中的一种。在多数情况下，城市元胞具有两种状态，即城市元胞（Urban Cell）和非城市元胞（Non-Urban Cell）。但是近年，也出现了许多研究成果把城市土地划分为多种类型来进行模拟的，这样地理元胞便具有多种状态，从而成为复杂土地利用模拟。

标准的 Geo-CA 可以用数学语言正式定义为：

$$S^{t+1} = f(S^t, N)$$

其中 S = CA 的状态集合

N = 元胞的邻居

f = CA 的转换规则

真实的地理发展演化过程受到各种自然、经济、社会因素的制约，自然因素如河流、高山等，社会因素如政策、规划、人口等，都是地理空间发展的影响因素。因此，在模拟实际地理变化发展的过程中，模型还需尽量考虑这些因素，从而能够更真实地模拟地理演变过程。加入限制条件的 Geo-CA 转换规则可以表示为：

$$S^{t+1} = f(S^t, N, con())$$

其中 con（）= 元胞转化的限制条件

目前 Geo-CA 模型较为薄弱的一点，是预测地理现象的突发性事件。通常，一些地

理现象会因自然灾害以及重大政策变化等脱离正常轨道，出现无法预料的结果。因此，为解决此类问题有学者提出在模型中加入随机因子，即：

$$S^{t+1} = f(S^t, \ N, \ con(\ ), \ sto(\ ))$$

其中 sto（）＝元胞转化的随机因素

也有学者指出，可以利用另一种方法，即在最终判断状态是否转换的时候，给判别阈值加上随机因素，即：

$$S^{t+1} = \begin{cases} S_a, & S^t \in Ran(\ ) \\ S_b, & S^t \notin Ran(\ ) \end{cases}$$

其中 S_a，S_b ＝元胞状态

$Ran(\ )$ ＝随机阈值

3. Geo-CA 与 GIS

复杂地理现象，如城市发展、土地利用变化、生物迁徙、环境演变、疾病扩散、火灾蔓延等均是复杂的时空动态演化过程，这些地理现象的发展过程往往较其最终形成的空间格局更为重要。这类地理现象的动态模拟，是目前的 GIS 空间分析功能无法满足的，这为 Geo-CA 的发展提供了广阔的空间。Geo-CA 模型基于复杂系统与复杂性科学，采用"自下而上"（Bottom-Up）的研究方法，即微观离散的模拟方法，通过个体之间遵循一定规则的相互作用，产生宏观上一致的某种结果和现象。

早期的 Geo-CA 在模拟过程中忽略了很多地理特性，因此模拟中很难达到满意的精度。20 世纪 80 年代末期，伴随着计算机硬件性能的不断提高，GIS 得到迅猛发展。这为 Geo-CA 充分吸收地理特性成为可能。

有观点认为，GIS 是地理模拟的一个有利工具，Geo-CA 与 GIS 耦合将极大地提高地理模拟的功能，使得整个模拟过程更加容易。另有观点认为，传统的 GIS 空间分析功能，如空间叠置分析，缓冲区分析、网络分析、三维分析等，仅限于静态的分析，而缺乏动态的模拟。因此，缺乏动态分析的 GIS 仍然只能够完成地理数据的输入、存储、管理、显示输出等。一般认为，空间分析功能是 GIS 区别于其他地理制图信息系统的重要标志，但是至今 GIS 的时空动态分析功能仍然羸弱。因此这种观点认为，从Geo-CA 与 GIS 的发展趋势来看，这两者必然是不可分割的，即 Geo-CA 空间分析是GIS 分析功能不可或缺的一部分。不管是哪一种观点，皆证明了只有 Geo-CA 与 GIS 有机结合，才能够使二者更加完善。Geo-CA 与 GIS 的关系如图 9-6 所示。

9.4.3　Geo-CA 的多源数据

随着地理信息、卫星遥感、空间定位、测绘和数据处理等空间数据和信息采集、量测、处理、分析、管理和存储技术的不断发展，有关 Geo-CA 模拟的基础空间数据来

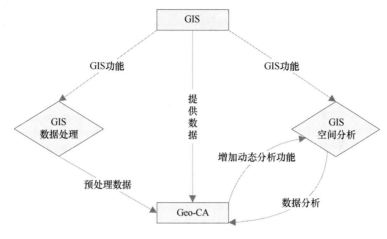

图 9-6　Geo-CA 与 GIS 关系示意图

源多样化趋势越来越明显。基于目前强大的 GIS 商业软件开发的 Geo-CA 模块，能够方便地充分利用各种来源的空间数据。

　　同时，人为因素是城市发展和土地利用的重要影响因子，Geo-CA 模型能够有机地结合这些非空间因素，在空间和非空间的集成模拟中能够更好地接近城市实际发展情况。地理元胞自动机的多源数据，及其相互集成和融合的结构如图 9-7 所示。

1. 直接获取空间数据

　　实地调查是获取空间数据不可或缺的重要手段之一。基于全站仪、GPS 和掌上电脑（PDA）的混合野外测量是目前数据采集的基本方式。这种方式采集获得的数据通常均为实时数据，现势性较强，因此可用于校正模型参数，确定模型运行间隔所代表的真实时间、评价模型精度。直接获取的现势性数据对于预测期限较长的 CA 模拟，具有直接的参照作用。

2. 间接获取空间数据

　　间接获取的空间数据的方式较多：①地形图数字化、地籍图数字化，地形图用于提取坡度，地籍图则可以用于检验历史时期的模拟结果，同样具有校正模型参数的作用，同时可以约束下一时期的模拟结果。一般地，由于 Geo-CA 是基于栅格构建和运行的，因此只需要对纸质图进行扫描、校正及匹配即可，无须进行矢量化操作。②GIS 数据是地理模拟的重要基础数据之一，包括各种地形、地籍、交通、土地利用现状等信息，这类数据通常为矢量类型，在利用之前需要进行栅格化。③遥感数据是地理模拟的支撑数据。该类型的数据在时间上较为完善，虽然采集数据的遥感器有所差别，但因其本身固有的栅格类型，在经过遥感分类以后即可为地理模拟所用。④土地利用规划和城市规划数据是约束地理模拟局部结果和总体结果的重要指标，反过来模拟结果

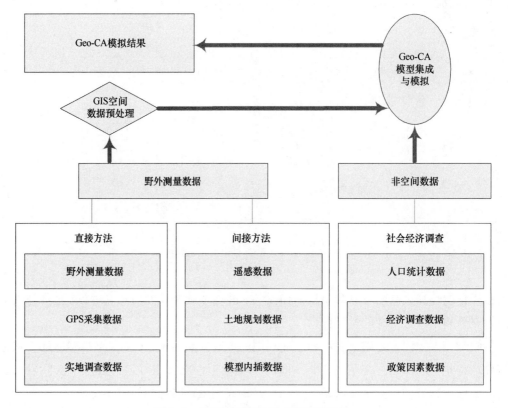

图 9-7　地理元胞自动机多源数据结构

也可以作为评价土地和城市规划的重要依据。

3. 社会经济数据

对于虚拟城市的模拟，一般不涉及社会经济数据。由于人口与城市发展和土地利用息息相关，因此对于真实城市和土地利用的模拟，社会经济数据是有益的补充。人口的增长（包括正负增长）以及区域分布，对区域的发展具有导向性作用。实际上，人口、经济和政策在一定程度上又是互相联系的，因此把这三种数据有机结合是完善地理模拟的重要手段之一。然而，如何把空间数据和社会经济数据进行有效结合，是目前地理模拟的难点之一。

9.4.4　Geo-CA 的应用及不确定性

1. Geo-CA 的应用研究

元胞自动机自产生以来，被广泛地应用到自然科学和社会科学各个领域，得到不同程度的繁荣，包括社会学、生物学、生态学、信息科学、计算机科学、数学、物理学、化学、地理（信息）科学、环境科学、军事学等。

自 20 世纪 80 年代地理学者涉足元胞自动机领域，地理元胞自动机（Geo-CA）得到长足发展，Couclelis H. 、Batty M. & Xie Yichun、Wu Fulong、Clarke、Li Xia 均是该领域的领军人物。地理元胞自动机涉及的具体领域包括：土地利用变化、城市生长与发展、交通控制、生态环境演变、生物迁徙、传染病扩散、林火蔓延、地震、泥石流、雪崩以及水域油污扩散等。

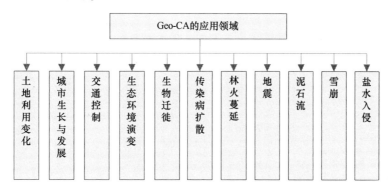

图 9-8　Geo-CA 的应用领域

地理元胞自动机的主要特性，是其模拟均涉及与空间相关的数据，这是普通元胞自动机模型不具有的，同时也是 Geo-CA 的难点所在。Geo-CA 在不同的具体领域，需要具体分析不同的影响因子、邻居以及元胞状态。因此，在地理元胞自动机的研究中，各种模型参数定义和模型实施是千差万别的。当将其应用到一个狭窄的领域，则基本上影响因子是可以确定的，但是对于具体的应用案例则需对影响因子做相应取舍。

2. Geo-CA 的不确定性

模型建立的必经步骤之一，是对模型性能进行客观评价。模型评价指标很多，如模拟精度、结构形态等。但是对于城市元胞自动机，根据特性的需要会设置不同的模拟条件，这种模拟条件并不是实际意义上存在的，其仅仅是一种规划假设方案，模拟即是检验这种规划方案按照一定条件发展下去，城市将来可能出现的结构和格局。由此，可以对这些规划方案进行对比，从而选择其中符合要求的一种。

同其他模拟工具一样，地理元胞自动机模拟存在误差和不确定性，其误差主要来源于以下两个方面：

（1）数据误差。地理元胞自动机主要利用遥感和 GIS 数据，通常这两类数据均具有不同程度的误差，如野外测量误差、制图误差、栅格化误差、遥感数据误差、图像分类误差，以及数据格式转换误差等。这些误差会对确定元胞初始状态和计算元胞约束条件时产生不确定性影响。应用这些数据进行地理模拟，误差便会在模拟过程中进行传播。

（2）模型误差。这是由于模型本身的局限所产生的误差。这类误差并非来自数据获取阶段，而是由于人类的有限知识、自然界的复杂性和技术条件限制等，即误差来自于模型本身。在元胞自动机模拟过程中，数据误差和模型误差均会随模拟传播并不断积累，因此模拟时间段越长模拟结果的精度越低。

第 10 章　渔业 GIS 应用案例

10.1　GIS 和遥感的结合应用

人类在遥感系统、通信技术和计算机处理方面所取得的进步意味着人们能够更加方便地使用遥感数据。许多之前阻碍地理信息系统遥感信息在水产养殖和渔业方面应用的限制因素已经不再适用，这些因素包括经济承受能力、信息内容、时效性和重复观测频度。许多剩余的挑战则更多地与认识的缺乏、管理不善、培训与支持的缺乏，以及整合地理信息系统或其他信息系统内不同数据集（影像）所需专业知识的缺乏有关。然而，在一些国际组织的努力下，包括联合国粮农组织、欧洲航天局和国际海洋水色协调工作组，已经有许多渔业和水产养殖方面的遥感应用记载，为地理信息系统专家获得新的和重要数据资源提供了很多机遇。

世界各地渔业和水产业的发展环境差异很大，发展规模也各不相同，但生物系统和人类的可持续开发都或多或少地受许多可以通过遥感来测定的变量的影响。遥感可能会在监测、规划和管理活动中发挥前所未有的重要作用，尤其是考虑到地球表面的很大一部分是被水环境所覆盖，并且通过其他方式收集所需数据时涉及的费用也很大。在全球气候变化的背景下，卫星遥感能够提供整个地球或不同空间尺度特定区域的定期、重复观察的独特能力，日益显得重要。通过利用遥感技术而获得的信息产品的时间序列，应该是政府对气候变化影响评估的一部分，也是适应产业行动计划的一部分。

根据本节的应用实例，建议通过考虑用户想要获取的信息来研究光学卫星传感器；例如，海洋水色、海水表面温度、土地覆盖和沿海地区的映射。一些传感器被设计用于特定用途，例如全球海洋水色监测，但大多数传感器都具有几项潜在的用途，包括获取海洋、沿海和陆地区域的信息。光学数据受云层影响，限制可用的时间序列、重复观测频度以及数据采集的及时性。然而，光学数据采集的选项日益增多，而且花较少的钱就可以使用空间分辨率相对较高的光学数据。雷达具有不受云层影响的优点，并且它们可以为光学遥感系统提供不同、互补的信息。成像雷达传感器的使用范围日益扩大，并且能够提供一系列的空间分辨率、波长和偏振。数据的可获取性和成本各不相同，并且有些国家通过国家地面接收站以及与商业运营商的协议，已经能够更加经济有效地获取雷达数据。雷达图像常常都有比较好的时间序列，能够快速采集和传送新的数据是雷达的一个重要优势。未来可以保障雷达的连续性，并且使用数据的成本看上去也会显著降低。

10.1.1　绘制宾临仁牙因湾沿海水产养殖和渔业结构图

（1）文章引用原始出版物：Travaglia, C., Profeti, G., Aguilar-Manjarrez, J. & Lopez, N. A. 2004 采用卫星成像雷达，绘制沿海水产养殖和渔业结构图：案列研究之宾临仁牙因湾罗马粮农组织粮农组织渔业技术论文 459 号，45 页（资料可访问此网址查看 www. fao. org/docrep/007/ y5319e/y5319e00. htm）。

（2）空间分析工具：遥感。

（3）涉及的主要问题：水产养殖和环境的清查和监控。

（4）研究时长：6 个月，研究起始于 2003 年，终于 2004 年。

（5）设计人员：

①遥感专家，具备渔业和水产养殖遥感应用的工作知识（粮农组织遥感专员）；全职协助研究设计，分析和管理项目。②渔业和水产养殖专家，具备地理信息系统和遥感应用的工作知识（粮农组织水产养殖专员）；协助研究设计；研究期间兼职工作。③数字图像处理专家（顾问和教授）；建模，图像处理和分析；全职。④菲律宾水产养殖员，亲自编写水产结构说明；围栏养殖，网箱和陷阱，并在实地核查工作中承担关键任务；研究期间兼职工作。⑤菲律宾渔业水产资源局实地核查人员（4 名），短期内全职工作。⑥一般外聘顾问（4 名顾问），不定期提供数据和建议。

（6）目标受众：本研究旨在阐述涉及通用渔业和水产养殖的公共政府行政管理者，规划者，遥感和 GIS 专家。

（7）研究介绍和目标：Travaglia et al.（2004）实施该项研究，旨在通过菲律宾共和国临仁牙因湾卫星图像雷达来绘制沿海渔业和水产养殖结构图。这项粮农组织牵头的研究项目旨在在可操作条件下测试雷达卫星成像技术对虾场清查和监控是否方法可行。众所周知，雷达数据在虾场测绘上具有特殊的能力，不仅体现在其固有的全天候能力（尤其在热带和亚热带地区显得尤为重要，因为这里常有大雾出现），而且还在于雷达与水塘堤坝互动的方式（ravaglia, Kapetsky and Profeti, 1999）。因为水塘堤坝外观突出，有别于其周围水域表面和堤坝下部的稻田以及其他水淹地区，实际上很好辨认。

（8）方法和设备：该项研究主要探究结构的各种类型：陆上鱼塘、潮间带的鱼栏、近海网箱养殖和菲律宾共和国林加延湾的渔栅，并针对不同类型的遥感影像的适用性进行比较。鱼栅属于固定式渔具，根据目标鱼群，存在很多不同结构形式和材料；在这种情况下，鱼栅是采用扶竹和其他可被雷达检测的材料制成的栏栅。

2002 年 12 月上升和下降轨道上获取的两个 ERS-2　SAR 影像涵盖了研究区域，空间分辨率为 25 米，轨道方向由于自身作用发生对应变化。SAR 影像特点，水产养殖特征通过相辅相成的方式得以加强。2001 年 2 月获取一张 RADARSAT-1 精致模式拍出的 SAR 影像，地面分辨率为 9 米，该影像涵盖的区域略小于 ERS 影像，但却涵盖了水产养殖和渔业结构集中的大部分区域。这些影像都已经根据地理形态进行校正。鱼塘堤坝如实地反映出这里存在大量入射辐射能量，但是这会根据目标体和入射波束方向成的角度而有所不同。因此，如果堤坝与雷达波束保持平行，这样就无法识别堤坝，这就是为什么需要捕获上升和下降轨道。其他水产养殖和渔场结构也是以同样的方式影响雷达信号的。凸出水面的网箱，鱼栏和鱼栅垂直面正好创造拐角反射效应，有利于被雷达识别。

通过视觉诠释，可以执行分类处理（特征提取法）。这就意味着，一位娴熟的影像分析员自己动手，就可以分辨出水产养殖结构的边界，并进行数字化处理。为了确保评估的准确性，可以在实地考察时，由菲律宾渔业水产资源局的一组人员实地收集核实数据。

（9）结果：周围堤坝凸出的现实确保视觉解读的直观性。拿 2000 年划有鱼塘的区域与 1997 年地形图上划出的该区域进行比较，比较结果显示，该区域扩增了 60% 的面积，但是，1977 年测绘处的鱼塘一部分现已作为他用。在所有影像里，均可以看到网箱的存在，但是当时多风的情况却致使获取影像时海面状况糟糕，反而不利于其可辨认度。网箱可能存在多种形态（方形，长方形，圆形），由不同材料制成；主要由金属材料制成的网箱在 SAR 影像中会有比较明亮的显像，这也是雷达技术中比较常见的探测特点（见图 10-1）。

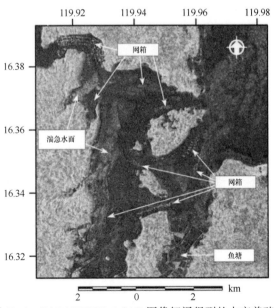

图 10-1　RADAREAST-1 SAR 图像解译得到的水产养殖和

渔业设施图（Travaglia *et al.*，2004）

海面凸出的鱼栅被分为两个类别，即离岸鱼栅和主要河流内的鱼栅覆盖的区域经过计算，可以估算出其空中范围。在多数情况里，图像里只能看到鱼栅中部结构。但是，由于其狭小的规格，识别鱼栅的不确定性远高于其他结构类型。

表 10-1 显示整个研究区域内兴趣特征涵盖的全部区域。其中包括水产养殖和渔场结构中的不同类型，外加盐田。该研究区域完全涵盖本格特省，外加大概三分之二的拉乌宁翁和吕宋岛 Zamables 省的一小部分范围。所有测绘过的水产养殖和渔场结构只在本格特省存在，除去一些鱼塘（90 处，约占 18.762 km²）和存在于其他两个省份，被划分为不确定的鱼塘（13 处，约占 2.613 km²）。表 10.2 总结出鱼栅的统计数据。如果可探测到，这些数据包括所有部分，含带有箭型鱼栅。

表 10-1　兴趣类别涵盖的全部区域（本格特省）

类别说明	鱼塘数量	总面积（km²）
2002 年的盐田	1	4.156
2002 年的鱼塘	587	157.723
2002 年的鱼塘，尚未确定部分	33	2.036
2001 年的鱼栏	22	1.600
2001 年的网箱	105	2.439
网箱，不确定内容	7	0.054
2002 年的网箱	267	1.390
2002 年网箱，不确定内容	16	0.019
2001 年公海内鱼栅面积	12	18.943
2001 年河流内鱼栅面积	6	1.703

表 10-2　研究区域探测出的鱼栅长度

类别说明	数量成分	综合长度（km）	平均长度（km）	最少长度（km）	最多长度（km）	标准偏差
公海里的鱼栅	378	50.104	0.133	0.018	0.642	0.093
河流里的鱼栅	84	7.886	0.094	0.024	0.364	0.061

除了网箱和鱼栅，目视判释程序的准确性针对其他所有结构接近 100%，因为这些结构在获取图像和实地核查的间隙中会出现位移的可能。SAR 图像中的网箱清晰显像说明了 90% 的测绘准确性。鱼栅的测绘准确性估计在 70%，其余内容需要通过遥感进行探测。

（10）讨论和推荐：RADARSAT 精细模式图像为该研究区域内所考虑的所有水产养殖和渔场结构提供最佳的"可探测性"，因此，可以借助这种图像对这些结构进行高精准的清点和监控。ERS 图像可以成功地对鱼塘和网箱进行绘制，但却不具备绘制鱼栏和鱼栅的能力。在绘制鱼塘和网箱上，建议选用有限间隔时间内上升和下降轨道上所获取的图像。

自从启动该项研究，成像雷达已经取得显著发展，尤其是全新的高分辨率传感器和多极化传感器。清楚地证明采用 RADARSAT-2 绘制贻贝线和网箱的潜在可能 (2007)，但针对大多数发展中国家，ALOS PALSAR 提供经济实惠的方案，图像分辨率接近 RADARSAT-1。

10.1.2　智利针对赤潮缓解采用的海洋监测措施

（1）文章引用原始出版物：这项工作非取自同行复审作品或会议公开文件。本项工作作为内部 ESA 报告向客户和/或用户交付。

（2）出版/日期：智利赤潮监控环境信息系统，利用地球观测，应用流体动力学模型和采用现场监测数据进行工作。2006 年 1 月。

（3）空间分析工具海洋颜色卫星图像，水动力模型，Web 开发。

（4）涉及的主要问题：有害的赤潮和水产养殖。

（5）研究时长：1 年（2005 年 1 月至 2006 年 2 月）。

（6）涉及人员：托马斯·博伊文，艾伦斯托克韦尔，克里斯蒂安普加，杰森 Suwala，艾琳·约翰斯顿，安托万·曼，菲利普 Garnesson 和 Loredana Apolloni。

目标受众：海水养殖产业

（7）研究介绍和目标：哈特菲尔德咨询公司（哈特菲尔德）联合 ACRI-ST 和 Apolloni 虚拟工作室（AVS），一起合作，推进名为"智利南部水产养殖设施监测整合地球观测"的项目，该项目也被称为"智利水产养殖项目"（简写为 CAP）。该 CAP 项目由欧洲航天局赞助，与智利主流公司，全球领先的鲑鱼生产商挪威控股公司 CER-MAQ 分部，合作完成。

其目的是要证明遥感数据和模型的集成应用的作用，为出现有害赤潮提供预警，以便把赤潮对水产养殖的影响降至最低。监控赤潮的出现与活动可以帮助渔民掌握足够的时间采取防范措施，尽量减少潜在损失。长期数据可以帮助改善新设施的选址流程。

（8）方法和设备：如要开发一个赤潮预警系统的原型，需要采用多种信息来源：遥感产品由 ACRI-ST 公司提供。通过 MERIS 和 MODIS 合并数据，每天都会产生 Chlorophyll-a 浓度和塞克板深度透明图。每日 SST 数据从 MODIS 获取，外带浮标的原位数据。

原位环境数据由智利主流公司提供。海洋，气象和陆地 GIS 数据由哈特菲尔德公司收集。

使用这些数据时，需要开发一个洋流和潮汐模型，配合透明度和 chlorophyll 产品一起使用，才是开发赤潮风险/预警图的基础。取自不同传感器和日常 SST 的海洋颜色数据组合意味着根据云层情况，可以每日交付产品。

（9）结果：图像处理系统和建模整合在一起，可以自动生成 chlorophyll-a，SST 和塞克板深度产品。集成了 GIS 后，该产品构建出易于理解，且配有表格数据的地图，也可以通过一个 Web 门户，每天更新内容。最终用户可以通过选择水产养殖生产区（如奇洛埃岛区）的概览图或选择特定的鲑鱼养殖场来分析现有数据所需要的细节程度。参看图 10-2，了解一个关于 Web 门户页面的例子，该图是一份平均 15 天的 chlorophyll 浓度概览图。

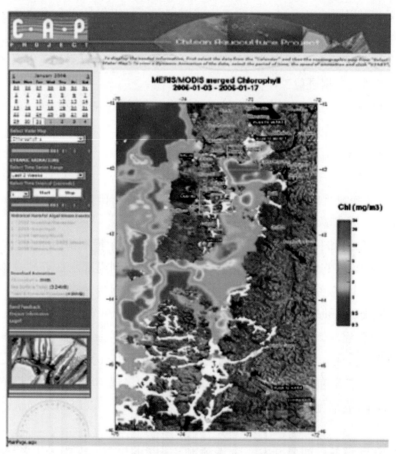

图 10-2　智利水产养殖项目门户网站（Hatfield Consultants, 2009）

采用原位和其他数据进行核验后，准确性估计可以达到以下程度：

Chlorophyll-a：15%以内；

SST：0.5℃以内；

塞克板深度：±2 米（重新校准算法之后获得）；

取自模型的潮高：蒙特港控制点 10 厘米（天文潮汐）；

表面洋流：估计在 1 米/秒（但需要采用几种验证方式配合确定）。

（10）讨论和推荐：根据用户需求和技术状态，赤潮预警的主要重点是如何交付 chlorophyll-a 数据和塞克板深度（SST 显然扮演很重要的角色，也具有支持建模的作用）。基于 CAP 项目经验，有必要改进产品误差的精度和定量。塞克板深度误差范围应该保持在 2 米以内（±1 米）。

除了赤潮预警，另一种建议就是获取海洋颜色遥感数据，提取出高分辨率（如 1 km 空间分辨率）下的 chlorophyll-a 持久性和多变性统计图及其他统计参数。这种类型的气候信息对水产养殖生产区域选址具有宝贵作用。另外，为了提高对环境参数演变的理解，自动程序会对本系统起到很大的帮助作用，例如，由局部梯度计算和一个每日图像和先前图像之间的差异定量获得 chlorophyll-a 正面提取。

最后，对于用户而言，存在提取一份包含所有相关环境成分的合成"赤潮指数"的实际需要。这种合成赤潮指数可以表示为一个非常简单的图形（最好是由绿色到红色的三种颜色，意味从无风险到高风险）。

该 CAP 项目智利主要水产养殖区出现的赤潮现象提供了重要信息，这些信息对于整个行业和当地政府是极为有价值的。长期监控赤潮信息对于保护水产业免受可能损失至关重要，尤其在一个重大赤潮事件中会更加凸显其作用。

10.1.3　采用 SPOT 5 测绘海草情况

（1）文章引用原始出版物：Pasqualini, V., Pergent-Martinia, C., Pergenta, G., Agreila, M., Skoufasb, G., Sourbesc, L. & Tsirikad, A. 2005. 采用 SPOT 5 测绘海草情况：一种针对波西多尼亚水生植物的应用程序。环境遥感 94 卷：39-45。

（2）空间分析工具：SPOT 5 多光谱图像，地理信息系统（GIS）。

（3）涉及的主要问题：水产养殖对环境的影响；水产养殖和渔场综合管理。

（4）研究时长：尚未上报

（5）涉及人员：没有描述。

（6）目标受众：沿海管理社区。

（7）研究介绍和目标：波西多尼亚水生植物是地中海里起主导作用的海草植物（Marba et al., 1996）。波西多尼亚水生植物在许多沿海进程中扮演着重要的角色，促进泥沙淤积和稳定，并减弱洋流和波能。海草场也被认为是最有生产力的生态系统之一，促进多样化的动植物，并为许多海洋生物提供育儿和繁殖场地。波西多尼亚水生植物是一种生长缓慢的顶级物种，其可以形成稳定的海草场，但现有许多方面的证据显示其呈下降趋势，都是因为海温变暖和海洋污染造成的结果。如果用于沿海水产养殖的潜在养殖区，有可能会对如珊瑚礁和海草床这样的生态敏感区造成影响，沿岸以外和离岸区域可能仍然需要考虑其对像波西多尼亚水生植物海草场这样的敏感领域所能造成的影响，并考虑实施预防措施。波西多尼亚水生植物分布图有利于有效地管理和环境保护。

有多种方法可以用于海草测绘，其中就包括光学卫星和航空遥感和声学采样等方法。通常，采用光学图像对波西多尼亚水生植物进行测绘存在的关键挑战因素有：①波西多尼亚水生植物分布区（约 40 米）最深处光穿透程度有限；②）带基材如岩石和沙子的波西多尼亚水生植物潜在片状分布区相关的传感器空间分辨率。航拍照片（Pasqualini et al.，1998，2005），紧凑型机载光谱分析成像仪（CASI）（Mumby 和 Edwards，2002）以及近些年研究中用于海草测绘用的伊克诺斯成像技术（Fornes et al.，2006）。

Pasqualini 等（2005）研究了 SPOT 5 光学卫星图像测绘扎金索斯海洋国家公园（地中海，希腊）中波西多尼亚水生植物所具备的潜力。这项研究的目的是审查不同空间分辨率 SPOT 5 影像对海草测绘所具备的潜力情况。海湾 12 km 长，6 km 宽，已知海草处于从近海平面到约 30 米的深度的范围。发现群落中的四种类型和海底类型：移动式沉积物（淤泥和沙子），硬质基面上的群落（包括鹅卵石），波西多尼亚水生植物连续床和河床马赛克（位于垫子，岩石或沙砾上）。

（8）数据：SPOT 5 影像有四个光谱带：绿色（0.50~0.59 μm）；红色（0.61~0.68 μm）；近红外（0.78~0.89 μm）；和中红外（1.58~1.75 μm）。前三个频带具有 10 μm 的空间分辨率，而中红外具有 20 μm 的分辨率。当时街区的多点 SPOT5 图像组合还实现多光谱图像增强至 2.5 m 空间分辨率。因为通过水柱很难有较长的红外波长可以穿透过去，只有 2003 年 9 月 1 日获取的 SPOT 5 影像里在 10 m 和 2.5 m 分辨率下才使用绿色和红色可见光波段。

（9）方法：处理两个 SPOT 影像需使用 Multiscope 软件（马特拉系统和信息公司出品）。为了方便突出群落和海洋部分中海床类型之间的区别，需要覆盖掉地面部分。每一个图像中的两个频带都采用主成分分析（PCA）。采用监督分类法分别处理 0~10 m 和 10~20 m 深度层，以便可以最大限度地减少因深度而产生的类别混乱。这项技术早期应用于航拍（Pasqualini et al.，1997），因为它在邻近深度极限界时会产生分类偏倚，所以使用该技术需要小心谨慎。

分类培训数据是通过潜水或船上观察海床得出的 189 个观测点。这些数据有助于识别希腊拉加纳斯湾中的群落和海床类型。栖息地地图的精度由整体精度来确定。后期，还需要做些手动校正工作，例如，涂掉超出最大海床可能深度的大洋洲床。

（10）输出：分类结果说明波西多尼亚水生植物床从海平面到约 30 m 的深度在海湾里占有绝对的优势。图 10-3 显示 10 m 分辨率地图——大面积的泥沙占据海湾东北部，深度高达 20 m，而东南和西北被巨大岩石板覆盖，上面长满喜光的藻类植物。这些寄居在岩石上的喜光海藻在超过 10 m 等深线上便不见了踪影。在具有 2.5 m 分辨率的地图上，斑片状海草床实质领域在超过研究的全部范围外发现。栖息地图的整体精度介于 73% 到 96% 之间。针对每个深度频带，10 m 图像的整体精度都不错。测绘泥沙的精度相对较低。采用 2.5 m 分辨率 SPOT 影像对片状海草床进行高精度测绘，因为相对于其他图像，其改进后的空间分辨率将展示出栖息地的斑状特点。

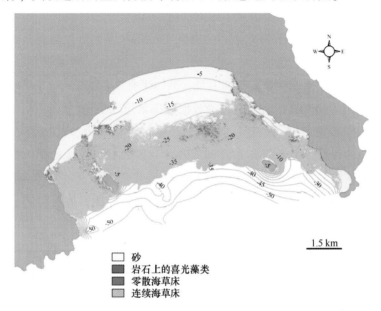

砂

岩石上的喜光藻类

零散海草床

连续海草床

图 10-3　由 SPOT 图像分类得到的希腊拉加纳斯湾的底栖和底质类型

（10 米分辨率）（Pasqualini *et al.*，2005）

综上所述，SPOT 图像分类被认为是一个快速识别海底类型的有价值方法。SPOT 5 的大图像尺寸使它成为沿海水域管理中的一个有趣的工具；然而，SPOT 5 等其他几个传感器都缺乏一个蓝色光谱波段。因为依据 Pasqualini 等（2005）进行研究，2009 年推出 WorldView-2 卫星，配有 1.8 m 分辨率的可见光谱"沿海带"（400~450 nm），可穿透很深的水域。该传感器对波西多尼亚水生植物床进行改良和详细测绘能力提供了可能性。在一般情况下，基于卫星的方法对浅水区最有潜力，浅水区中的波西多尼亚水生植物因人为影响造成的显著损失情况估计，利用遥感技术，外配地理信息系统，对改善沿海管理决策和评估基于波西多尼亚水生植物床的沿海环境对水产养殖的潜在影响有极高的价值。

10.1.4　日本渔场预报

（1）文章引用原始出版物：Saitoh, S. -I., Mugo, R., Radiarta, I. N., Asaga, S.,

Takahashi，F.，Hirawake，T.，Ishikawa，Y.，Awaji，T. In T. & S. Shima. 2011 年用于可持续渔业和水产养殖的卫星遥感和海洋地理信息系统的一些业务用途。ICES 海洋科学期刊，68（4）：687-695。

（2）出版/日期：2007 年，2009 年和 2011 年。

（3）空间分析工具：遥感和卫星通信系统。

（4）涉及的主要问题：渔业管理系统。

（5）研究时长：许多年。

（6）涉及人员：来自一个研究中心的研究人员和开发人员，两家私营公司和当地区域发展机构。

目标受众：渔民，渔业和资源管理人员，渔业研究人员。

（7）简介：可追溯和营运资源与环境数据采集系统（TOREDAS）给渔场提供日本普通鱿鱼（太平洋褶柔鱼）、秋刀鱼、鲣鱼和长鳍金枪鱼预测。TOREDAS 旨在促进日本周围海洋区域的可持续渔业经营和管理。取自卫星的温度和生产率数据被用于识别鱼类和鱿鱼倾向聚集和觅食的区域。TOREDAS 通过互联网和卫星连接给渔船提供近实时的潜在渔业区预报。用户可以主动生成产品，比如重叠图，并可以测量离最近港口或渔场的距离（Kiyofuji et al.，2007）。

（8）方法和设备：TOREDAS 有四个组成部分：①数据采集系统；②数据库；③分析模块；④互联网和船载 GIS。Chlorophyll-a 浓度取自于 MODIS，并以 1 km 分辨率实时处理 SST，然后通过文件传输协议（FTP）传送至数据库服务器。使用商业图像处理软件来进行数据分析，以便从显示潜在渔场的海洋学数据中提取和计算渔场轮廓，渐变和异常情况。ArcGIS 软件用于分析和 GEOBASE 软件开发平台用于船上测绘工作。TOREDAS 还通过使用高分辨率船只监测系统（VMS）集成船舶位置数据（Saitoh et al.，2011）。使用 VMS 数据，TOREDAS 能够测量出船只的距离和速度，并给船只活动进行分类。这种信息类型可以改善营运型渔业管理和提升捕捞消耗控制。TOREDAS 产品具有定义从 1 级至 5 级的分层结构：

1 级的产品是 SST 和 chlorophyll-a 浓度的光栅图像。

2 级产品通过图像分析去提取 SST 和 chlorophyll-a 浓度中梯度，前端或异常情况。

3 级产品是 1 级和 2 级的数据叠加。

4 级产品包括使用 3 级结果的算法估计出的渔场。

5 级产品是对一天或两天之后渔场形成状态预报。

向上述产品等级处理数据的过程完全自动化，所以渔民可以接收到近实时的信息。

（9）结果：Saitoh 等（2009，2001）有一个例子，探讨日本本州岛东南海岸如何研究和开发渔场预测工作。来自美国国家海洋和大气管理局的甚高分辨率辐射仪数据被接收后，加以处理形成海表温度场地图；叶绿素 a 浓度地图是从海洋水色水温扫描仪和宽视场海洋观测传感器获得的。为了验证其可靠性，我们使用渔船记录的现场测量温度和叶绿素 a 浓度对卫星海表温度场和叶绿素 a 的数据进行了比较。图 10-4 显示的是海表温度场和叶绿素 a 浓度产品。图 10-4（a）至（c）中显示的是为期十天以上的海表温度场，我们从图中可以清晰地分辨出黑潮暖流（红色）和寒冷的沿海水域（蓝色）。图 10-4（d）显示的则是与海表温度场数据日期相同的叶绿素 a 图像。

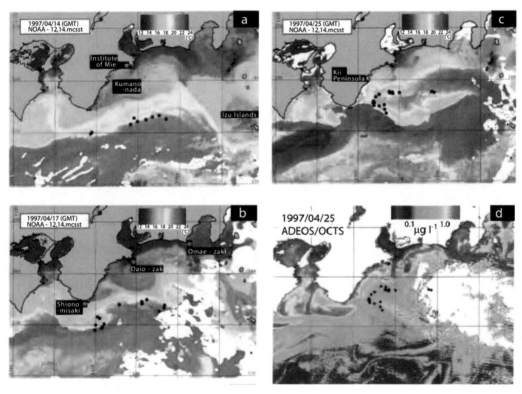

图 10-4　日本本州岛东南沿海的海表面温度和叶绿素 a 浓度（Saitoh *et al.*, 2009）

在图中，鲣鱼渔船都用黑点表示，其位置位于沿海和近海水域之间海洋水色正面的边缘。最佳渔场集中在距离海洋水色前端附近的黑潮海域，叶绿素 a 浓度范围介于每升 0.2 到 0.5 皮克之间。很明显，这样可以发现可能存在的鲣鱼渔场，并且证明利用海表温度场数据来预测渔场是行之有效的。海洋水色对于识别渔场也很重要，尤其是当海洋表层的水域被夏季强烈的太阳辐射加热，从而使海表温度场数据不太有效的情况下显得更为重要。

（10）讨论：TOREDAS 系统提供了渔场的业务化预报，并且可以帮助改善渔业管理。尽管该系统有助于提高捕捞量，但是既然有可持续渔业管理法规的规定，则该系统应该被看作是一个管理工具，它有助于开展监测活动，并且能够促进渔业经济的发展。因此，TOREDAS 的优点包括可以加深人们对渔场形成和鱼类洄游的理解，而且有助于减少人们在寻找适合的捕捞水域时的燃料消耗，更加节约时间，此外还可以降低投入成本，提高能源利用率。

同时使用渔船监控系统和遥感信息就可以获得渔船活动的详细记录。此外，渔船监控系统还有助于使用微调渔情模型，包括渔船船长如何根据遥感海洋数据来选择渔场的信息。另一种可能的应用是它可以作为一种教育工具，把具有丰富经验的船长的捕捞技能传授给新来的船长（斋藤等，2011）。2006 年，TOREDAS 被转让给一家名为 SpaceFish 的公司。

10.2 内陆渔业应用

GIS 在内陆渔业的应用已涵盖所有类型的淡水生境，包括溪流、河流、湖泊、池塘以及蓄水池（水库）。下面的三个案例说明了如何将 GIS 应用于鱼类养护和管理相关的河流和水库环境。所有案例都代表着在淡水生境运用 GIS 分析工具的不同方法。所选的这三项研究提供了以下范例：

（1）景观概念应用和定制 GIS 工具开发，进行河流环境下的河鱼管理。

（2）将基于 GIS 的土地利用数据用于开发适用于发展中国家水库环境的渔业产量模型。

（3）在发达国家，GIS 大规模应用于识别具有需要保护的鱼种多样性高的河流。

10.2.1 河流环境中的河鱼管理

（1）原版文献参考：Le Pichon，C.，Gorges，G.，Boet，P.，Baudry，J.，Goreaud，F. & Faure，T. 2006. 一种以资源为基础用于河流环境中河鱼管理的空间直观方法，《环境管理》，37（3）：322-335。

（2）空间工具：GIS。

（3）主要解决的问题：与动植物资源量和分布相关的生境质量/数量；生境分类和详细目录；生境重建和恢复；直接评估和详细目录；水生生物多样性的生境方法；水生动物的运动和迁移；自然生境。

（4）研究期限：数年。

（5）参与人员：法兰西共和国两所机构的 6 名研究科学家和管理人员。

（6）目标受众：河流生态学家、水产科研人员、渔业和资源管理、政府管理机构。

（7）简介和目标：管理受到人类破坏河流中的鱼种管理需要理解生境鱼类的空间布局。许多河流都受到了人类活动的影响，导致生境条件分散和均质，从而对生活在如此环境下的水生生物产生不利影响。本文的目的是为了提供一个河流景观方法，并结合空间分析方法来评估鱼类栖息和鱼类运动模式之间的多尺度关系。河流景观被定义为持续观察河流环境，包括异构和动态生境，这对于大多数观察者来说，往往隐藏于水的不透明层之下（Fausch et al.，2002；Le Pichon et al.，2006）。GIS 工具提供了一种用于衡量水生生物及其生境之间关系的手段。在其整个生命周期，各种鱼类占据了各式各样的生境。因此，如胚胎期、幼体期、发育期和成熟期等不同的生命期，占据着产卵、摄食和避难等活动相应的空间生境。景观生态学的概念，如生境斑块动态（即说明某一区域内生境的多样性）、生境互补以及源头和/或沉积生境（即源头为允许人口增加的高质量生境，沉积是提供有限人口支持的低质量生境）正被越来越多地用于评估水系中鱼类生境的空间格局。可通过 GIS 工具、模型和景观生态学的概念，加强对鱼类活动以及上述生境管理和恢复相关的鱼类生境的时空动态的理解。

在河流景观环境中，基于底层、深度和流动较均质的特性，传统上将生境按离散区域进行分类。通道单元的分类，其中分别具体称为池、浅滩、河流等，可利用 GIS 工具，根据鱼类物种的适宜度，进行重新分类。然而，作者并未遵循这一较为常用的生境分类方法，而是通过定义以资源为基础（即产卵、觅食和静息）的鱼类个体首选的生境斑块来进行生境分类。这些斑块的范围、生境测量的安排和分辨率应调整到活动模式和斑块类型中鱼的运动。

（8）方法和设备：作者在法兰西共和国的塞纳河畔对基于资源的鲦鱼种——*Barbus barbus* 的生境进行了评估。作者在 1 m 分辨率的两个维度，绘制了一条 22 km 的河段，河道宽 50 m，包括侧道和回水等横向水体。在数字正射影像上绘出通道水的边界，标出生境变量（即深度、流速、基材和卡住原木），并利用差分全球定位系统（DGPS），在 1 m 精度的野外测绘中对河岸进行定位。从航拍图像导出的栅格数据和从 DGPS 获取的矢量数据被传送至 GIS（ArcInfo）中，并根据物种生境的喜好将数据结合，创建资源的生境地图（见图 10-5）。

如图 10-5 所示，通过虚线左边（A）中说明的操作，GIS 生成了法兰西共和国塞纳河上游 *Barbus barbus* 的资源生境斑块的地图，其平均河流流量为 70 m³/s。摩擦力地图包括利用最低成本建模开发阻力矩阵。最低成本建模是 GIS 的一种建模方法，对于环境中活动的物种，采用最低相对阻力（成本）标识其活动地区。在摩擦力地图中，触须的阻力基于其游泳能力和在不同生境游泳时所遇到的捕食风险。虚线右侧（B）中的操作为生境的空间分析和摩擦映射，以确定生境地图的组成和结构和测绘区鱼亚群的空间关系。

常常在多个空间尺度研究河流生境和鱼群（Fausch et al.，2002），因此，其非常适合于以分层为基础的模型。层级模型区分了不同空间尺度的生境或群体水平。例如，作者将最小空间尺度（1~100 m）描述为资源生境斑块，代表着产卵、觅食和静息和保育生境斑块。下一个更大的空间尺度（10~1 000 m）被描述为日常活动区尺度。在

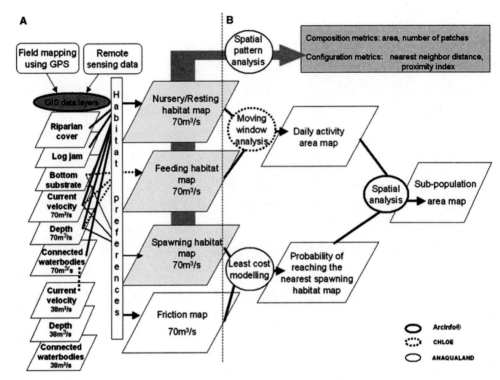

图 10-5 创建河流鱼类栖息地地图的处理流程、空间分析方法和产品（Le Pichon *et al.*，2006）

这一尺度，鱼觅食和静息等日常活动由这些生境类型的接近度进行补充。最大的空间尺度为亚群区域尺度（100~10 000 m），其中鱼类的亚群在互补的产卵生境之间迁移。根据生命周期和鱼类的活动范围，这些迁移可能发生在几十米或几十千米之内。

生境斑块接近度的量化，需要不同斑块类型的空间布置、区域和方向信息。为了计算生境类型上游和下游之间的定向距离，作者开发了 GIS Anaqualand 程序。这个免费程序集成了河道的几何形状，并测量了两个点或斑块之间的距离。为了量化一个生境斑块与其相邻斑块之间的空间关系，作者使用了接近度指数。在 Anaqualand 软件中通过移动窗口分析，该指数可计算出斑块和相邻斑块之间相对于它们所在区域边到边的距离。觅食和静息生境的接近度见图 10-6。图 10-6 中所示的是一条河段中限定的（虚线）焦点斑块（Fj）之内觅食生境（Fj）和静息生境（Rs）的变量接近度指数和安排。生境斑块之间边到边的距离（Djs）用箭头表示。图 10-7A 中，觅食斑块的接近度是一个由虚线表示的 200 m 的搜索半径。图 10-7B 中，觅食和静息生境斑块的互补性（即其接近度）是在一个 60 m 的搜索半径范围内进行评估，也用虚线表示。

除了具有独特资源的不同生境斑块的接近度，作者开发了另一种免费的软件程序——Chloe（INRA SAD-Paysage，2012），即计算栅格数据文件的多尺度空间分析指标，如相对丰度、丰富度、多样性和异质性。该软件利用一个移动窗口，系统性地搜

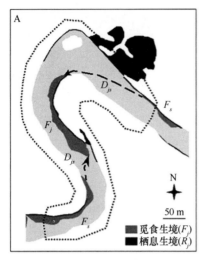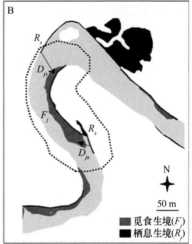

图 10-6　沿河段分布的觅食生境（Le Pichon *et al*.，2006）

索光栅图像，计算方形搜索窗口的空间指数，并为中心像素赋予指数值。移动窗口分析是一个有栅格数据集的自动化空间（逐像素）操作，其中将检查所述栅格像元的值，并在移动至相邻像元之前对其执行操作。这个过程的示例见图 10-7。需要注意的是，通过 GIS 操作，对利用 Chloe 进行移动窗口分析计算出的生境比例进行概括和重新分类，生成互补地图。图 10-7A 表示在 60（m）×60（m）像素窗口中，如何利用移动窗口分析对资源（觅食和静息）生境斑块的栅格地图进行重新分类，以创建每个生境比例的新地图，如图 10-8B 所示。生境比例的范围为 1%～100%。静息和觅食地图在 GIS 中进行重叠，并重新分类，以确定 30 个像素半径的潜在日常活动区域内，两个生境的互补性，如图 10-8C 所示。通过 4% 的静息阈值和 6% 的觅食阈值定义互补性。1号是用于移动窗口分析和生成图像的参考点。

在鱼亚群区（即利益研究区）中，作者评价了觅食和静息的日常活动区域之间生境的互补性及其与产卵生境的联通性。通过最小累积阻力，对区域之间的联通性进行建模，这是一个最低成本的模型，确定从起点（如觅食生境）到终点（如静息生境）的路径。该模型基于死亡率、能量消耗或运动成本风险的因素，对鱼类到每个生境的活动都赋予一个阻力或渗透率值，与简单的直线概算相比，这为鱼类运动提供了一种更现实的途径。在游泳能力和捕食风险的基础上，创建了 Barbus barbus 的阻力矩阵，从而生成摩擦力地图（如图 10-7 所示）。利用 Anaqualand，将最低成本模型应用于产卵生境地图和摩擦力地图，以生成鱼到达最近产卵生境的概率地图。带有日常活动区域地图阈值概率的概率地图覆盖划出可以支持一个亚群的区域（见图 10-8）。图10-8A 是鱼活动区域的地图，图 10-8B 是鱼达到最近产卵区域的概率地图。本地图也是利用 Anaqualand 创建。由此生成的图 10-8C 中所示的亚群区域地图，表明了低概率

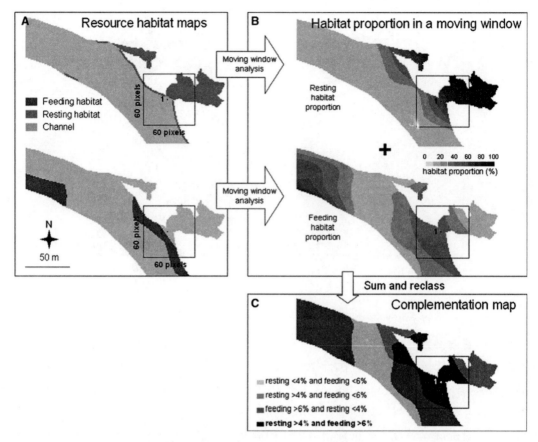

图 10-7　通过移动窗口分析创建河流鱼类生境互补地图的过程（Le Pichon *et al.*，2006）

区域（P <0.25）及连通性的潜在差距，以及高概率区域（P> 0.75），其中日常活动区的鱼将到达最近的产卵生境。

（9）讨论，结论和建议：在本文介绍的方法为河鱼生境资源绘图提供了一个灵活的框架，以帮助评估生境改变所带来的任何未来的影响，并基于生境的空间接近度，在不同的空间尺度，了解水体恢复优化和鱼的种类管理。该方法的重要贡献是，它包括了水产生境，支持在多个空间尺度和空间连续河流环境中某一鱼种的整个生命周期。该方法不同于更传统的表示河流生境的以场地为基础的尺度方法。需要进行高质量的互补生境斑块的鉴定，以维持需要修复的低质量生境区中的鱼类种群，从而提供河流管理人员所需的信息。评估该方法的下一个重要步骤是利用鱼群的空间连续调查，对指标和地图进行验证，该内容未包括在本研究中。Le Pichon 等（2009）通过将法兰西共和国塞纳河畔上游自然河段的结果应用到下游的人工通道河段对该方法进行了验证。

（10）案例研究的挑战和经验：本案例研究利用 GIS 专业软件程序证明了复杂的空

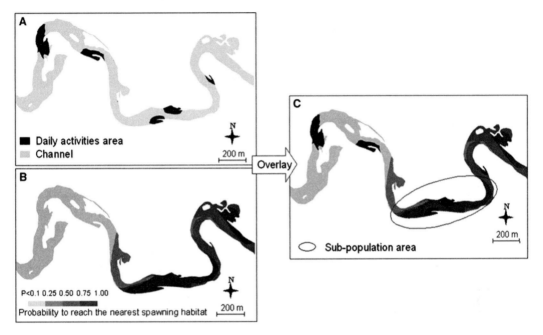

图 10-8　利用 Chole 软件创建的日常活动区域图进行叠加分析得到
潜在亚种群区域（Le Pichon *et al.*, 2006）

间分析，以分析河流环境中关键生命周期活动鱼类生境的亲和力。如果没有河流生态学家和空间数据分析师团队的参与，在另一条河流系统中，使用其他鱼类复制本项研究是极富挑战性的。然而，对于应用 GIS 进行河流环境中鱼类的管理和养护来说，本方法又具有巨大的潜力。作者对于其方法确立了两大主要挑战：①使用相对简单的以 GIS 为基础的方法，测绘生境斑块；②计算河流两个维度的距离。其他挑战来自于将该方法用于河流环境中鱼类生境的转移和动态性质上方法上的困难。大部分的生境变化是由河道流量中时间（每日、每月、每季、每年）趋势相关的水位波动造成的。以上流量事件和具有较长时间尺度（几十年、几百年）的流量事件塑造着河道形状并影响着鱼类的资源生境。在这些动态条件下绘制生境是一项复杂的任务，因需要在不同的水位（干旱、平均水位、洪水）进行测量，这就是内陆淡水 GIS 应用落后于海洋 GIS 应用的原因之一。尤其是在混浊的河流中，可通过全色数码航空摄影、激光遥测（LI-DAR）、侧扫声呐（Kaeser and Litts, 2010）和干涉合成孔径雷达（即使用两个或两个以上的雷达图像生成高程地图）等遥感数据，帮助完成河流生境测绘的任务，以测绘通道深度测量以及其他光谱设备（Wright, Marcus and Aspinall, 2000; Vierling et al., 2008）。显然，GIS 标准操作和新程序（Anaqualand, Chloe）以及景观生态学指数正对保护机构管理小溪和河流的方式进行重新定义。

10.2.2　热带水库中鱼类产量的预测

（1）原版文献参考：Amarasinghe, U. S., De Silva, S. S. & Nissanka, C. 2004. 斯里兰卡低地水库基于流域特点的产量预测及 GIS 量化；In T. Nishida, P. J. Kailola &C. E. Hollingworth, eds. 《渔业和水产科学的 GIS /空间分析》（第 2 卷），第 499-514页；日本埼玉县 GIS 渔业水产研究小组。

（2）空间工具：GIS。

（3）主要解决的问题：与动植物资源量和分布相关的生境质量/数量；生境分类和详细目录；规划及潜在鱼类产量；直接评估和详细目录；对生境和水生生物陆地活动的影响。

（4）研究期限：1997—2002 年。

（5）参与人员：斯里兰卡民主社会主义共和国三家研究机构的三名科学家和斯里兰卡政府机构的两名经理。

（6）目标受众：水库和湖泊生态学家、水产科研人员、渔业和资源管理人员、政府管理机构。

（7）简介和目标：斯里兰卡民主社会主义共和国大陆岛拥有世界上密度最高的水库。这些水库主要向供水农业提供灌溉水；其次，它们是岛上内陆渔业的所在地，其中主要包括充满异国情调的丽鱼科鱼 Oreochromis mossambicus 和 O. niloticus。在这些小型手工渔业中，渔民使用独木舟上的刺网来捕鱼（Amarasinghe, De Silva and Nissanka, 2002）。这些渔业缺乏管理，部分原因是水库分散在全国各地的区域，很难进行单项评估。一直以来，作者对所选水库的各个方面进行了 20 多年的研究，最近专注于开发鱼类产量的模型。De Silva 等（2001）利用 GIS 对 9 个水库进行了流域土地利用的量化，将鱼类产量与土地使用方式，选定的湖沼特点（传导性、a 叶绿素）和水库形态（面积和容量）联系起来。由此产生的单一和多元回归模型得出鱼类产量与森林覆盖，灌木林与这些比率，库区和能力，以及形态指数之间是极显著关系（R = 0.70~0.91）。在后续研究中，Amarasinghe, De Silva 和 Nissanka（2002）通过利用 5 个斯里兰卡水库的独立数据验证模型的预测性，对 De Silva 等（2001）开发的预测产量模型进行了评估。作者验证了预测性鱼类产量模型并建议称，在 GIS 获得的信息的帮助下，他们可以提供水库渔业精确的产量评估。本文的目的在于综合斯里兰卡水库渔业以往的研究结果，进一步支持将 GIS 作为开发鱼类产量预测模型的工具。

（8）方法和设备：本文提供的方法在 De Silva 等（2001）和 Amarasinghe, De Silva 和 Nissanka（2002）的论文中进行了更详细的描述。因此，这里只对这些方法进行简要的描述。

对于 9 个研究水库（见图 10-9），通过 ARC / INFO 软件和斯里兰卡民主社会主义共和国灌溉部获得的 1:50 000 比例尺地形图,利用 GIS 对各水库集水区的土地利用类型、河流、道路和点状特点进行了数字化。由此 GIS 包括以下几层:土地使用层、排水(河流)、道路、流域边界和点状特点(见图 10-10)。之后通过 GIS 来确定 16 种土地利用类型的区域。主要的土地利用类型包括森林覆盖、灌木林、切纳(轮垦地)和田产,以及小面积的家庭花园、水田、种植园、草原、水体和岩石。

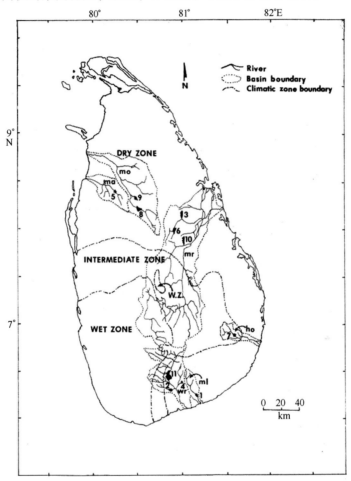

图 10-9 斯里兰卡地图及气候带与 6 个流域:Modargum Aru (ma),Malwathu Oya (mo),Mahaweli River (mr),Walawe River (wr),Heda Oya (ho),Malala River (ml) 中 11 个水库的位置 (De Silva *et al.*,2001)

斯里兰卡民主社会主义共和国灌溉部获取到水库研究的形态学数据,即水库面积、容量和流域面积。每两个月一次,从每个水库的三个站点收集湖沼学数据。测量参数包括传导性、碱度、总硝酸盐、磷酸盐总量和叶绿素 a(Nissanka,Amarasinghe and De

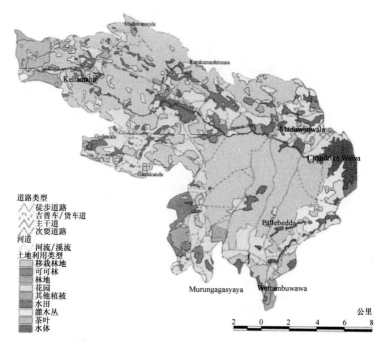

图 10-10　研究区中水库流域的土地利用地图（De Silva *et al.*，2001）

Silva，2000）。这些数据被用于计算形态指数，定义为传导性比率来表示深度（MEIC），碱度比率来表示深度（MEIA），Nissanka，Amarasinghe 和 De Silva（2000）表示这与鱼类产量显著相关。

收集了 1997—1999 年之间 9 个水库的渔业数据。在由两人把守的独木舟上通过刺网捕鱼进行采样。所有水库的捕获物主要是两种充满异国情调的丽鱼科鱼 Oreochromis niloticus 和 O. mossambicus。这些数据以渔业产量（kg/ha/yr）和捕捞强度（boat days/ha/yr）表示。作者对流域土地利用、水库物理化学特性和渔业产量数据之间的关系进行了分析研究。统计分析包括与水库形态和湖沼特性（Nissanka，Amarasinghe and De Silva，2000）、土地利用模式（De Silva et al.，2001）相关的鱼类产量的多元回归、湖沼特性、流域土地利用格局和鱼类产量的主要成分分析（Amarasinghe，De Silva and Nissanka，2002），并通过独立数据对产量模型进行了验证（Amarasinghe，De Silva and Nissanka，2004）。

（9）讨论、结论和建议：基于 Nissanka，Amarasinghe 和 De Silva（2000），De Silva 等人（2001）和 Amarasinghe，De Silva 和 Nissanka（2002）的研究结果，Amarasinghe，De Silva 和 Nissanka（2004）开发了 4 个与斯里兰卡水库的鱼类产量、流域土地利用以及物理和化学特性相关的模型，并在独立研究中，通过 5 个水库的鱼类产量预测对其进行了验证。上述 4 个预测产量模型见表 10-3。

表 10-3　流域和水库特点和捕捞强度比率与鱼类产量相关性的多元回归模型

模型	R^2
$FY = -154.42 + 41.283 \ln (FC/RC)$	0.900
$FY = -158.0 + 29.8 \ln (FC/RC) + 10.5 FI$	0.875
$FY = -16.53 + 32.5 \ln (FC/RA) + 12.5 FI$	0.868
$FY = 64.931 + 43.32 \ln (FC/RA)$	0.830
$FY = -170.7 + 38.265 \ln ((FC+SC)/RC)$	0.796
$FY = 16.558 + 47.124 \ln ((FC+SC)/RA)$	0.775
$FY = -176 + 30.9 \ln ((FC+SC)/RC) + 7.86$	0.740
$FY = 8.6 + 30.0 \ln ((FC+SC)/RA) + 6.85$	0.625

为了验证这些模型，Amarasinghe，De Silva 和 Nissanka（2004）通过表 10-3 所示的 8 个模型的平均值，对斯里兰卡民主社会主义共和国的 5 个水库的鱼类产量进行了估计。这些模型研究了斯里兰卡 9 个水库中森林覆盖（FC，km^2）、灌木盖（SC，km^2）、水库水面面积（RA，km^2）、水库容量（RC，km^3）和捕捞强度（FI, in boat days ha-1 yr-1）与鱼类产量（FY, in kg ha-1 yr-1）之间的关系。又将这些估计数与水库的实际鱼类产量进行了比较。鱼类产量估值和实际鱼类产量之间的差值范围在 1.3 kg ha-1 yr-1 和 -42.8 kg ha-1 yr-1 之间，绝对平均值为 19.02 kg ha-1 yr-1。最大预测能力（R2 > 0.830）的模型包括森林覆盖（FC）与水库容量（RC）或水库水面面积（RA）的比率，其中的两个模型包括捕捞强度（FI）。

（10）案例研究的挑战和经验：对于本系列的研究，研究人员可以通过 GIS 来确定高精度的流域土地利用，这是传统大面积测绘方法无法达到的。土地覆盖类型，尤其是森林覆盖以及在较小程度上灌丛覆盖，与水库形态密切相关，与水库的鱼类产量直接相关。土地覆盖影响着营养供给，这可能会导致水生生态系统的产量增加。

作者指出，在斯里兰卡民主社会主义共和国，水库的水文状况是灌溉当局根据农业和国内需求控制，在灌溉管理和发展计划中也很少考虑渔业。他们呼吁对流域管理采取综合办法，优化斯里兰卡民主社会主义共和国水库的资源利用。很显然，这是一个实施渔业生态系统方法的好机会。

10.2.3　淡水生物多样性的保护

（1）原版文献参考：Sowa, S. P. , Annis, G. , Morey, M. E. & Diamond, D. D. 2007. 密苏里州河流生态系统差距分析和全面节约战略。《生态专题论文》，77：301-334。

（2）空间工具：GIS。

（3）主要解决的问题：与动植物资源量和分布相关的生境质量/数量；生境分类和

详细目录；河流生境重建和恢复；水生生物多样性的生境方法。

（4）研究期限：1997—2006 年。

（5）参与人员：美利坚合众国一所大学的 4 名研究科学家以及隶属州和联邦机构。

（6）目标受众：水产生态学家、河流环保主义者、自然资源管理人员、政府管理机构。

（7）简介和目标：在美利坚合众国淡水生态系统有着很高的多样性。其中世界淡水鱼类占 10%，淡水贝类占 30%，所有淡水小龙虾类占 61%（Sowa et al.，2007）。虽然这些淡水生态系统的多样性很高，但是许多生态系统都处于危险之中。例如，在过去的 100 年，北美地区 123 种淡水动物均已灭绝（Ricciardi and Rasmussen，1999），在美国，认为 71% 的淡水贝类、51% 的淡水小龙虾类和 37% 的淡水鱼面临着灭绝的危险（Sowa et al.，2007）。虽然热带生态系统引起了大量关注，但是鉴于这些淡水生物多样性下降的严峻的统计数字，我们更需要注意的是下降的原因，确定现在保护淡水生物多样性工作的差距，从而对工作进行优化，缩小这些差距。

美国地质调查局（USGS）的国家差距分析项目（GAP）于 1988 年启动，为确定生物多样性保护的需要提供一种粗过滤的方法。这一方法确定了土地管理区无充分代表性的鱼类、生境和生态系统，可通过建立新的管理或保护区或土地管理方式的改变缩小这些差距。这种空间取向方法利用遥感和 GIS 技术，已在整个美利坚合众国的陆地生态系统得以应用。Sowa 等（2007）的论文首次发表了 GAP 在水生生态系统的应用，尤其是在密苏里州河流生态系统的应用。

通过 GAP 程序进行生物多样性保护包括几个步骤，其中包括找出差距，制定构成有效保护的标准（Sowa et al.，2007）。上述步骤如下：

第一步是建立规划工作的目标，这在生物多样性保护中就是保护利益区域的本土鱼类、生境和生态过程。

第二步是选择合适的地理框架。该框架由制订保护计划的规划区域组成，以及评估单元，即规划区域的地理子单元。

第三步是需要识别和绘制生物多样性的保护目标，利用该信息以及规划区域和评估单元选择地区内的优先区域。选择优先区域或地点时，通过使用 GIS 并借鉴专家意见，可加快物流过程。

最后一步是建立一个监控程序，以确保成功的保护工作或管理行动修改。

这项研究的目的是提供互补性保护规划工作的相关细节：密苏里州 GAP 项目和密苏里州野生动物保护行动计划。该案例研究的重点是水产 GAP 项目中所采用的方法。国家野生动物保护行动计划的结果就是密苏里州 GAP 的一次应用。

（8）方法和设备：本研究中使用了四个主要的 GIS 数据集：①河流生态系统的层次分类；②物种分布建模；③公共土地所有权和管理；④人类的威胁。该方法的阶段具体如下。

①河流生态系统的层次分类。这一分类系统包括了用以识别、分类和绘制独特生态单元和河流生境在多个空间层次的八个层级。该系统考虑了结构特征、功能特性，以及河流生态系统的生物（生态和分类）组成（见图 10-11）。1—3 级为动物地理层，包括区域、分区及地区，并遵循 Maxwell 等（1995）划定的生态单元。4 级为水产次区域（密苏里州 n=3），包括不同地区的自然地理和生态细分，用以说明生态系统结构和功能变化造成的河流组合组成的差异。5 级是生态排水单元（密苏里州 n=17），用以说明分类组成的差异。上述单元均由 USGS 八位水文单元经验定义。6 级是水生生态系统类型（密苏里州 n=542）。上述类型均来自确立河流生态系统水文和理化条件的 22 个环境变量（地质、土壤、地貌和溪水/地下水输入）。7 级为谷段类型（密苏里州 n=74），代表了由当地物理和河流因素以及河网位置确定的水文地貌单元。根据美国国家水文数据集，在 1∶100 000 尺度下对这些节段进行测绘。最后，8 级是生境类型，即快速流动的（如浅滩）和缓慢流动的（如泳池）生境。由于对适当的解决方案来说覆盖的空间面积过大，因此本案例研究中未对上述类型进行测绘。

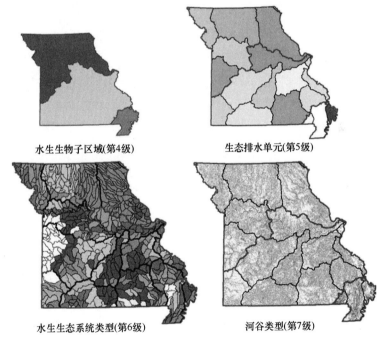

图 10-11　美国密苏里州水生生态系统分类层次（4—7 级）地图（Sowa *et al.*, 2007）

②物种分布建模：根据近 6000 个收集记录和河流规模、河流坡度、河流温度和河流流量等 7 个环境预测变量系列，对 315 种水生物种，包括 32 种小龙虾、67 种蚌和 216 种鱼类进行了分布预测（见图 10-12）。利用 GIS，在 14 位水文单元（由 USGS 进

行数字编码的流域层级分类）创建每个物种的范围地图。通过 AnswerTree 3.0 软件，进行分类和回归树分析，对范围进行预测。由于物种分布和生境的区域差异，为一些物种构建了区域性具体模型，任何给定的物种，区域模型的数量在 1—4 种之间，但是大多数物种只需要 2 种模型。

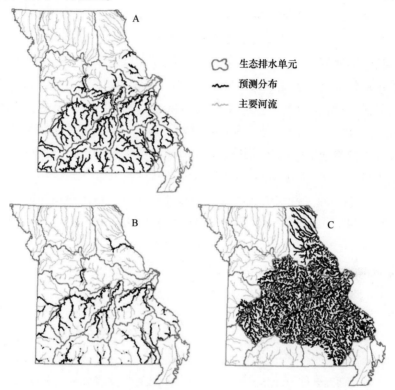

图 10-12　三个物种：（A）黑色吸口鱼（*Moxostoma duquesnei*）、（B）圆水蚌（*Pleurobema sintoxia*）和（C）黄金小龙虾（*Orconectes luteus*）的预测分布图（Sowa *et al.*，2007）

③公共土地所有权和管理。为了评估生物多样性保护的地区差距，需要在现有公共土地所有和这些所有的管理状态下，对绘图的物种进行评估。GAP 通过一个监护尺度表示 1（维持的最高水平）—4（生物多样性管理的最低水平）范围内土地面积生物多样性维护的相对程度。在谷段层，流经公共用地的每个河流段都具有管理状态的属性。

④人类的威胁。人类威胁指数的开发是为了提供一种测量影响淡水生态系统的人为干扰程度的方法。州政府和联邦政府环境数据库编译了一个有 65 个水生生态系统威胁指标的系列。采用相关性分析，该系列最终减少到 11 个人为干扰相对不相关的指标（见表 10-4）。

表 10-4　美国密苏里州人类威胁指数和用于限定其相对级别的 11 个指标相对排名

Metric	Relative rank			
	1	2	3	4
1. Number of introduced species	1	2	3	4–5
2. Percentage urban	0–5	5–10	11–20	> 20
3. Percentage agriculture	0–25	26–50	51–75	> 75
4. Density of road/stream crossings (no./km²)	0–0.09	0.10–0.19	0.2–0.4	> 0.4
5. Population change 1990–2000 (no./km²)	16–0	0.04–5	6–17	> 17
6. Degree of hydrologic modification and/or fragmentation by major impoundments	1	2 or 3	4 or 5	6
7. Number of federally licensed dams	0	1–9	10–20	> 20
8. Density of coal mines (no./km²)	0	0.1–2	2.1–8	> 8
9. Density of lead mines (no./km²)	0	0.1–2	2.1–8	> 8
10. Density of permitted discharges (no./km²)	0	0.1–2	2.1–8	> 8
11. Density of confined animal feeding operations (no./km²)	0	0.1–2	2.1–4	> 4

　　表 10-4 中不含加权指标。相对等级提供了一个自低（等级 = 1）到高（等级 = 4）人类威胁的衡量方法。例如，与人类生境相关的威胁通过一个城市（与乡村相比）地区的百分比和过去十年中该地区人口增加的方式进行测量。这两个指标对城市化对溪流及其水生生物的潜在威胁进行了量化。

　　(9) 结果：Sowa 等（2007）分析了生物多样性中非生物（生境）和生物（鱼类、贝类和小龙虾）要素，重点将土地分类为管理—状态类别 1 和类别 2。类别 1 和类别 2 被认为拥有相当安全的保护计划和有利于保护生物多样性的管理措施，而类别 3 和类别 4 则对于保护生物多样性提供的保护却很有限或很少。在谷段型（7 级），在密苏里州，级别 1 和 2 土地含有 74 类中的 55 类（74%）。与这 55 类相关的生境特点包括冷水河流、流经火成岩地质的河流和大型河流。关于目标物种的分析，在 315 个物种中有 19 个物种为非本地或隐秘（穴居），因此作者将其最后的分析限制为鱼类、贝类和小龙虾的 296 个本地物种以及与级别 1 和 2 土地管理的关系。按照河流长度细分，鱼类、贝类和小龙虾的 296 个物种中，大部分在管理级别 1 或 2 的土地内的预测分布超过 50 km（见图 10-13）。例如，长度超过 50 km 的河流拥有近 120 个本地鱼种，占到所有本土鱼种的 56% 左右，位于管理级别 1 或 2 的土地。

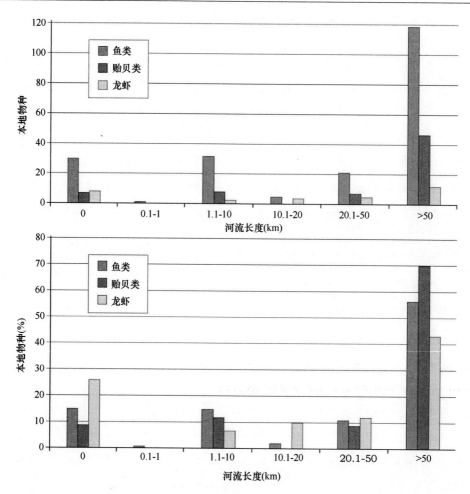

图 10-13 管理级别 1 和 2 的分类单元中本地物种数量和本地物种百分比随六个等级的河流长度的分布（Sowa *et al.*，2007）

对于水产次区域细分，在密苏里州南部的奥索卡地区拥有最大数量本土物种（278），仅有 52 种在级别 1 或 2 的土地上无代表性，依次排第二位的是密苏里州东南部的密西西比河流域冲积盆地（163 个本地物种；69 种在级别 1 或 2 的土地上无代表性）和中原（178 个本地树种；90 种在级别 1 或 2 的土地上无代表性）。以上结果说明了密苏里州目前未在级别 1 或 2 保护土地管理中的物种其河流的差距（见图 10-14）。

为了确保长期的本地生物群保护，Sowa 等（2007）组建了一个来自密苏里州的水产资源专业人士团队，确定并绘制了一系列水产保护机会区（COA），代表了密苏里州不同河流生态系统的广度和生境以及物种的多种群。这些地区被选为国家野生动物保护行动计划的目标。基于水生生态系统多边形和谷段型复合的定量和定性评估标准，该团队开发了 COA 组合。其评估结果确定了 158 种 COA，包括河流生态系统的广泛多

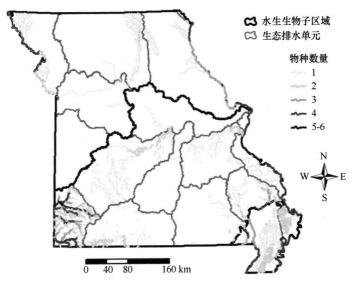

图 10-14 目前在密苏里州 GAP 管理级别 1 或 2 的保护土地中无代表性
的 45 种本地鱼类、贝类和小龙虾物种丰富度地图（Sowa *et al.*，2007）

样性、河流组合以及 296 种鱼类、贝类和小龙虾的所有种群。上述 COA 在总长
174 059 km 的河流中仅占 6.3%（见图 10-13）。

与图 10-14 中所示的拥有较高物种多样性的大量河流相比，图 10-15 中所示拥有
COA 的河流仅占一小部分，其部分原因是由于在密苏里州河流的总长度中，只有 5% 的
河流是公有制。

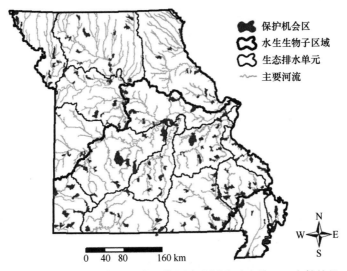

图 10-15 美国密苏里州水生资源专业团队选出的 158 个保护机
会区（COA）地图（Sowa *et al.*，2007）

（10）讨论、结论和建议：借助 GIS，水产 GAP 方法确定了优先河流生态系统，这成为实施有效的生物多样性保护规划重要的第一步。分析过程很复杂，涉及大型数据库和多层次分析，包括统计技术、数据库管理和技术专家判断。作者认为，为保护生物多样性设立地理重点是实现地面实际保护所采取的众多步骤之一。密苏里州生物多样性保护的实施需要政府机构和私人土地所有者的重视与合作以及保护计划实施所需的后勤任务协调。目前，正在美利坚合众国的许多地区实施水产 GAP 计划，该计划由USGS 进行管理。该计划为淡水河流保护提供了一种方法，拥有存取所需完备数据的能力，可在全世界的河流系统中进行应用。

（11）案例研究的挑战和经验：目前，本研究中占大面积地理区域且具有较高的多样化数据需求的项目和复杂分析，对于那些缺乏资金的国家或地区来说是一个挑战。在美利坚合众国，数据是全国共享的，差距分析项目目前正在各区域（如北美五大湖流域的河流）而非个别州展开。如果数据可用，差距分析可为鱼种和其他水生资源的管理和保护提供强有力的规划工具。大型和小型鱼类和水生生物多样性管理和保护也需要 GIS 技术、关系数据库和多因素分析等工具和资源。

10.3 渔业管理上的应用

在印度和一些中东国家，地理信息系统（GIS）在渔业研究项目和管理上的应用具有了很大的创新。在澳大利亚（主要由 CSIRO）和新西兰也做了前期工作。Valavanis（2002）提供了各种机构工作范围的更多细节。

最后，关于海洋渔业 GIS 的应用现状，下面描述了 2008 年在巴西里约热内卢举行的 GIS 渔业研讨会上总结出的一些个别观点。这些观点本身无需更多讨论，但是它在GIS 应用的前景趋势和/或状态上提供了很有价值的参考。从这些观点上我们可以很明显地看出，GIS 工作的广度、深度和整体复杂性都得到了强劲的发展。但同样明显的是GIS 在某些专题领域里未取得任何进展。可以预见一旦更加积极地追求海洋空间规划和渔业生态系统方法，这些领域将会被证明是"不可避免的"。

（1）基于太平洋环境下，遥感技术在工作中不可忽视的作用。

（2）提出的 GIS 项目的复杂性差异很大。

（3）在更加复杂的工作环境中的差异。

（4）作为 GIS 普及型软件 ArcView（ESRI）的优势明显，但是 GRASS、Manifold、IDRISI 和其他不知名的商业 GIS 和 Marine Explorer 也在被广泛地使用。

（5）很明显，非常大的数据集现在更容易获取并使用。

（6）对于社会或经济主题的关注度不够。

（7）对于休闲渔业或休闲钓鱼的关注度很少。

（8）GIS 对于河流渔业或河流环境的演示很少。

（9）在补充库存时不使用 GIS。

（10）未提及为何与会者选择所使用的 GIS 软件的原因。

（11）很少说明基于 GIS 的工作对哪些方面有益。

（12）目前正在开展的 GIS 工作的范围和质量。

10.3.1　资源管理河床生境地图

（1）参考文献：Meaden, G., Martin, C., Carpentier, A., Delavenne, J., Dupuis, L., Eastwood, P., Foveau, A., Garcia, C., Ota, Y., Smith, R., Spilmont, N. & Vaz, S. 2010. Towards the use of GIS for an ecosystems approach to fisheries management：CHARM 2 – a case study from the English Channel. In T. Nishida, P. J. Kailola & A. E. Caton, eds. GIS/Spatial Analyses in Fishery and Aquatic Sciences（Volume 4）. pp. 255 – 270. Saitama, Japan, International Fishery GIS Society.［GISFish id：5490］。

（2）空间工具：GIS；遥感（最小的）；Marxan；其他数字地图；空间统计工具。

（3）所涉及的主要问题：生态系统/生态区域；多种类分析；栖息地；物种分布；生物多样性；人类活动；船只活动；空间资源评估；生态系统模拟；MPA；渔民的行为；生态渔业管理方法（EAFM）和指标；渔业生态系统方法（EAF）的基础；海洋综合管理和规划。

（4）研究时间：六年（连续三个为期两年的研究项目）。

（5）参与人员：由 12 名来自法国、英国和北爱尔兰四家机构的研究人员所组成的学术研究小组。

（6）目标群：渔业研究员，海洋科学家，海洋生态学家，渔业和资源管理者，当地渔民，欧盟和其他政府渔业部门，对海洋资源感兴趣的群众。

（7）简介和目标：本文介绍了一系列与海洋资源研究项目有关的第三方研究结果，所有主要资金资助都来自于欧盟的 INTERREG 计划。CHARM（资源管理河床生境地图）项目的目标已经为一系列地图集和一家网站开发材料以帮助位于法国北部、英国和北爱尔兰之间非常繁忙的海域（英吉利海峡）的资源管理。连续的地图集扩大了空间和专题覆盖率。通过这一海域的多是北欧航运服务，以及一些世界上最繁忙的穿越海峡的往返轮渡服务。此外，还有沿海各地的度假村、正在开发的风电场、休闲游艇和垂钓、海洋集料提取和早已经有的商业捕鱼活动。当前捕鱼业的消亡提供了一个研究挑战，即是否可以通过海洋区域功能提出一个方案以便所有资源提取或开发活动都是可持续的，使渔业前景得到改善？因此，该项目被看作是生态渔业管理方法必要的一些重要因素的演示。本文给出了最新的 CHARM 项目的简要概述，特别关注 GIS 在创建一个广泛的映射资源、开发环境模型和保护区建议，尤其是关于本地渔业管理中所扮演的角色。

（8）方法和设备：每个参与机构负责研究项目的不同方面。对于这里的工作报告，团队参与了海底物种分布（Universite des Sciences and Technologies de Lille-里尔科技大学）；为建立基本的鱼类生境和商品鱼类分布，建立营养食物链（Institut Frangais de Recherche pour l'Exploitation de la Mer〔IFREMER －法国海洋开发研究院）开发模型技术。

模型需要展示不同的保护方案，并研究各种与渔业活动相关的社会和法律方面的问题（肯特大学）；开发一款基于网络的海洋资源地图集（请查看 www. ifremer. fr/charm）（坎特伯雷基督教大学）。各机构在所描述的工作开展的同时，也有活动的完整整合。这涉及经常性的项目会议和研讨会、利益相关者参与、项目报告、学术论文和全面的地图集和网站的开发。大多数鱼类分布的数据都来自渔业与水产养殖科学环境中心（CEFAS）或 IFREMER 在过去 20 年中季节性的渔业调查。对于更加具体的专题领域需要额外的数据集，例如，物理水参数、海底沉积物分布、一些生物和化学参数、鱼类总量、渔民对他们活动的看法等等，遥感数据用于监测叶绿素 a 和水的温度，这些数据从各种来源获得。所有 GIS 工作都使用美国环境系统研究所（ESRI）开发的 ArcView 9. 2 软件。

（9）结论：

2010 年会议记录排除了其他东西，只保留了从地图集（Carpentier, Martin and Vaz, 2009）626 页摘取出的一些简短的例子。该图集包括广泛的照片、表格、图形、文字、映射数据和信息。包含在地图中的图 10-16，说明一个海底物种在英吉利海峡的分布情况。从渔业生态系统方法（EAF）的角度看，底栖生物分布是生态系统的重要组成部分。由此可以看出，这个物种喜欢中流区域，在这里有较高的水流动力（当前速度），通常可以带来粗糙的海底沉积物。该地图是根据从东部海峡 1495 个采样站所收集的从 1972 年至 1976 年之间的数据而构建的。

图 10-16 和其他显示物种分布地图的构建，依靠克里金插值法其本身使用描述空间结构和变化数据的模型，即变差。使用 GIS 对于构建基于相当复杂的地质统计输入正在变得十分普遍，一些 GIS 已经包含了一系列的地质统计分析算法。

图 10-17 说明了基于 GIS 输出比较特殊的一方面，即空间感知的映射。从渔业生态系统方法（EAF）的角度上看，了解渔民喜欢在哪里捕鱼是很重要的；这是因为它很好地说明了哪里是通常可以获得丰厚捕获的区域，如果在那里发展渔业可能会有争议或者其他执法部门也许是为了保护目的宣布这些区域为禁区。来自海峡两岸 10 个港口的 51 名渔民被要求用铅笔在地图上标出他们最喜欢的捕鱼地点。图 10-17 显示了 9 个主要商业物种聚集的首选渔区。很明显，法国沿海水域比其他地方更受青睐。

计划工具 Marxan 为此应运而生。Marxan 包括识别一系列的保护特征，其中包括重

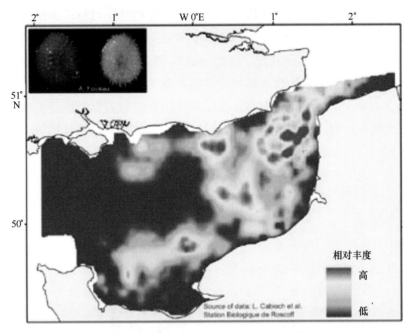

图 10-16　东英吉利海峡部棘皮类生物（*Echinocyamus pusillus*）的分布（Meaden *et al.*, 2010）

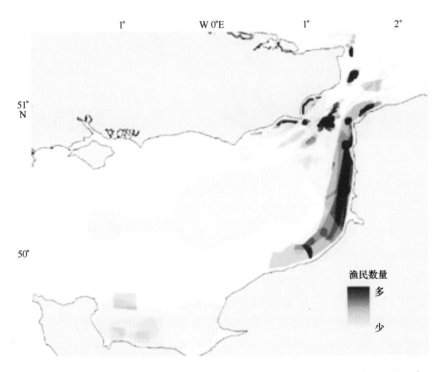

图 10-17　英国东南部和法国北部港口的渔民对于在哪里可捕获到 9 种主要商业物种的集体观点（Meaden *et al.*, 2010）

要的物种、环境或生态进程，并可设置每个保护对象的数字目标。采集的数据显示了在研究区域内单元矩阵（单元大小可以选择）里每一个单元里的每一个识别保护功能的相关发生率。每一个单元分配有"成本分数"，它可能涉及任何与此相关的实际费用，例如，单元内集料提取的收入损失，在指定单元周围分流航运所带来的额外费用和前往捕鱼区的费用。Marxan 的输出是基于设置的目标与需要保护多大面积和保护区边界的总长度是多少相一致。然后 Marxan 会进行大量的迭代计算从而得出最佳的保护方案组合。图 10-18 显示了英吉利海峡东部最佳的区域，据此海洋面积的 40% 纳入了保护范围，并且边界长度相对减少。GIS 提供了理想的平台，依托它 Marxan 可以发挥重要作用。

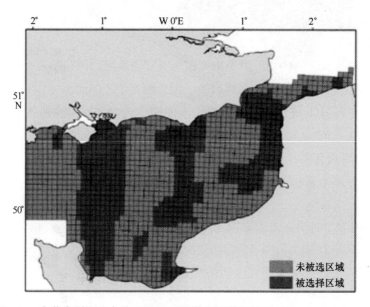

图 10-18　东英吉利海峡占总面积 40% 的潜在海洋保护区（Meaden *et al.*，2010）

　　（10）讨论、结论和建议：我们面临很多挑战去攻克，比如 CHARM 团队正开展的工作。这些挑战包括缺少数据、数据采集的成本、只有按时间段提供的数据样本简况、CHARM 方法通常利用"自上而下"的方法来获得 EAF、一些分析非常耗时、决定工作的最佳分辨率、包括所有基本 EAF 方面的困难和海洋生态系统的无限复制性。阐述了这些挑战，CHARM 团队的实际输出使人们对海峡生态系统和资源分布的知识大量增加。虽然几乎所有的测绘工作都是在 GIS 的协助下完成，但是 GIS 的作用更可能协助于 EAF 的物理、生物和环境方面，即而不是生态系统方法在经济和社会层面必要的工作。总之，作者预计在减少经济和社会空间差异上 GIS 的应用将会越来越多。

　　（11）从研究案例中发现的挑战和经验：研究案例本身也承认在开展这种类型的 GIS/EAF 工作会遇到非常大的挑战。作者也承认他们的工作以社会经济方面为代价几乎完全集中在整个生态系统的海洋生理-生物学方面。从文章中很明显可以看出必须提出一些想法，关于是否一个对于 EAF（或者实际上就是水产养殖生态系统方法-EAA）工作方法最好的观点是"从上至下"还是"从下至上"，即应该是那些渔业的组成部分或者水产养殖工作环境为 EAF 或 EAA 做主要贡献，还是那些渔民和/或海洋生态专家做出主要贡献？从 GIS 的角度看，CHARM 团队开展的工作很明显是复杂的，要求投入相当多的具有地质统计学知识和实际的 GIS 专业知识的人员。由于数据的输入依靠从国家获得的连续 20 多年的渔业调查记录，加上大量的普通数据，该项目的规模在空间和时间上非常广泛。作者相信在该项目中开展的 GIS 工作的类型只能由渔业研究所或大学团队开展，因为这需要相当大的资金基础。CHARM 作为 GIS 工作的高端利用很明显无论是产出方面还是作为可能实现的例子都是一项有价值的项目。

10.3.2　利用遥感技术估计苏眉鱼和曲纹唇鱼的珊瑚礁栖息地范围

（1）参考文献：Oddone, A., Onori, R., Carocci, F., Sadovy, Y., Suharti, S., Colin, P. L. & Vasconcellos, M. 2010. *Estimating reef habitat coverage suitable for the humphead wrasse, Cheilinus undulates, using remote sensing.* FAO Fisheries Circular No. 1057. Rome, FAO. 31 pp。

（2）空间工具：GIS；遥感。

（3）所涉及的主要问题：生态系统；物种分布；生境；空间资源评估。

（4）研究时间：2 年。

（5）参与人员：4 名渔业资源专家，2 名 GIS 专家，一名遥感技术专家。

（6）目标群：渔业管理者、渔业科学家、遥感和 GIS 专家、海洋生态学家、政府渔业部门和环保主义者。

（7）简介和目标：苏眉鱼（拿破仑鱼），曲纹唇鱼，是隆头鱼家族中个头最大的成员，最大尺寸超过 2 米，重 190 千克。该品种是雌性先熟的雌雄同体（即成年后可以从雌性变为雄性）；这些物种生产率很低，在低密度的珊瑚礁相联区域内自然繁殖，地理范围穿越印度洋-太平洋（见图 10-19）。在大多数热带水域减少库存意味着这个物种被列入了濒危野生动植物种国际贸易公约（CITES）附录 II，必须运用管理和出口条例。

为了定位苏眉鱼的栖息地，本研究评估使用从 1999 年至 2003 年收集的免费卫星图像对于浅礁区映射的作用。成年苏眉鱼栖息地适宜性映射是基于从地球资源卫星遥感图像上辨别出的珊瑚礁边缘地区和珊瑚礁边缘周围缓冲区的应用，在这里根据前一阶段研究的水下视觉调查（UVS）数据来看发现成年苏眉鱼的概率很高。GIS 和遥感方法被用于评估在印度尼西亚、马来西亚和巴布亚新几内亚该物种的栖息地范围，这三个国家是该物种最主要的出口国。

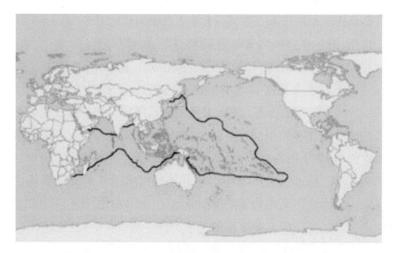

图 10-19　拿破仑鱼的分布范围。该物种与珊瑚礁密切相关（Oldne *et at*.，2010）

（8）方法和设备：研究包含两个阶段。在第一阶段，评估地球资源卫星-7 的图像是否可以用于识别苏眉鱼在印度尼西亚的栖息地是很必要的。要执行此项评估，需要在印度尼西亚的 6 个区域（见图 10-20）采集一组卫星图片，这些区域之前已经用 UVS 对苏眉鱼进行了调查。第二阶段运用在印度尼西亚测试阶段的方法来计算在印度尼西亚、马来西亚和巴布亚新几内亚适合苏眉鱼生存的栖息地的总和。以下更加详细地描述每个阶段。

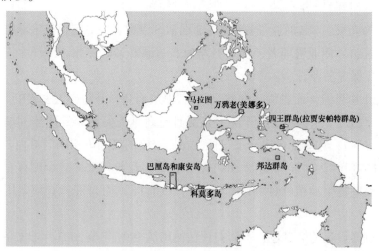

图 10-20　本研究中印度尼西亚 6 个调查区域的范围（Oldne *et at*.，2010）

第一方法阶段：识别苏眉鱼栖息地-水下视觉调查。在 2005 年至 2006 年间，在印度尼西亚的 6 个区域进行了 UVS，以此来估计随着渔业的开发与此相对应的苏眉鱼在这些区域内的密度。潜水队使用了漂浮的 GPS，这样可以每隔 15 秒报告一次来跟踪定位潜水路径。在礁边缘区域进行的调查着重于成年苏眉鱼栖息地，显示了苏眉鱼栖息地的所有典型的方面。潜水员记录了在调查过程中遇见的所有苏眉鱼的位置。图 10-20显示了在调查过程中发现的 180 条苏眉鱼的位置，以礁边缘的计算位置为参照。结果表明，所发现苏眉鱼的 96% 都生活在 200 米内的缓冲区。

　　地球资源卫星图片的选择。实施初始研究，6 个调查区域的地球资源卫星-7 的图片可以通过 Millennium Coral Reefs 地球资源卫星网站（http：//oceancolor. gsfc. nasa. gov/cgi/landsat. pl）下载（见图 10-21）。作者给出了优选地球资源卫星图像的具体原因，这是基于折中可用性、成本、空间覆盖范围，它们的中尺度光学分辨率和其捕获的电磁波谱的波长。总之，使用的 12 张地球资源卫星-7 的图像覆盖了研究区域。通过 3 个数字这种独特的方法识别每一张地球资源卫星图像：

　　轨迹：这个数字是指卫星轨道和可概括为图像的"经度"。

　　框架：这个数字是指沿轨道的参考场景和可概括为图像的"纬度"。

　　采集日期：区分在同一地区获得的所有地球资源卫星场景的参数（即轨迹和框架）。

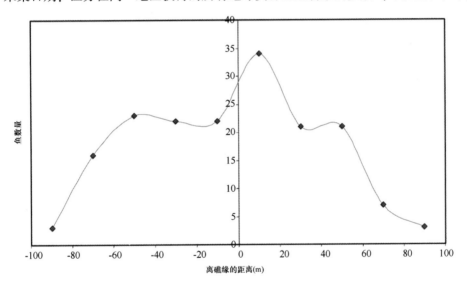

图 10-21　苏眉鱼的分布与礁缘的相对位置的关系。图中正的距离表示礁前坡中向
外海的方向，负的距离表示礁前坡中向海岸方向（Oldne et at.，2010）

　　使用 ERDAS 图像软件进行图像处理与分析，因为它完全与后期将要用到的 ESRI的 ArcView GIS 软件兼容。

　　苏眉鱼栖息地的定义。图 10-22 显示了典型堡礁区的示意图，示意图中表明了礁边缘和其他主要特征。卫星图像检测到的礁边缘实际上是礁从图像到深海消失的分界线（平均 5 至 6 米深）。如果礁以 45°坡度延伸入海洋，将在礁的近海表面 100 米形成一个深 100 米（苏眉鱼分布的限制）的缓冲区。向内礁的 100 米缓冲区将会覆盖低水位礁区。如在图 10-22 可以看出，在某些情况下，100 米的缓冲区相对于较窄岸礁的岛来说可能太宽，然而在其他地方它可能又太小，并且可能因此低估礁区的实际程度。然而，在印度尼西亚总体上在礁边缘两侧 100 米的缓冲区似乎最适合岸礁的不同生态类型。更加复杂的缓冲区的定义（比如非对称的礁边缘两侧或为每一个单个礁区定制）将会创造出更困难和耗时的方法，其在栖息地面积的整体定义上的影响将可能不会显著。必须记住的是在卫星图像上的 100 米仅相当于 3 个像素，这已经是在卫星图像上可以观察到的视觉极限。

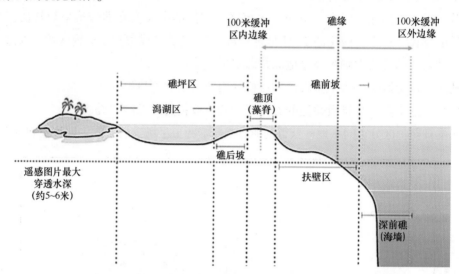

图 10-22　珊瑚礁分区图。图中包含礁缘及 100 米缓冲区示意线

（未按实际比例）（Oldne *et at.*，2010）

　　潜在苏眉鱼栖息地的数字化。尝试了使用各种自动像素值或边缘检测方法来识别所有珊瑚礁的边缘地区。然而，由于许多原因，这些方法被认为是不可靠的而拒绝使用。因此，实验程序被用于定位苏眉鱼的栖息地。首先，操作员能够识别的地球资源卫星图像，手动绘制（数字化）所有礁区的外部边界。其次，固定的 100 米缓冲区被应用在礁石边缘界限的两侧，因此包括了幼鱼礁栖息地的一部分和成年鱼的斜坡区域栖息地（见图10-23）。因此栖息地的范围可以根据每个缓冲区域形成的多边形的面积计算。

　　第二方法阶段：计算苏眉鱼栖息地的总面积。按照上述定义的实验程序，研究的下一步骤是计算在印度尼西亚、马来西亚、巴布亚新几内亚适宜成年苏眉鱼的栖息地数量。为执行此项工作，采用了 279 个地球资源卫星-7 拍摄的场景，覆盖了整个区域（见图 10 - 24）。场景可以从 Millennium Coral Reefs 地球资源卫星网站免费下载（http：//oceancolor. gsfc. nasa. gov/ cgi/landsat. pl）。所有场景都基于从 1999 年至 2002年中获得的图像。

图 10-23　马拉图环礁人工矢量化的礁缘及缓冲区（Oldne *et at.*，2010）

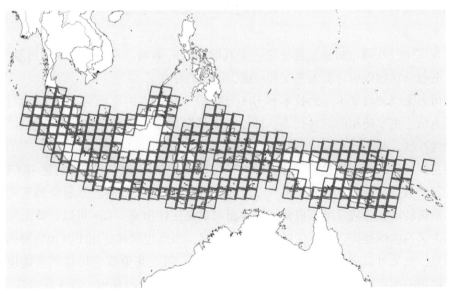

图 10-24　印度尼西亚、马来西亚和巴布亚新几内亚区域用于计算苏眉鱼栖息地的
279 景 Landsat 7 图像网格分布（Oldne *et at.*，2010）

（9）讨论、结论和建议：设计的映射方法结果与上文中提到的用 UVS 调查记录的 180 条苏眉鱼实际的位置进行了验证，并且发现 96% 的苏眉鱼都生活在通过 GIS 程序定义的缓冲区内。这种方法被确认为适用性最强。通过使用 GIS 方法，在印度尼西亚适宜苏眉鱼生存的礁区总面积为 11 892 km²，在马来西亚为 941 km²，在巴布亚新几内亚

为 5 254 km²。结果表明，为了估计适宜苏眉鱼的栖息地数量，即作为界定数量规模和可持续的出口配额的基础，本研究获得的结果比以前的评估结果更加的保守和适当。

因此，先前在印度尼西亚和马来西亚估计的礁区数量大约是本研究中得出的苏眉鱼栖息地数量的 4 倍。这种差异主要是因为先前由 Burke，Selig 和 Spalding（2002）的研究中使用的卫星图像分辨率太低所造成的。在本研究中所使用的方法和获得的成果可以用于其他地区和物种，并且将在 MPAs 选址、任何详细的海洋生态系统分析上发挥重要作用。苏眉鱼监控和管理的其他信息可以参看 Sadovy 等（2007）和 Gillet（2010）。

（10）从研究案例中发现的挑战和经验：研究案例认可的与上述映射方法相关的一些主要问题和挑战。有关遥感分析，他们关心的方面例如有：

在卫星图像上不能很好的定义礁或者太小难以发现。

在接近河口的区域，由于沉积物的排放严重影响了水下可视化功能（虽然高浊度的区域不适合珊瑚礁）。

很难区分活珊瑚礁和死珊瑚礁。

如果 GIS 工作者在遥感图像分析方面有些经验的话将会有很大帮助。

栖息地映射可能是一项复杂且耗时的工作，尤其对于较大和复杂的区域，例如印度尼西亚。

在现实中，苏眉鱼的分布也可能会受其他因素的影响，并不仅仅由礁边缘位置决定。这些包括食物供应、海浪强度和高度、藻类的存在。

本研究案例通过展示遥感技术和 GIS 分析的一些基本用途阐明了一个有价值并且高效的方法。主要使用的两种技术，即使用遥感影像作为数字化背景和围绕数字化功能创建缓冲区，是很多 GIS 项目的基础功能。

通过授权访问相应的数据，这项研究还可以构成基于 GIS 所开展的更多工作的基础。比如，假设在特定的礁区、特定的岛屿或管理区域可以设定苏眉鱼的平均密度，那么苏眉鱼的潜在总数量可以根据已知的面积单元估计出来（GIS 可以计算出来）。这种方法为区域内的经济产量评估提供了一条依据，当然也同样适用于其他物种的评估。也很明显，如果可以通过遥感图像数字化礁边缘，那么其他有实用性的功能也可以。因此，礁湖的面积、礁体本身的面积、河口的大小、海岸的长度、浅水区沙床的大小等等都可以计算出来。至于沿礁边缘位置，也许可以与到市区的距离相匹配，从而辨别出容易面临生物质过度开发的危险区域，因此需要加强管理措施。而这里介绍的方法一定有助于基于生态系统的局部分析和潜在海洋保护区的选择。世界范围内的珊瑚礁所面临的压力可能越来越大，尤其考虑到海洋酸化的加强，因此基于 GIS 方法的广泛采用有百利而无一害。

10.3.3　在 Cap de Creus 进行的空间评估和手工渔业活动的影响

（1）参考文献：Purroy Albet, A., Requena, S., Sarda, R., Gili, J. M. & Serrao, E. 2010. Spatial assessment and impact of artisanal fisheries activity in Cap de Creus. *In* H. Calado & A. Gil. eds. *Geographic technologies applied to marine spatial planning and integrated coastal zone management*, pp. 15–22. Centro de Informagao Geografica e Planeamento Territorial. Portugal. 164 pp。

（2）空间工具：GIS。

（3）所涉及的主要问题：生态系统；生境；物种分布；人类的活动；渔业的影响；指定 MPA；社会和/或经济影响；综合海洋管理。

（4）研究时间：2 年。

（5）参与人员：一位硕士研究生加上来自葡萄牙和西班牙两个机构的四位学术人员的协助，并从 FAO 采集数据，加上其他技术支持。

（6）目标群：欧盟官员，渔业管理人员，当地的渔民，GIS 专家，海洋生态学家，渔业政府主管部门和环保主义者。

（7）简介和目标：与其他海域一样，西班牙地中海沿岸一直饱受密集和大量的过度捕捞，这种情况导致了严重的库存枯竭和栖息地退化。近海岸的底栖生物群落尤为明显，它们很容易的可以归属为海岸群落，虽然还有些更深的底栖生物群落。人们强烈地认识到需要采取措施以扭转这种退化，并有许多旨在支持改善这种情况的制度上的举措，例如：西班牙政府和欧洲委员会的资助；FAO-Cooperation Networks 促进地中海西部和中部协调支持渔业管理（COPEMED）项目；建立 MPAs；Natura 2000 倡议；指定栖息地；制定渔业法规和当地环保规章。

本案例研究的重点是西班牙东北部的 Cap de Creus 地区。该区域被选作项目的一部分，为 Natura 2000 站点的网络评估地理位置，并且该地理位置也为先前指定的小型近岸 MPA 提供了潜在的可能性。这也被看作是重要的，以保障当地手工渔业的长远未来。这片区域的海洋地貌很有趣，由沿海大陆架的邻接区域和一个主要海洋峡谷组成，从而理论上提供了截然不同的渔业生态系统、丰富的物种多样性、高度可变的底基和一系列的生态位。由于许多沿岸河流进入里昂湾，这片水域营养相对丰富，因此水产量本应很高。然而，从各种遥控工具（ROVs）和载人潜水器得出的证据表明很多大陆架区生物都很贫瘠。图 10-25 图形描绘了直接着眼于 Cap de Creus 西部的研究区域。大多数的沿海大陆架深度少于 150 米，但是峡谷延伸超过了 2 000 米，并且长度为 95 千米。该区域有大量的休闲垂钓者、商业渔船，包括很多个体渔民进行捕捞。主要的问题是缺乏对渔业活动的监管和执法。研究的主要目标是通过走访一定数量的渔民，询问主要的捕鱼区和物种，和捕鱼所使用的各种方法来试图了解更多手工渔业对底栖生物群的影响。从而怀疑采用不同的捕鱼方法也会同时影响不同的海底生态系统，并且GIS 在识别重要的空间关系上被认为是最理想的工具。

图 10-25　西班牙 Cap de Creus 海域三维水深图（Purroy Albet, 2010）

作者给出了大气和导致地区特定的水文条件海洋过程的非常详细的描述。

（8）方法和设备：为了此项实践，需要收集各种多样的数据。下列是主要的数据类型和资源：

渔业的社会数据。此前这些数据已经由区域 FAO 顾问以问卷调查的形式直接向手工渔业收集（2000—2001），这些数据包括捕鱼季节、时间、工具和/或方法，目标物种、工作和港口。需要这些数据的地理坐标。

底基、生物学、水深测量数据。从西班牙国家研究委员会（CSIC）获得的数据，这些数据已经被收集并在以前的项目中使用。

海岸线、河流、港口。从当地和地区获得数据来源，比如农业和渔业部。

研究区域包括 216 km² 的内区域（涵盖已有的 MPA）和涵盖 1 145 km² 的更广阔区域。为了映射目的，整个研究区域被划分成 500 m×500 m 的单元网格，总共有 4 581 个海洋单元。在上述前两点下的任何数据收集都能在 0.25 km² 的单元里得到映射。数据被输入和存储在运行有 ArcView 和 ArcCatalog 9.3 GIS（ESRI）的电脑中。该软件和MGET 的各种地理处理功能被用来处理数据使其成为可用格式。项目使用通用横轴墨卡托投影（UTM）坐标参考系统和 WGS-84 作为大地基准点进行存储和分析。

（9）结论：项目产生了大量的 GIS 输出，但仅仅其中一些在这里可以阐明和讨论。图 10-26 显示了在研究区周围随着地理位置的变化，手工渔业惯用的捕鱼方法和/或工具的分布情况。可以看出有相当大的空间变化。比如，刺网在 de la Selva 港口是最简单常用的工具，然而在毗邻的 Llanga 港口就没有用刺网捕鱼的渔民。只有一种捕鱼方法（笼）在所有港口都适用。很明显，刺网是一种使用最广泛的捕鱼方法和/或工具，但是这也不是完全确定，因为个体的使用没有办法计算出每种方法的使用量。还应提及的是季节的变化也影响了使用哪种捕鱼工具。

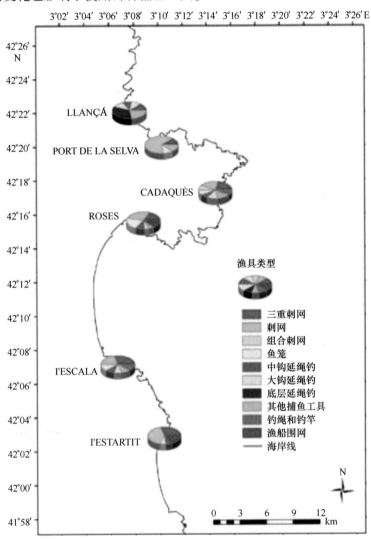

图 10-26　研究区域中 6 个主要港口的渔民使用的渔具类型（Purroy Albet, 2010）

　　为了检测各种渔业系统（方法或工具）的影响程度，对于整个研究区域评估了所谓的"重叠值"。根据 2000/2001 FAO 对渔民的调查报告，这代表每 0.25 km² 单元内部署的不同的捕鱼方法的数量。图 10-26 显示了研究区域主要港口的"重叠值"。可以看出大约研究区海洋的 60% 要么根本没有捕捞活动（白色），要么仅用一种方法和/或工具捕捞（绿色）；剩下大约30%被用两种方法捕捞和大约10%用三种方法捕捞。很明显，到海岸的距离和捕捞方法使用的数量之间有一般联系，主要的原因是在浅水区一些捕鱼方法更容易部署。

（10）讨论：图10-27显示了作者认为在保护条款中在 Cap de Creus 区域最有价值的物种群，即这些生活在海岸边缘沿线比较罕见，因此较小的种群，另外还有被指定为"detritic litoral sandy mud"的广阔区域。作者的结论是这些区域是保守的，因为这些地方是一直只有一种捕鱼方法（或者更少）的主要区域。图10-28表明，至少有一种使用三层刺网的捕鱼活动避开了受保护区。作者还讨论了当在选择区域指定 MPAs 时或者禁捕区时可能需要考虑的更进一步的因素，例如空间范围、捕鱼活动的分布不均匀性、季节性的利用或循环的管理分区。但是无论采取哪种方法，各种利益相关者的参与和利用充分的决策透明度都是很重要的。

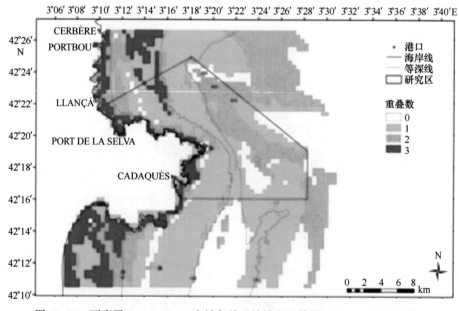

图 10-27　西班牙 Cap de Creus 水域各单元捕捞方法数量（Purroy Albet，2010）

（11）从研究案例中发现的挑战和经验：从一些角度上看，这是个有趣的研究案例。作者承认在调查结果形成为以后行动的基础前具有一定的局限性，可能需要修改。比如，研究依赖了 FAO 包含有个体捕鱼方法的问卷调查，并且这些数据需要更新。另外，不同的工具、鱼群种类、现有的底栖生境和/或底基之间的关系还不是很清楚。然而，研究给出了一些基于 GIS 的方法、分析的类型和为了使研究更加成功需要克服哪些其他困难的指南。具体的例子如下：

由于使用的数据来自各种资源，所以标准化的预测和空间尺度是十分必要的，或许可以使用标准分类法，比如用于沉积物类型。同样地，数据需要统一格式，很多需

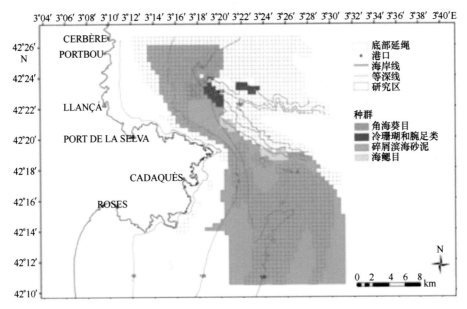

图 10-28　西班牙 Cap de Creus 海域最需保护的物种群和三重刺网分布的关系
（Purroy Albet, 2010）

要加以合并精练，否则要使它们互相兼容。覆盖研究区域的指定网格单元的用途。对于一些数据，比如收集到的光栅格式的数据可能没有用处，但是如果使用基于矢量的数据，那么它可能是必需的。单元的大小可能需要对应的详细程度，即每台计算机存储能力和相关分辨率或使用的收集数据方法的空间准确性。在研究中可能会包含大量的主题领域或学科，比如说是否有合适的数据，例如休闲钓鱼的列入、渔业活动的季节性、大型捕鱼船的影响和各种经济成本面的计算。更详细地研究近岸区，调查部署不同的捕鱼工具和/或方法的变量影响是很有用处的。由于是关注他们的捕鱼活动，想让渔民参与进来是很困难的。法规在控制海上捕捞作业的作用效果并不好。

为手工渔业研究峡谷在产鱼量上的影响是很有趣的。需要利用现代数据收集方法，例如渔业日志，GPS 和 VMS。列举研究结果如何有助于各种各样的未来海洋注意事项，比如禁捕区或 MPAs 的选址、稀有生态型或栖息地的保护、为个体渔民保留捕鱼区、为不同工具进行区域划分和海洋空间规划。本研究在说明了应避免的一些问题和应该遵守的一些有用的线索上提供了帮助，包括如果可以安全的获得适当的数据，GIS 应用的巨大成功潜力。一旦像这样的研究能够精确地完成，那么这将是将来后续工作的理想基础。它也将在 EAF 工作、有关 MPA 选择研究和特定 MPAs 的成本效益方面扮演重要的作用。像地中海的这部分，还有世界上其他很多部分依然保留有手工渔业活动，那么像这样的研究对于将来的成功和参与者的生计至关重要。